新工科建设之路·软件工程系列教材

# 软件架构设计实践——基于SSM框架

姚登举　王　姚　赵秋实　唐光义　编著

電子工業出版社
Publishing House of Electronics Industry
北京·BEIJING

## 内 容 简 介

本书介绍了软件项目开发中需要遵循的基本设计原则及经典软件设计模式，重点讲解了 Spring、Spring MVC、MyBatis（SSM）框架的实现原理、关键技术、实际应用，以及其与典型软件设计模式的融合，并通过两个项目让读者掌握 SSM 框架的整合应用，体会软件架构设计的重要性。

本书理论与实践相结合，在知识点中融合了思政元素，实践案例由易到难、逐步深入，所有代码均能上机运行。本书提供教学大纲、电子课件、全部的项目源代码、实验设计、习题解答、授课视频等配套资源，读者可登录华信教育资源网（www.hxedu.com.cn）免费下载。

本书既可作为本科院校计算机科学与技术、软件工程等相关专业软件架构设计及 Java EE 方向课程的教材，以及新一代信息技术现代产业学院计算机类课程的实践教材和培训机构的辅导教材，又可作为 Java 技术爱好者的学习参考书。



**图书在版编目（CIP）数据**

软件架构设计实践 : 基于 SSM 框架 / 姚登举等编著
. -- 北京 : 电子工业出版社, 2024.5
ISBN 978-7-121-47902-1

Ⅰ. ①软… Ⅱ. ①姚… Ⅲ. ①软件设计 Ⅳ.
①TP311.5

中国国家版本馆 CIP 数据核字(2024)第 102254 号

责任编辑：刘　瑀
印　　刷：天津千鹤文化传播有限公司
装　　订：天津千鹤文化传播有限公司
出版发行：电子工业出版社
北京市海淀区万寿路 173 信箱　　邮编：100036
开　　本：787×1092　1/16　印张：19.25　字数：444 千字
版　　次：2024 年 5 月第 1 版
印　　次：2024 年 5 月第 1 次印刷
定　　价：69.00 元

凡所购买电子工业出版社图书有缺损问题，请向购买书店调换。若书店售缺，请与本社发行部联系，联系及邮购电话：（010）88254888，88258888。

质量投诉请发邮件至 zlts@phei.com.cn，盗版侵权举报请发邮件至 dbqq@phei.com.cn。

本书咨询联系方式：liuy01@phei.com.cn。

# 前　言

## 为什么要编写此书

在本科人才的培养方案中，培养目的一般都是培养具有扎实的专业基础、较强的实践动手能力的高素质复合型专门人才，软件工程、计算机科学与技术等专业也不例外。但是在授课过程中，我们一般会听到学生对课程这样的总结："实"课和"虚"课。所谓"实"课，就是学生听起来感觉"干货"比较多，内容比较实的课程，如数据结构、C语言程序设计等，学生能够实实在在地进行代码设计，立竿见影地看到应用效果；所谓"虚"课，就是比较偏重理论性的课程，如软件体系结构、软件质量保证等，通过工程实践总结出来，具有较强的专业理论性，学生在听课过程中觉得有用，但是一时半会用不上，也不能通过动手编程来验证实际效果。因此就出现了以下问题。

（1）在教学过程中，教师感觉上课特别累，备课很辛苦，讲课的过程中学生反馈不积极，不能与学生产生共鸣，甚至觉得上课很孤独。

（2）在学习的过程中，学生感觉枯燥乏味，觉得书中讲述的内容确实很"高大上"，但是离自己很遥远，"看上去很美，但是摸不着"，甚至不知道该怎么学，从而产生厌学情绪。

（3）在课程体系中占有较大的教学比重，在本科人才培养中又是不可或缺的环节，不得不讲，但是又很难讲，处于两难的尴尬境地。

本书就是针对上述问题，让高深的理论实例化，让简单的代码理论化，虚实结合，对理论的讲述尽量简单化、直观化、实例化，做到少而精，不求全面，但求深入，要"透过森林看到树木"；对框架功能的讲述尽量抽象化、理论化，与典型设计模式相结合，如工厂模式、代理模式等，给代码赋予灵魂，要"透过树木看到森林"。让教师在讲课时能够找到抓手，不再纸上谈兵、空空而谈，而是能够和代码结合，进行真实的功能演示；让学生在学习时能够结合框架代码、真实功能实现等理解课程理论的应用点，通过项目实战体会理论学习、代码实现的成就感，真正实现做中学。

## 本书结构

本书共分为3篇，首先是理论篇（第1章～第3章），介绍软件设计模式的基本原则、典型软件设计模式，以及软件架构与软件框架的区别与联系。这些理论讲解为框架篇的内容做铺垫，在框架篇中都有相应的代码实现，能够找到落脚点。

然后是框架篇（第4章～第11章），主要介绍Spring、Spring MVC、MyBatis（SSM）

框架。在讲解中仅选择三大框架的核心功能和使用频率比较高的功能，同时这些功能都能够在理论篇中找到对应的理论基础，虚实结合。在进行每个框架功能讲解的时候，都提供相应的案例进行演示。

最后是实战篇（第 12 章～第 13 章），把基本理论通过 SSM 框架整合应用进行功能实现，第一个实战案例“学员信息管理系统”的业务比较简单，主要掌握 SSM 框架技术，能够实现基本的业务功能；第二个实战案例“数字化社区信息管理系统”的业务比较复杂，要注重软件架构的可扩展性和可维护性设计，要考虑功能的变更和升级，体现软件架构设计的重要性。

## 本书特点

本书理论与实践相结合，案例完整翔实、可运行，教学资源齐备，包括教学大纲、电子课件、项目源代码、实验设计、习题解答、授课视频、课程思政等。

本书以“学员信息管理系统”为主线，SSM 框架所有知识点的讲解都为本项目服务，围绕本项目展开，知识点和应用点融合连贯、自然、顺畅。

本书依托新一代信息技术现代产业学院，与企业产教深度融合，以企业真实的项目案例“数字化社区信息管理系统”为抓手，共同进行课程教材建设。

本书参照《高等学校课程思政建设指导纲要》等一系列文件的要求，把知识点与思政要素进行有机结合，实现“润物无声”的专业育人效果。

## 教学学时建议

本书的教学学时建议如表 0-1 所示。

表 0-1　教学学时建议

| 授课内容 | 学时数 | |
|---|---|---|
| | 理论+实践 | 项目案例 |
| 理论基础 | 12+4 | — |
| Spring | 12+4 | — |
| Spring MVC | 12+6 | — |
| MyBatis | 12+6 | — |
| 项目实战 | — | 16 |
| 合计 | 理论 48 学时+实践 20 学时+项目案例 16 学时<br>（可根据实际情况进行调整） | |

## 致谢

哈尔滨理工大学新一代信息技术现代产业学院的合作企业为本书提供了完整的项目

案例，也提供了项目翔实的需求、设计、实现及后期功能的升级点和扩展点，为本书的编写提供了大量帮助，现代产业学院为本书的出版提供了大量支持。感谢历佳帅、邱子豪等同学为本书提供了实践案例的代码和部分习题的参考答案。

## 意见与反馈

由于本书的内容较多，编写时间紧、难度大、多方合作，而且技术发展也日新月异，书中难免会有不足之处，欢迎读者批评指正。读者可加入 QQ 群 884243334 交流互助，研讨学习。

编者

# 目　　录

## 框架篇

实战篇

# 理 论 篇

# 第 1 章　软件设计模式导论

软件设计模式（Software Design Pattern）是一套被反复使用的、多数人知晓的、经过分类编目的代码设计经验的总结。软件设计模式描述了在软件设计过程中一些不断重复发生的问题，以及问题的解决方案。也就是说，软件设计模式是解决特定问题的一系列套路，是软件开发人员代码设计经验的总结，具有一定的普遍性，可以反复使用。软件设计模式的目的是提高代码的可重用性，让代码更容易被他人理解，保证代码的可靠性。

## 1.1　软件设计模式概述

软件设计模式是软件设计过程中常见问题的典型解决方案，就像能够根据需求进行调整的预制蓝图，用于解决软件项目开发过程中反复出现的设计问题。

软件设计模式与方法或库的使用方式不同，它仅仅是一种解决问题的思路或方法，很难在某个程序设计中直接套用。软件设计模式并不是一段特定的代码，而是解决特定问题的一般性方法、思路和原则。

软件设计模式与算法也有明显的区别，虽然两者在概念上都是已知特定问题的典型解决方案，但算法总是明确定义达成特定目标所需的一系列步骤，软件设计模式则是对解决方案更高层次的描述。同一个软件设计模式在两个不同程序中的实现代码可能会不一样。

### 1.1.1　软件设计模式产生的背景

“设计模式”这个术语最初并不是用于软件设计中的，而是用于建筑领域的设计中的。

1977 年，美国著名建筑大师、加利福尼亚大学伯克利分校环境结构中心主任克里斯托弗·亚历山大（Christopher Alexander）在他领衔撰写的《建筑模式语言：城镇·建筑·构造》（*A Pattern Language: Towns Building Construction*）一书中描述了一些常见的建筑设计问题，并提出了 253 种关于对城镇、邻里、住宅、花园和房间等进行设计的基本模式。

1979 年，他的另一部经典著作《建筑的永恒之道》（*The Timeless Way of Building*）进一步强化了设计模式的思想，为后来的建筑设计指明了方向。

1987 年，肯特·贝克（Kent Beck）和沃德·坎宁安（Ward Cunningham）率先将克里斯托弗·亚历山大的设计模式思想应用在 Smalltalk 中的图形用户接口生成中，但没有引起软件界的关注。

直到 1990 年，软件界才开始研讨设计模式的话题，后来召开了多次关于设计模式的研讨会。

1995 年，艾瑞克·伽马（Erich Gamma）、理查德·海尔姆（Richard Helm）、拉尔夫·约翰森（Ralph Johnson）、约翰·威利斯迪斯（John Vlissides）四位作者[被称为四人组（Gang of Four，GoF）]合作出版了《设计模式：可复用面向对象软件的基础》（*Design Patterns: Elements of Reusable Object-Oriented Software*）一书，其中收录了 23 种设计模式，这是设计模式领域里程碑的事件，推动了软件设计模式的突破式发展。

GoF 合著的《设计模式：可复用面向对象软件的基础》一书中介绍的并不是一种具体技术，而是一种思想。这本书不仅展示了接口或抽象类在实际案例中的灵活应用和超人智慧，让读者能够真正掌握接口或抽象类的应用，从而在原来的 Java 语言基础上跃进一步，更重要的是，GoF 反复强调一个宗旨：要让程序尽可能被重用。

这其实在做一个极限挑战：在软件项目开发中唯一不变的就是如何应对不断变化的需求。但是我们还是需要从各种各样、千变万化的软件项目中抽取出不变的、重复的、相通的元素，在进行分解、抽象、提升、归纳、总结后形成一种设计思想，并在软件开发中复用。

得益于软件设计模式的发展和 Java 语言本身的灵活性，目前涌现出了很多基于 J2EE（Java 2 Platform Enterprise Edition）的开源框架，如 Spring、Struts、MyBatis 等，极大地促进了软件产业的发展。但是我们也要清醒地认识到目前我国在软件领域的不足，在软件产业的基础领域，包括软件设计模式、程序设计语言等，我国仍处于相对落后的状态；在一些大型的软件系统方面，如浏览器、EDA/CAD、工业控制软件等，也存在诸多被限制的地方。因此，作为未来软件行业的从业人员，现在能做的就是把这些先进的思想、技术、方法学好、学扎实，通过项目实践多练习、多动手、多思考，体会和感悟这些思想的精髓，努力促进我国软件产业的发展。虽然我们的差距很明显，但是前途一片光明，只要“咬定青山不放松”，定能“敢叫日月换新天”。

### 1.1.2　软件设计模式的基本要素

软件设计模式使我们可以更简单、更方便地复用成功的设计和体系结构，它通常包含模式名称、别名、动机、问题、解决方案、效果、结构、模式角色、合作关系、实现方法、适用性、已知应用、例程、模式扩展和相关模式等基本要素，关键要素包括以下四部分。

（1）模式名称（Pattern Name）：每个设计模式都有自己的名称，通常用一两个词语描述，可以根据模式的问题、特点、解决方案、功能和效果来命名。模式名称一般都能够见名知意，有助于我们理解和记忆该模式，也方便讨论如何在软件项目的设计中应用。

（2）问题（Problem）：描述该模式的应用环境，即何时使用该模式。问题解释了设计问题和其存在的前因后果，以及必须满足的一系列先决条件。

（3）解决方案（Solution）：包括设计的组成成分、它们之间的关系及各自的职责和协作方式。因为设计模式就像一个模板，可以应用于不同场合，所以解决方案并不描述一个特定而具体的设计或实现，而是提供设计问题的抽象描述，以及怎样用一个具有一般意义的元素组合（类或对象的组合）来解决这个问题。

（4）效果（Consequence）：主要描述设计模式的应用效果，以及使用该设计模式应该权衡的问题，即模式的优缺点。效果主要是对时间和空间的衡量，以及该设计模式对系统的灵活性、扩充性和可移植性的影响。显式地列出这些效果对理解和评价设计模式有很大的帮助，指导软件开发人员在选择不同的设计模式时需要注意或规避的问题（该设计模式的缺点）。

视频 1-1

## 1.2　软件设计模式的基本原则

软件设计模式是先从实际业务当中抽取出来，然后进行抽象，形成一种通用的解决问题的思路，是从具体到抽象的过程；在解决实际问题的时候，不能生搬硬套地使用某个软件设计模式，而要考虑该问题与哪个软件设计模式的应用场景、特征匹配，从而选择某个或多个软件设计模式。其实这些软件设计模式只是实现了软件设计原则的具体方式，下面详细介绍软件设计模式应当遵循的基本设计原则。

### 1.2.1　开闭原则

开闭原则（Open Closed Principle，OCP）由勃兰特 • 梅耶（Bertrand Meyer）提出，他在 1988 年的著作《面向对象软件构造》（*Object Oriented Software Construction*）中提出：软件实体应当对扩展开放，对修改关闭（Software entities should be open for extension，but closed for modification），这就是开闭原则的经典定义。

开闭原则的含义：当软件项目的应用需求改变时，在不修改软件实体的源代码或二进制代码的前提下，可以扩展模块的功能，使其满足新需求。

#### 1. 开闭原则的作用

开闭原则是面向对象程序设计的终极目标，使软件实体在拥有一定的适应性和灵活性的同时具备稳定性和延续性。具体来说，其作用如下。

（1）降低软件测试的工作量：如果软件开发遵守开闭原则，那么软件测试时只需要对扩展代码进行测试，因为原有的测试代码仍然能够正常运行。

（2）提高代码的可复用性：在软件项目开发中，项目模块粒度越小，被复用的可能性就越大，在遵守开闭原则的情况下，通过对原有模块进行扩展能够提高代码的可复用性。

（3）提高软件项目的可维护性：遵守开闭原则的软件项目，其基础代码（模块）越来越稳固，在项目维护的过程中，工作量会大大减少，降低维护成本。

2. 开闭原则的实现方法

可以通过“抽象约束、封装变化”实现开闭原则，即通过接口或抽象类为软件实体定义一个相对稳定的抽象层，将相同的可变因素封装在相同的具体实现类中。

因为抽象灵活性好，适应性广，只要抽象合理，就可以基本保持软件架构的稳定。软件中易变的细节可以从抽象派生的实现类进行扩展，当软件需求发生变化时，只需要根据新需求重新派生一个实现类进行扩展就可以。开闭原则是软件项目开发中最重要的一个基本原则。

视频 1-2

**示例 1：**

**开闭原则的使用——Windows 桌面主题的设计**

Windows 桌面主题是桌面背景图片、窗口颜色和声音等元素的组合。用户可以根据自己的喜好更换桌面主题，也可以从网上下载新的桌面主题。这些桌面主题有共同的特点，可以为其定义一个抽象主题（Abstract Theme），每个具体主题（Special Theme）是其子类。用户窗体可以根据需要选择或增加新的桌面主题，而不需要修改原代码，因此它是满足开闭原则的，其类图如图 1-1 所示。

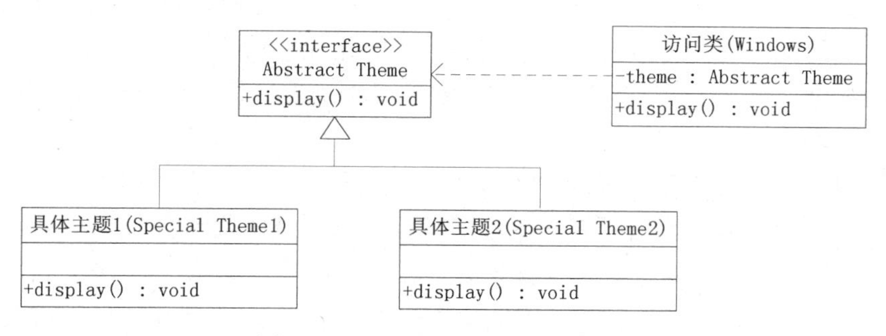


图 1-1　Windows 桌面主题的类图

### 1.2.2　里氏代换原则

里氏代换原则（Liskov Substitution Principle，LSP）是由麻省理工学院计算机科学实验室的里斯科夫（Liskov）在 1987 年的 OOPSLA 会议上发表的一篇文章《数据抽象和层次》（*Data Abstraction and Hierarchy*）中提出来的，她提出：继承必须确保父类拥有的性质在子类中仍然成立（Inheritance should ensure that any property proved about supertype objects also holds for subtype objects）。

里氏代换原则主要阐述了有关继承的一些原则，也就是什么时候应该使用继承，什么时候不应该使用继承，以及其中蕴含的原理。里氏代换原则是继承复用的基础，反映了父类与子类之间的关系，是对开闭原则的补充，是对实现抽象化的具体步骤的规范。

### 1. 里氏代换原则的作用

（1）里氏代换原则是实现开闭原则的重要方式之一。

（2）里氏代换原则克服了继承中重写父类方法造成的可复用性变差的缺点。

（3）里氏代换原则是动作正确性的保证，即类的扩展不会给已有的系统引入新错误，降低了代码出错的可能性。

（4）里氏代换原则增强了程序的健壮性，在项目需求变更时有非常好的兼容性，提高了程序的可维护性、可扩展性，降低了需求变更时引入风险的概率。

### 2. 里氏代换原则的实现方法

里氏代换原则通俗来讲就是子类可以扩展父类的功能，但是不能改变父类原有的功能。也就是说，当子类继承父类时，除了添加新方法完成新增功能，尽量不要重写父类的方法。在代码编写过程中，对里氏代换原则的应用可以总结如下。

（1）子类可以实现父类的抽象方法，但是不能覆盖父类的非抽象方法。

（2）在子类中可以增加自己特有的方法。

（3）当子类的方法重载父类的方法时，子类方法的前置条件（方法的输入参数）要比父类方法的更宽松。这样做的目的是确保子类能够调用父类被重载的方法，在子类继承父类的过程中，不能由于继承让父类的某些方法无法被调用。

（4）当子类的方法实现父类的方法（重载/重写或实现抽象方法）时，子类方法的后置条件（方法的输出/返回值）要比父类方法的更严格或相等。例如，如果父类的某个方法返回值的数据类型为 T，子类相同方法（重载/重写）返回值的数据类型为 S，那么里氏代换原则就要求 S 必须小于或等于 T。

通过重载父类的方法来完成新功能虽然写起来简单，但是整个继承体系的可复用性会变差，特别是运用多态比较频繁时，程序运行出错的概率就会增加。

关于里氏代换原则的例子，最有名的是“正方形不是长方形”。当然，生活中也有很多类似的例子。例如，企鹅和鸵鸟，从生物学的角度来划分，它们都属于鸟类；从类的继承关系来看，因为它们不能继承鸟会飞的能力，所以它们不能被定义成鸟的子类。同理，因为气球鱼不会游泳，所以不能将其定义成鱼的子类；由于玩具炮上不了战场，所以不能将其定义成炮的子类。

**示例 2:**

**里氏代换原则——“鸵鸟不是鸟，是动物”的类设计**

分析：鸟一般都会飞，如燕子的飞行速度大概是每小时 120 千米，但并不是所有鸟都会飞，如鸵鸟，鸵鸟的奔跑速度大概是每小时 70 千米。假如要设计一个实例，计算它们移动 300 千米要花费的时间，在类设计当中，就要为它们抽象出共同的父类——动物，其类图如图 1-2 所示。

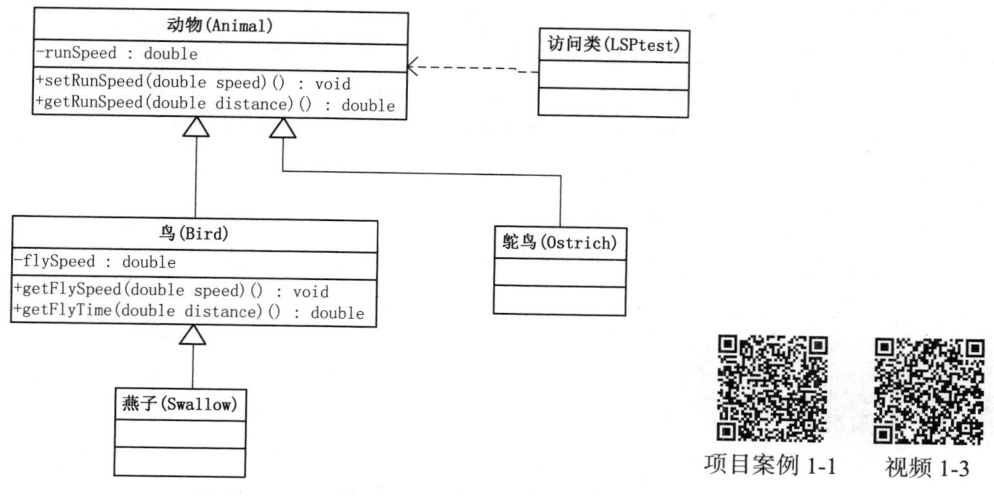


图 1-2　“鸵鸟不是鸟，是动物”的类图

### 1.2.3　依赖倒置原则

依赖倒置原则（Dependence Inversion Principle，DIP）是 Object Mentor 公司总裁罗伯特·C·马丁（Robert C. Martin）于 1996 年在 C++ Report 上发表的文章。

依赖倒置原则的原始定义：高层模块不应该依赖低层模块，两者都应该依赖其抽象；抽象不应该依赖细节，细节应该依赖抽象（High level modules should not depend upon low level modules, Both should depend upon abstractions; Abstractions should not depend upon details, Details should depend upon abstractions）。核心思想：要面向接口编程，不要面向实现编程。

依赖倒置原则是实现开闭原则的重要途径之一，它降低了调用者与实现模块之间的耦合性。由于在软件设计中，细节具有多变性，而抽象则相对稳定，因此以抽象为基础搭建起来的架构要比以细节为基础搭建起来的架构更稳定。这里的抽象指的是接口或抽象类，细节是指具体的实现类。使用接口或抽象类的目的是制定规范和契约，不涉及任何具体操作，把展现细节的任务交给实现类去完成。

1. 依赖倒置原则的作用

（1）依赖倒置原则可以降低类之间的耦合性。

（2）依赖倒置原则可以提高系统的稳定性。

（3）依赖倒置原则可以减少并行开发引起的风险。

（4）依赖倒置原则可以提高代码的可读性和可维护性。

2. 依赖倒置原则的实现方法

依赖倒置原则的目的是通过面向接口的编程来降低类之间的耦合性，在实际编程时只要遵守以下四点，就能满足这个原则。

（1）每个类尽量提供接口或抽象类，或者两者都具备。

（2）变量的声明类型尽量用接口或抽象类。

（3）任何类都不应该从具体类中派生。

（4）继承时尽量遵循里氏代换原则。

依赖倒置原则在 Spring 框架的控制反转（Inversion of Control，IoC）中有重要应用，在 Spring MVC 框架及 MyBatis 框架中也有很多应用点，下面通过具体示例进行详细讲解。

**示例 3：**

**依赖倒置原则——顾客购物程序中的类设计**

本程序演示了顾客类与商店类的关系。商店类中有 sell()方法，顾客类通过该方法购物，以下代码定义了顾客类通过天猫网店 TmallShop 购物：

```
class Customer {
    public void shopping(TmallShop shop) {
        //购物
        System.out.println(shop.sell());
    }
}
```

但是，这种设计存在缺陷，如果该顾客想从另外一家店铺（如淘宝网店 TaobaoShop）购物，就要将代码进行以下修改：

```
class Customer {
    public void shopping(TaobaoShop shop) {
        //购物
        System.out.println(shop.sell());
    }
}
```

顾客每更换一家店铺购物，就要修改一次代码，这明显违背了开闭原则。存在这种情况的原因是：顾客类被设计时与具体的商店类绑定了，这违背了依赖倒置原则。解决方法是：定义天猫网店和淘宝网店的共同接口 Shop，顾客类面向该接口编程。上述代码修改如下：

```
class Customer {
    public void shopping(Shop shop) {
        //购物
        System.out.println(shop.sell());
    }
}
```

这样，不管顾客类 Customer 访问哪家店铺，都不需要修改代码，其类图如图 1-3 所示。

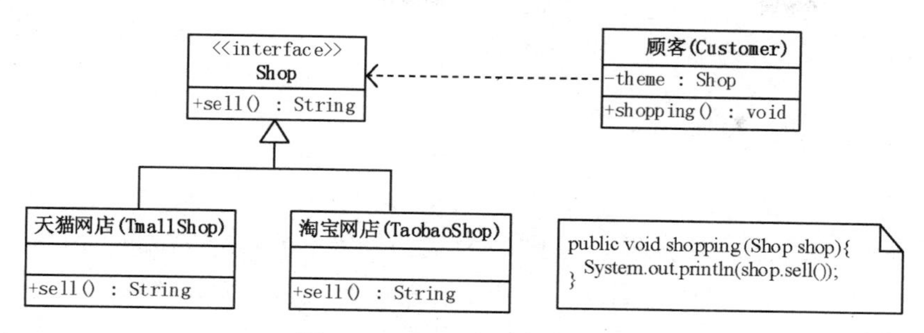


图 1-3　顾客购物程序的类图

程序代码如下：

```
package principle;
public class DIPtest {
    public static void main(String[] args) {
        Customer customer= new Customer();
        System.out.println("顾客购买以下商品：");
        customer.shopping(new TmallShop());
        customer.shopping(new TaobaoShop());
    }
}
//接口 Shop
interface Shop {
    public String sell();        //销售商品
}
//天猫网店（具体实现类）
class TmallShop implements Shop {
    public String sell() {
        return "天猫商品精选：手机、笔记本电脑、键盘、鼠标……";
    }
}
//淘宝网店（具体实现类）
class TaobaoShop implements Shop {
    public String sell() {
        return "淘宝商品特卖：服装、运动装备、计算机耗材……";
    }
}
//顾客（调用者）
class Customer {
    public void shopping(Shop shop) {
        //购物
        System.out.println(shop.sell());
    }
}
```

程序运行结果如下：

```
顾客购买以下商品：
天猫商品精选：手机、笔记本电脑、键盘、鼠标……
淘宝商品特卖：服装、运动装备、计算机耗材……
```

项目案例 1-2

视频 1-4

### 1.2.4 单一职责原则

单一职责原则（Single Responsibility Principle，SRP）又称单一功能原则，是由罗伯特·C·马丁于《敏捷软件开发：原则、模式与实践》（*Agile Software Development: Principles，Patterns，and Practices*）一书中提出的，职责指类变化的原因，单一职责原则规定一个类应该有且仅有一个引起它变化的原因，否则类应该被拆分（There should never be more than one reason for a class to change）。

该原则提出对象不应该承担太多的职责，如果一个对象承担了太多的职责，那么至少有以下两个缺点。

（1）一个职责的变化可能会削弱或抑制这个类实现其他职责的能力。

（2）当调用者需要该类的某个职责时，不得不将其他不需要的职责都包含进来，造成冗余代码或代码浪费。

#### 1. 单一职责原则的优点

单一职责原则的核心就是控制类的粒度，将对象解耦，提高类的内聚性。遵守单一职责原则将有以下优点。

（1）降低类的复杂度。一个类只负责一项职责，其逻辑要比负责多项职责简单。

（2）提高类的可读性。类的职责单一、复杂性降低，代码的可读性会更好。

（3）提高系统的可维护性。每个类都专注于单一业务，项目维护自然更容易。

（4）变更引起的风险降低。变更在软件项目开发中是不可避免的，若遵守单一职责原则，当修改一个功能时，则可以显著降低对其他功能的影响。

#### 2. 单一职责原则的实现方法

单一职责原则是最简单但又最难被灵活运用的原则，需要设计人员发现类的不同职责并将其分离，再封装到不同的类或模块中。发现类的不同职责需要设计人员具有较强的分析设计能力和相关重构经验。下面以大学学生管理工作为例介绍单一职责原则的应用。

**示例 4:**

**单一职责原则——大学学生管理工作的类设计**

大学学生管理工作主要包括生活辅导和学业指导两方面，生活辅导主要包括班委建设、出勤统计、心理辅导、费用催缴、班级管理等工作，学业指导主要包括专业引导、学习辅导、科研指导、竞赛辅导等工作。将这些工作交给一位老师负责显然不合理，正确的做法是生活辅导由辅导员负责，学业指导由学业导师负责，其类图如图 1-4 所示。

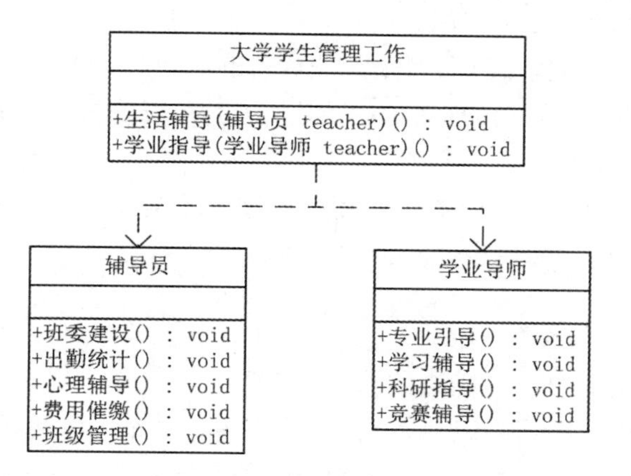

视频 1-5

图 1-4　大学学生管理工作的类图

单一职责原则也适用于方法。一个方法应该尽可能做好一件事情。如果一个方法处理的事情太多，那么粒度会变得很大，不利于重用。

### 1.2.5　接口隔离原则

接口隔离原则（Interface Segregation Principle，ISP）要求程序员尽量将臃肿、庞大的接口拆分成更小的、更具体的接口，让接口中只包含客户必须使用的方法的最小集合。

2002 年，罗伯特・C・马丁对接口隔离原则的定义是：客户端不应该被迫依赖其不使用的方法（Clients should not be forced to depend on methods they do not use）。该原则还有另外一个定义：一个类对另一个类的依赖应该建立在最小的接口上（The dependency of one class to another one should depend on the smallest possible interface）。

以上两个定义的含义是：要为各个类建立它们需要的专用接口，不要试图建立一个庞大的接口供所有依赖它的类去调用。

接口隔离原则和单一职责原则都是为了提高类的内聚性，降低它们之间的耦合性，体现了封装思想，但两者是不同的。

（1）单一职责原则注重的是职责，接口隔离原则注重的是对接口依赖的隔离。

（2）单一职责原则主要约束类，针对的是程序中的实现和细节；接口隔离原则主要约束接口，针对抽象和程序整体框架的构建。

#### 1. 接口隔离原则的优点

接口隔离原则是为了约束接口，降低类对接口的依赖性，遵守接口隔离原则有以下五个优点。

（1）接口隔离将臃肿、庞大的接口分解为多个粒度小的接口，可以预防外来变更的扩散，提高系统的灵活性和可维护性。

（2）接口隔离提高了系统的内聚性，减少了对外交互，降低了系统的耦合性。

（3）如果接口的粒度大小定义合理，则能够保证系统的稳定性。但是，如果接口的粒度定义过小，则造成接口数量过多，使设计复杂化；如果接口的粒度定义过大，则灵活性降低，无法提供定制服务，给整个项目带来无法预料的风险。

（4）使用多个专门的接口能够体现对象的层次，因为可以通过接口的继承实现对总接口的定义。

（5）接口隔离能减少项目工程中的代码冗余。过大的接口中通常放置许多不用的方法，当实现这个接口的时候，被迫设计冗余的代码。

2. 接口隔离原则的实现方法

在具体应用接口隔离原则时，应该注意以下事项。

（1）接口尽量小，但是要有限度：一个接口只服务于一个子模块或业务逻辑。

（2）为依赖接口的类定制服务：只提供调用者需要的方法，屏蔽不需要的方法。

（3）了解环境，拒绝盲从：每个项目或服务都有特定的应用领域和业务环境，要求不同，接口拆分的标准就不同，需要深入了解业务逻辑。

（4）提高内聚性，减少对外交互：使接口用更少的方法完成更多的工作。

**示例 5:**

### 接口隔离原则——学生成绩管理的类设计

学生成绩管理程序一般包含输入成绩、删除成绩、修改成绩、计算平均分、计算总分、打印成绩信息、查询成绩信息等功能。如果将这些功能全部放在一个接口中显然不太合理，正确的做法是将它们分别放在输入接口、统计接口和打印接口中。在实际应用中，由具体类根据业务要求去实现相应的接口，其类图如图 1-5 所示。

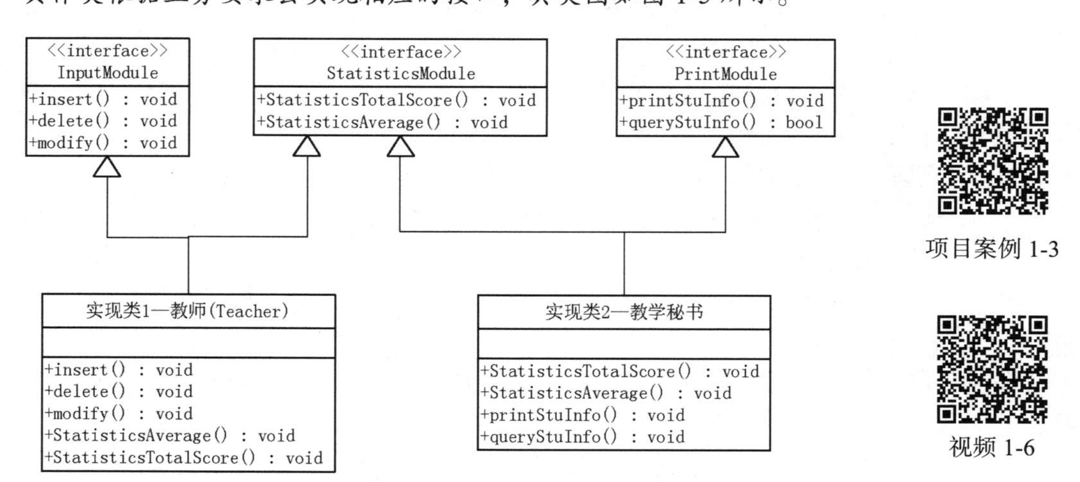


图 1-5 学生成绩管理的类图

在图 1-5 中，教师类实现了接口 InputModule 和接口 StatisticsModule，能够进行输入、删除、修改、计算平均分和计算总分的操作；教学秘书类实现了接口 StatisticsModule 和 PrintModule，能够进行计算总分、计算平均分、打印成绩信息和查询成绩信息的操作。

### 1.2.6　迪米特法则

迪米特法则（Law of Demeter，LoD）又称最少知识原则（Least Knowledge Principle，LKP），产生于 1987 年美国东北大学（Northeastern University）一个名为迪米特的研究项目，由伊恩・荷兰（Ian Holland）提出，被 UML 的创始人之一格雷迪・布奇（Grady Booch）普及，后来因为在经典著作《程序员修炼之道》（*The Pragmatic Programmer*）中被提及而广为人知。

迪米特法则的定义是：只与你的直接朋友交谈，不与陌生人交谈（Talk only to your immediate friends and not to strangers）。其含义是：如果两个软件实体无须直接通信，就不应当发生直接的相互调用，可以通过第三方转发该调用。

迪米特法则中的“朋友”指当前对象、当前对象的成员对象、当前对象创建的对象、当前对象的方法参数等，这些对象同当前对象存在关联、聚合或组合关系，可以直接访问这些对象的方法。

1. 迪米特法则的优点

迪米特法则要求限制软件实体之间通信的宽度和深度，正确使用迪米特法则将有以下两个优点。

（1）降低类之间的耦合度，提高模块的相对独立性。

（2）由于耦合度降低，因此提高了类的可复用性和系统的扩展性。

但是，过度使用迪米特法则会使系统产生大量的中介类，从而增加系统的复杂性，使模块之间的通信效率降低。所以，在采用迪米特法则时需要反复权衡，在确保高内聚和低耦合的同时，保证系统的结构清晰。

2. 迪米特法则的实现方法

从迪米特法则的定义和优点可知，它强调以下两点。

（1）从依赖者的角度来说，只依赖应该依赖的对象。

（2）从被依赖者的角度来说，只暴露应该暴露的方法。

因此，在运用迪米特法则时要注意以下六点。

（1）在类的划分上，应该创建弱耦合的类。类与类之间的耦合越弱，越有利于实现可复用的目标。

（2）在类的结构设计上，尽量降低类成员的访问权限。

（3）在类的设计上，优先考虑将一个类设置成不变类。

（4）在对其他类的引用上，将引用其他对象的次数降到最少。

（5）不暴露类的属性成员，提供相应的访问器（setter()方法和 getter()方法）。

（6）谨慎使用序列化（Serializable）功能。

视频 1-7

**示例 6：**

**迪米特法则——艺人与经纪人的类设计**

艺人因为平时工作繁忙，所以许多日常事务由经纪人处理，如与粉丝的见面会、与媒体公司的业务洽谈等。对艺人来说，经纪人是直接朋友，粉丝和媒体公司是陌生人，因此适合使用迪米特法则，其类图如图 1-6 所示。

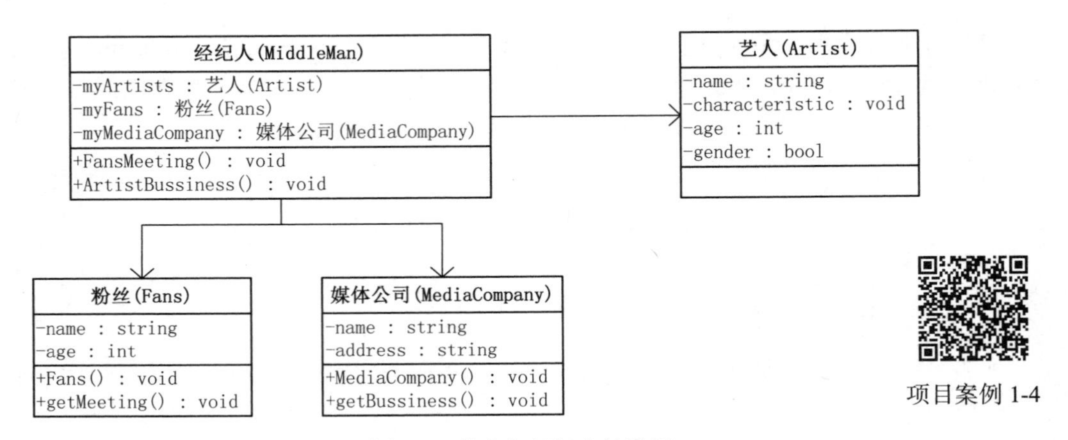


项目案例 1-4

图 1-6　艺人与经纪人的类图

## 1.2.7　合成复用原则

合成复用原则（Composite Reuse Principle，CRP）又叫组合/聚合复用原则（Composition/Aggregate Reuse Principle，CARP），它要求在软件复用时，要尽量先使用组合或聚合等关联关系来实现，再考虑使用继承关系来实现。如果要使用继承关系，则必须严格遵守里氏代换原则。合成复用原则同里氏代换原则相辅相成，两者都是开闭原则的具体实现规范。

### 1. 合成复用原则的重要性

通常类的复用分为继承复用和合成复用两种，继承复用虽然有简单和易实现的优点，但是也存在以下三个缺点。

（1）破坏类的封装性。因为继承会将父类的实现细节暴露给子类，父类对子类是透明的，所以这种复用又称“白箱”复用。

（2）子类与父类的耦合度高。父类实现的任何改变都会导致子类实现发生变化，这不利于类的扩展与维护。

（3）限制复用的灵活性。从父类继承的实现（属性和方法）是静态的，在编译时已经确定，因此在运行时不可能发生变化。

采用合成复用时，可以将已有对象纳入新对象中，使之成为新对象的一部分，新对象可以调用已有对象的功能，并且可以增加新功能，具有以下三个优点。

（1）维持类的封装性。因为成员对象的内部细节是新对象看不见的，所以这种复用又称“黑箱”复用。

（2）类之间的耦合度低。合成复用所需的依赖较少，新对象存取成员对象的唯一方法是通过成员对象的接口。

（3）复用的灵活性高。合成复用可以在运行时动态进行，新对象可以动态地引用与成员对象类型相同的对象。

2. 合成复用原则的实现方法

合成复用原则是通过将已有对象纳入新对象中，并将其作为新对象的成员对象来实现的。新对象可以调用已有对象的功能，从而达到复用。该原则在软件开发框架（如 MyBatis）中具有广泛应用。

**示例 7：**

## 合成复用原则——汽车分类的类设计

汽车按动力源划分可以分为燃油汽车、电动汽车等；按颜色划分可以分为白色汽车、黑色汽车等。如果同时考虑这两种分类方法，则组合形式更多。图 1-7 所示是用继承关系实现的汽车分类的类图。

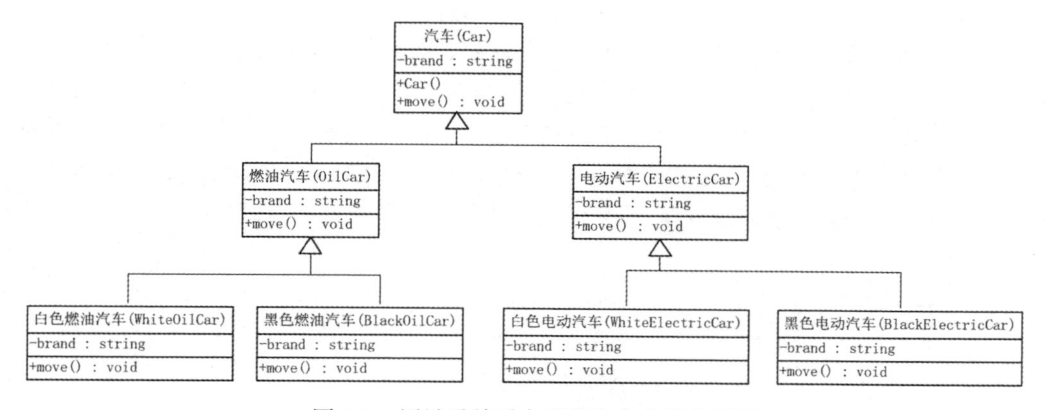


图 1-7　用继承关系实现的汽车分类的类图

从图 1-7 中可以看出用继承关系实现会产生很多子类，而且增加新的动力源或新的颜色都要修改源代码，这违背了开闭原则，显然不可取。使用组合关系实现就能很好地解决以上问题，其类图如图 1-8 所示。

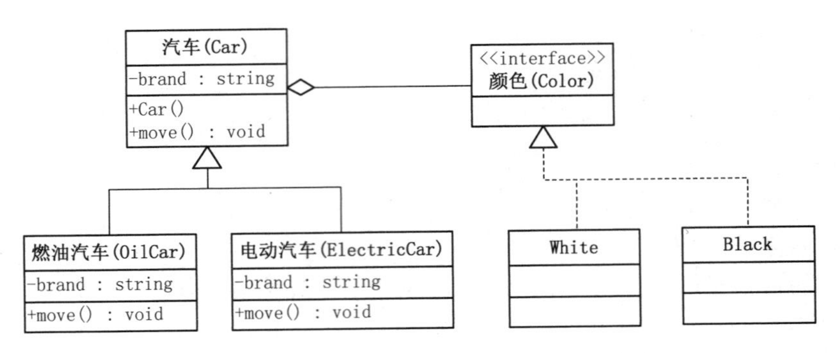


图 1-8 用组合关系实现的汽车分类的类图

从图 1-7 和图 1-8 的对比可以看出，使用组合关系能够更加简洁地表示汽车的分类，同时，若遵守合成复用原则，在项目的维护、升级、扩展等方面都将更灵活、更方便。如果要增加新的颜色，只需要增加一个类实现接口颜色（Color）即可；如果要增加新的动力源，只需要增加一个类继承父类汽车（Car）即可。

项目案例 1-5

视频 1-8

本节介绍的七种基本原则是各种软件设计模式的基础，也是各种软件设计模式要遵守的规范，其目的只有一个：降低对象之间的耦合，增加程序的可复用性、可扩展性和可维护性。对于这些基本原则可以归纳为：访问加限制，函数要节俭，依赖要减少，动态加接口，父类要抽象，扩展不更改。

就像我们在日常生活中，在做事情之前要先定好规则，以增加一些约束，确保不越界。“没有规矩，不成方圆”，人们要想实现预期的目标，就应该按规则行事。

规则是社会有序运行的“基础设施”，是构筑社会公平正义的“底座”。只有遵守规则，才能实现真正的自由。自由是有条件的、受约束的、在某个范围内的；自由应该建立在不伤害他人、不消极地影响社会、不损害国家及人民利益的前提下。在我国，最基本的规则是遵守宪法和各种法律法规，并主动遵守所从事行业的各种行为规范和职业道德。作为软件从业人员，应该具有崇高的职业道德、职业素养和职业理想，严格遵守职业规范。

## 1.3 使用软件设计模式的优点

软件设计模式的本质是面向对象设计原则的实际运用，是对类的封装性、继承性、多态性及各种关联关系在实际应用中的经验总结。在软件开发中遵守设计模式的规范要求，能够使代码的编写更加规范、高效、易懂，能够更好地做到代码复用。

### 1.3.1　代码优劣的评价原则

代码是所有软件项目都具有的成果，是软件实现的基本组件，也是软件产品中最真实的存在，类似构成硬件产品的基本组件，例如，手机的麦克风、扬声器等。硬件产品基本组件的优劣有其评价方法和评价标准，软件项目的基本组件也有其评价原则。

1. 可维护性

在企业级应用开发中，随着软件项目应用不断深入、业务要求变化及需求变更，会对原有功能（代码）进行修改。可维护性描述的就是进行代码修改的难易程度。可维护性强的代码指的是：在不改变原有代码的设计，以及不引入新 Bug 的前提下，能够快速进行代码的修改或新增。不易维护的代码指的是：在修改或新增一些功能逻辑的时候，存在极大的引入新 Bug 的风险，并且需要变更的代码很多、花费的时间很长。

2. 可理解性

在运营之后对软件项目的维护是不可避免的，维护时的首要工作就是读懂代码，只有理解了原代码的意思，才能做修改。可理解性指的是别人阅读代码时理解的难易程度。可重用对象模型设计领域的著名学者马丁·福勒（Martin Fowler）曾经说过一句话："任何人都能够编写计算机能理解的代码，而优秀的程序员能够编写人类能理解的代码"。这句话的意思非常明确，就是要求编写的代码是易读的、易理解的，因为代码的可理解性会在很大程度上影响代码的可维护性。

3. 可扩展性

在软件项目开发中，功能的升级、变更可能都要涉及代码的扩展，如果在不修改或少量修改原有代码的情况下增加新功能进来，就是可扩展性良好的代码。可扩展性其实也是开闭原则的一种体现，很多软件开发框架，如 Spring 框架、Struts 框架等，都对代码的可扩展性具有很强的支撑。

4. 可复用性

如果一个软件项目从零开始进行代码开发，那么工作量将是巨大的；如果在一个软件项目开发中能够大量复用原有代码，那么工作量将大大降低。可复用性就是代码可被重复使用的难易程度，因此要遵守基本的设计原则和设计规范，在保证代码满足当前需求的情况下，尽量确保代码的通用性与易用性，方便代码复用。

### 1.3.2　使用软件设计模式带来的变化

正确使用软件设计模式，可以提高软件项目的健壮性和容错能力，减少工作量，节约成本；可以提高程序员的思维能力、编程能力和设计能力；可以使程序设计更标准化、代码编写更工程化，使开发效率大大提高，从而缩短开发周期。

当然，软件设计模式只是一个引导，在具体的软件开发中，必须根据应用系统的特点和要求进行恰当选择。对于简单的程序开发，编写一个简单的算法要比引入某种软件设计模式更容易。对于大型项目的开发或框架设计，使用软件设计模式来编写代码显然更好，这也是现在大型软件系统开发采用的方式。

视频 1-9

本书在后面的框架篇和实战篇会结合 Spring、SpringMVC 和 MyBatis 框架进行软件设计模式的实例演示，我们可以在具体项目中体会它带来的好处。

## 思考与练习

1．开闭原则的核心思想是什么？

2．依赖倒置原则在项目开发中如何体现？

3．单一职责原则与接口隔离原则的联系与区别是什么？

4．面向对象程序设计中的类继承关系与合成复用原则的区别是什么？

5．遵守软件设计模式在软件项目开发中有什么好处？

# 第 2 章　典型软件设计模式

软件设计模式在企业级软件项目的开发中得到了广泛应用，旨在通过复用设计经验来提升软件系统开发的效率和质量，已经成为软件架构和代码设计的重要技术。本章将结合 Spring、Spring MVC 和 MyBatis 框架对典型软件设计模式进行初步讲解。

## 2.1　单例模式

在面向对象程序设计中，类只用于创建对象的模板，实际任务（功能）的执行依靠的是对象。因此在程序设计当中，既要编写类，又要创建对象，并调用对象或类完成相应功能。在一些小型项目或简单的问题中，对象比较少，比较容易管理。但是在一些复杂的软件系统中涉及大量的对象管理，对象的创建与销毁就是一个比较棘手的问题。

单例（Singleton）模式是指一个类只有一个实例，并且该类能自行创建这个实例的一种软件设计模式。例如，在 Windows 系统中只能打开一个任务管理器，这样可以避免因打开多个任务管理器窗口而造成内存资源的浪费，或者出现各个窗口显示内容不一致等错误。

在计算机中，Windows 系统的回收站、操作系统中的文件系统、多线程的线程池、显卡的驱动程序对象、打印机的后台处理服务、应用程序的日志对象、数据库的连接池、网站的计数器、Web 应用的配置对象、应用程序中的对话框、系统中的缓存等常常被设计成单例。

单例模式在现实生活中的应用也非常广泛，例如，公司中的首席执行官、部门经理等都属于单例模式。J2EE 标准中的 ServletContext 和 ServletContextConfig，以及 Spring 框架应用中的 ApplicationContext 等也都是单例模式。

### 2.1.1　单例模式的特点

单例模式主要具有以下三个特点。

（1）单例类只有一个实例对象。

（2）该实例对象必须由单例类自行创建。

（3）单例类对外提供一个访问该单例的全局访问点。

### 2.1.2　单例模式的优缺点

单例模式在应用时较方便，并且生命周期管理也比较简单，主要优点体现在以下三方面。

（1）单例模式可以保证内存中只有一个实例，减少内存的开销。

（2）单例模式可以避免对资源的多重占用。

（3）单例模式设置全局访问点，可以优化和共享资源的访问。

单例模式主要有以下三方面的缺点。

（1）单例模式一般没有接口，扩展困难。如果要扩展，除了修改原来的代码，就没有第二种途径，这违背了开闭原则。

（2）在并发测试中，单例模式不利于代码调试。在调试过程中，如果单例中的代码没有执行完毕，就不能模拟生成一个新对象。

（3）单例模式的功能代码通常写在一个类中，如果功能设计不合理，就很容易违背单一职责原则。

### 2.1.3　单例模式的应用场景

虽然单例模式存在缺点，但是在实际软件项目的开发中还是具有广泛的应用价值的。对于面向对象的程序设计语言 Java 而言，单例模式可以保证在一个 JVM 中只存在单一实例。单例模式的应用场景主要有以下五方面。

（1）需要频繁创建一些类时，可以降低系统的内存压力，减少垃圾回收（Garbage Collection，GC）频率。

（2）某个类在运行期间只能生成一个对象时，如 Spring MVC 框架中的核心控制器 DispatchServlet 实例。

（3）某些类创建实例时占用资源较多，或者实例化耗时较长，并且经常使用时，如 MyBatis 框架中的 SqlSessionFactory 实例。

（4）某类需要频繁实例化，而且创建的对象又频繁被销毁时，如多线程的线程池、网络连接池等。

（5）某个实例需要在应用中共享时，由于单例模式只允许创建一个对象，共享该对象可以节省内存，并且加快对象访问速度，如 Web 应用中的配置管理对象。

### 2.1.4　单例模式的实现

通常，普通类的构造函数是公有的，外部类可以通过“new 构造函数()”生成实例。但是，如果将类的构造函数设为私有的，外部类就无法调用该构造函数，也就无法生成实例。这时该类自身必须定义一个静态私有实例，并向外提供一个静态的公有函数用于创建或获取该静态私有实例。

#### 1. 单例模式的结构

在单例模式中，必须先由所在类完成对象的创建，然后供其他类调用，这一般称为单例类；在访问类中，先通过单例类提供的静态方法获取单例类的实例，然后调用相应方法。

单例模式的类图如图 2-1 所示。

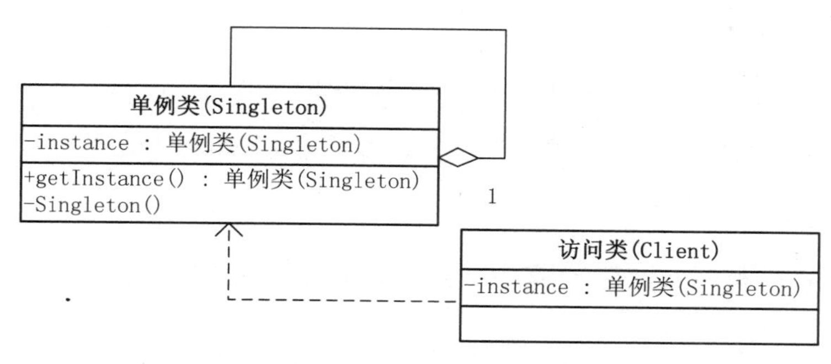


图 2-1　单例模式的类图

2. 单例模式的实现

单例模式的实现方式有两种：懒加载和预加载。下面通过 Java 代码的形式进行简单介绍。

1）懒加载单例模式

该模式的特点是类加载时没有生成单例，只有在第一次调用 getInstance()方法时才创建这个单例，代码如下：

```
public class LazySingleton {
    private static volatile LazySingleton instance = null; //保证 instance 在所有线程中同步
    private LazySingleton() {   //private 避免类在外部被实例化
    }
    public static synchronized LazySingleton getInstance() {//在 getInstance()方法前加同步
        if (instance == null) {
            instance = new LazySingleton();
        }
        return instance;
    }
}
```

2）预加载单例模式

该模式的特点是类一旦加载就创建一个单例，保证在调用 getInstance()方法之前单例已经存在了，代码如下：

```
public class PreSingleton {
    private static final PreSingleton instance = new PreSingleton();
    private PreSingleton() {
    }
    public static PreSingleton getInstance() {
        return instance;
    }
}
```

项目案例 2-1

视频 2-1

## 2.2 原型模式

在有些系统中，存在大量相同或相似对象的创建问题，如果使用传统的构造函数创建对象，就比较复杂且耗时、耗资源，使用原型模式创建对象就比较高效。

### 1. 原型模式的定义与特点

原型（Prototype）模式是指用一个已经创建好的实例作为原型，通过复制该原型对象来创建一个和原型相同或相似的新对象。使用这种方式创建对象非常高效，无须知道对象创建的细节。而且 Java 自带的原型模式基于内存二进制流的复制，在性能上比直接创建一个对象更加优良。同时，可以使用深克隆方式保存对象的状态，使用原型模式将对象复制一份，并将其状态保存起来，简化了创建对象的过程，以便在需要的时候使用（例如，恢复到历史某一状态），可以辅助实现撤销操作。

### 2. 原型模式的应用场景

原型模式的应用场景如下。

（1）对象之间相同或相似，即只是个别的几个属性不同时。

（2）创建对象成本较大，例如，初始化时间长，占用 CPU 和网络资源太多等，需要优化资源时。

（3）创建一个对象需要烦琐的数据准备或访问权限等，需要提高性能或安全性时。

（4）在系统中大量使用该类对象，各个调用者都需要给它的属性重新赋值时。

在 Spring 中，原型模式的应用非常广泛，如 scope=‘prototype’、JSON.parseObject()等都是原型模式的具体应用。

### 3. 原型模式的结构

因为 Java 提供了对象的 clone()方法，所以用 Java 实现原型模式很简单。原型模式包含以下三个主要角色。

（1）抽象原型类：规定具体原型对象必须实现的接口。

（2）具体原型类：实现抽象原型类的 clone()方法，它是可被复制的对象。

（3）访问类：使用具体原型类中的 clone()方法复制新对象。

原型模式的类图如图 2-2 所示。

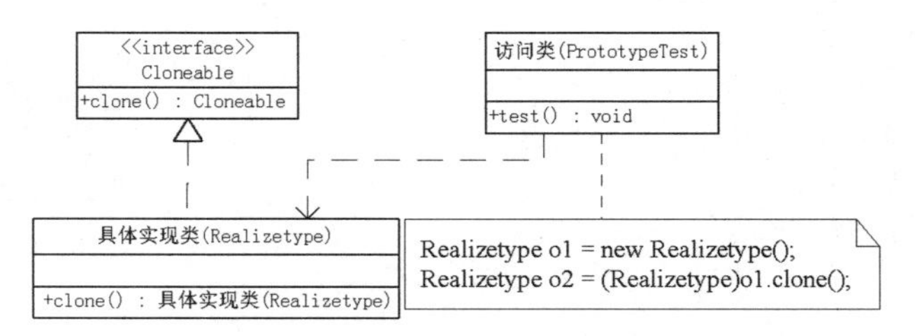


图 2-2 原型模式的类图

4. 原型模式的实现

原型模式的克隆分为浅克隆和深克隆两种。

浅克隆：创建一个新对象，新对象的属性和原对象完全相同，对于非基本类型属性，仍指向原属性指向的对象的内存地址。

深克隆：创建一个新对象，在属性中引用的其他对象也会被克隆，不再指向原对象地址。

Java 中的 Object 类提供了浅克隆的 clone()方法，具体原型类只要实现 Cloneable 接口就可以实现对象的浅克隆，这里的 Cloneable 接口就是抽象原型类，代码如下：

```
//具体原型类
class Realizetype implements Cloneable {
      Realizetype() {
            System.out.println("具体原型创建成功！");
      }
      public Object clone() throws CloneNotSupportedException {
            System.out.println("具体原型复制成功！");
            return (Realizetype) super.clone();
      }
}
//原型模式的测试类
public class PrototypeTest {
      @Test
      public void test( ) throws CloneNotSupportedException {
            RealizeType   o1 = new RealizeType();
            RealizeType   o2 = (RealizeType)o1.clone();
            System.out.println("o1==o2?" + (o1 == o2));
      }
}
```

程序的运行结果如下：

```
具体原型创建成功！
具体原型复制成功！
obj1==obj2?false
```

通过运行结果可以发现，o1 和 o2 不是指向同一内存地址的。

项目案例 2-2

视频 2-2

## 2.3　工厂模式

工厂模式在框架应用中是最常见的软件设计模式，如 Spring 框架、Struts 框架等。工厂模式主要分为三种类型：简单工厂模式、工厂方法模式和抽象工厂模式。

原始社会是自给自足，所有东西都是自己生产（没有工厂）的；农耕社会出现了一些小作坊、民间酒坊等（简单工厂模式）；工业革命时期出现了流水线生产（工厂方法模式）；现代产业链中就出现了代工厂（抽象工厂模式），一些企业只做研发和设计（如苹果公司等），另一些企业只负责生产（如富士康等）。软件项目代码也是由简到繁一步一步迭代而来的，对调用者来说，采用工厂模式是越来越简单的。

工厂模式最主要的目的就是把对象的创建与使用分离，工厂只负责对象的创建，使用者只负责调用。在工厂模式中，被创建的对象称为“产品”，创建产品的对象称为“工厂”。

### 2.3.1 简单工厂模式

如果要创建的产品不多，只要一个工厂类就可以完成，这种模式称为“简单工厂模式”（Simple Factory Pattern）。在简单工厂模式中，创建对象的方法通常为静态方法，因此简单工厂模式又称静态工厂方法模式（Static Factory Method Pattern）。

#### 1. 简单工厂模式的优缺点

1）优点

（1）在工厂类中包含了必要的逻辑判断，可以决定在什么时候创建哪个产品的实例；调用者可以很方便地创建出相应产品；工厂和产品的职责区分明确。

（2）调用者不需要知道所创建的具体产品的类名，只需要知道相应参数即可。

（3）可以引入配置文件，在不修改调用者代码的情况下更换或添加新的具体产品类。

2）缺点

（1）简单工厂模式的工厂类单一，负责所有产品的创建，职责过重，一旦出现异常，整个系统将受到影响。而且工厂类代码会非常臃肿，违背高聚合原则。

（2）使用简单工厂模式会增加系统中类的个数（引入新的工厂类），还会增加系统的复杂度和理解难度。

（3）系统扩展困难，一旦增加新产品，就不得不修改工厂逻辑，在产品类型较多时，可能造成逻辑过于复杂。

（4）简单工厂模式使用了静态方法，造成工厂角色无法形成基于继承的等级结构。

对于产品种类相对较少的情况，考虑使用简单工厂模式。使用简单工厂模式的调用者只需要传入工厂类的参数，不需要关心如何创建对象的逻辑，可以很方便地创建所需产品。

#### 2. 简单工厂模式的结构与实现

简单工厂模式的主要角色如下。

（1）简单工厂（SimpleFactory）：简单工厂模式的核心，负责实现创建所有实例的内部逻辑。工厂类创建产品的方法可以被外界直接调用，以创建所需的产品对象。

（2）抽象产品（AbstractProduct）：简单工厂创建的所有产品（对象）的父类，负责描述所有对象共有的公共接口。

（3）具体产品（Product）：简单工厂模式创建的目标对象。

简单工厂模式的类图如图 2-3 所示。

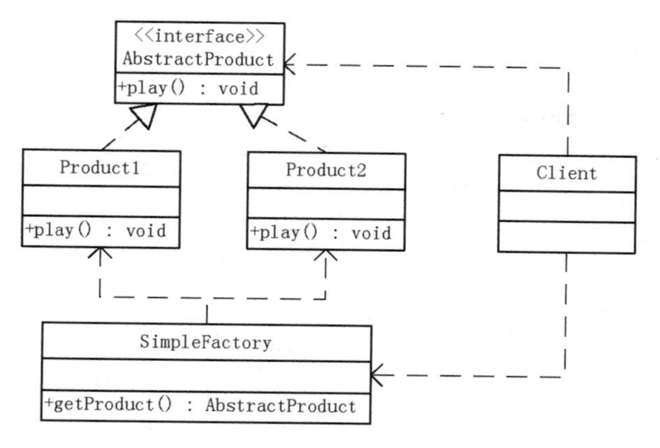


图 2-3　简单工厂模式的类图

项目案例 2-3

视频 2-3

### 2.3.2　工厂方法模式

简单工厂模式每增加一个产品就要增加一个具体产品类和一个对应的具体工厂类，这增加了系统的复杂度，违背了开闭原则。工厂方法模式是对工厂做进一步的抽象，先得到抽象工厂，然后由具体工厂实现抽象工厂，并负责某一产品的生产。工厂方法模式可以使系统在不修改原有代码的情况下引进新产品，即满足开闭原则。

#### 1. 工厂方法模式的优缺点

1）优点

（1）调用者只需要知道具体工厂的名称就可以得到所需的产品，不需要知道产品的具体创建过程。

（2）灵活性增强，对于新产品的创建，只需要多写一个相应的工厂类。

（3）典型的解耦框架，在应用中较常见，高层模块只需要知道产品的抽象类，不需要关心其具体实现类，满足迪米特法则、依赖倒置原则和里氏代换原则。

2）缺点

（1）类的个数容易过多，增加了复杂度。

（2）增加了系统的抽象性和理解的难度。

#### 2. 工厂方法模式的结构与实现

工厂方法模式由抽象工厂、具体工厂、抽象产品和具体产品四个要素构成。

（1）抽象工厂（AbstractFactory）：提供了创建产品的接口，调用者通过它访问具体工厂的工厂方法来创建产品。

（2）具体工厂（SpecificFactory）：主要实现抽象工厂中的抽象方法，完成具体产品的创建。

（3）抽象产品：定义产品的规范，描述产品的主要特性和功能。

（4）具体产品：实现抽象产品角色所定义的接口，由具体工厂创建，同具体工厂之间一一对应。

工厂方法模式的类图如图 2-4 所示。

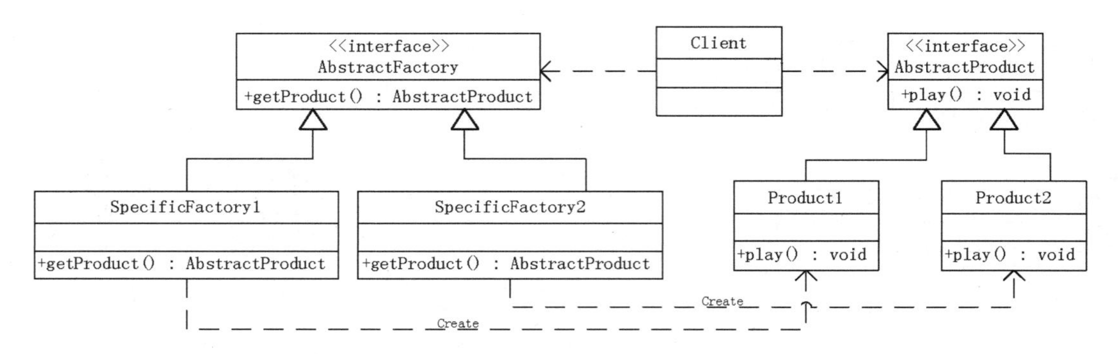


图 2-4　工厂方法模式的类图

在工厂方法模式中，具体生产哪种产品，一般是配置在 XML 文件中的，如 Spring、Spring MVC、MyBatis 等，代码如下：

```
<?xml version="1.0" encoding="UTF-8"?>
<config>
<className> SpecificFactory1 </className>
</config>
```

通过读取并解析 XML 配置文件，工厂方法就可以创建 SpecificFactory1 具体工厂并生产产品。如果以后要进行修改，只需要对 XML 配置文件进行调整即可，代码不需要做任何改变。许多优秀的开源框架都是使用 XML 配置文件进行整个系统的核心配置的，而不是直接采用硬编码的方式，这样便于扩展、升级和维护。在后面学习 Spring、Spring MVC 及 MyBatis 框架的时候会接触到各种各样的 XML 配置文件。

项目案例 2-4

视频 2-4

### 2.3.3　抽象工厂模式

工厂方法模式考虑的是一类产品的生产，例如，海信电视机厂只生产电视机，格力空调厂只生产空调等。同一种类的产品称为同等级（电视机是一个等级、空调是一个等级等），也就是说，工厂方法模式只考虑生产同等级的产品。但是在现实生活中，许多工厂是综合型工厂，能够生产多等级产品，例如，农场里既养动物又种植物，电器厂既生产电视机又生产空调等。

抽象工厂模式就是要考虑多等级产品的生产，即一个工厂可以生产多个等级的产品，例如，A 电器厂既可以生产电视机又可以生产空调，这被称为一个产品族；同一等级的产品又可以由不同的生产商来生产，例如，空调有 A 工厂生产的，还有 B 工厂生产的，这被称为一个产品等级。图 2-5 所示是 A 工厂和 B 工厂生产的电视机与空调对应的关系图。

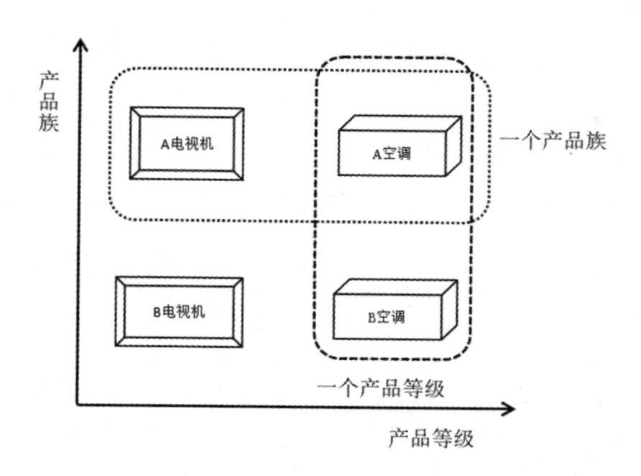


图 2-5　A 工厂和 B 工厂生产的电视机与空调对应的关系图

### 1. 抽象工厂模式的定义与特点

抽象工厂模式是一种为访问类提供一个创建一组相关或相互依赖对象的接口，并且访问类无须指定所需产品的具体类，就能得到同族但不同等级的产品的模式结构。抽象工厂模式是工厂方法模式的升级，工厂方法模式只生产一个等级的产品，而抽象工厂模式可以生产多个等级的产品。使用抽象工厂模式一般要满足以下条件。

（1）系统中有多个产品族，每个具体工厂创建同族但不同等级的产品。

（2）系统一次只能消费某一族产品，即同族产品可以一起被使用。

抽象工厂模式不仅具有工厂方法模式的优点，还具有以下优点。

（1）可以在类的内部对产品族中相关的多等级产品进行共同管理，不必专门引入多个新类来进行管理。

（2）当需要产品族时，抽象工厂可以保证客户端始终只使用同一个产品的产品族。

（3）抽象工厂增强了程序的可扩展性，当增加一个新产品族时，不需要修改原有代码，更好地满足开闭原则。

抽象工厂模式的缺点：当产品族中需要增加一个新产品时，所有工厂类都需要进行修改，增加了系统的抽象性和理解难度。

### 2. 抽象工厂模式的结构与实现

#### 1）抽象工厂模式的结构

抽象工厂模式同工厂方法模式一样，也是由抽象工厂、具体工厂、抽象产品和具体产品四个要素构成，但抽象工厂中的抽象方法个数不同，抽象产品的个数也不同。

（1）抽象工厂：提供了创建产品的接口，包含多个创建产品的抽象方法，可以创建多个不同等级的产品。

（2）具体工厂：主要实现抽象工厂中的多个抽象方法，完成具体产品的创建。

（3）抽象产品：定义产品的规范，描述产品的主要特性和功能，抽象工厂模式有多个抽象产品。

（4）具体产品：实现抽象产品接口所定义的方法，由具体工厂创建，同具体工厂之间是多对一的关系。

抽象工厂模式的类图如图 2-6 所示。

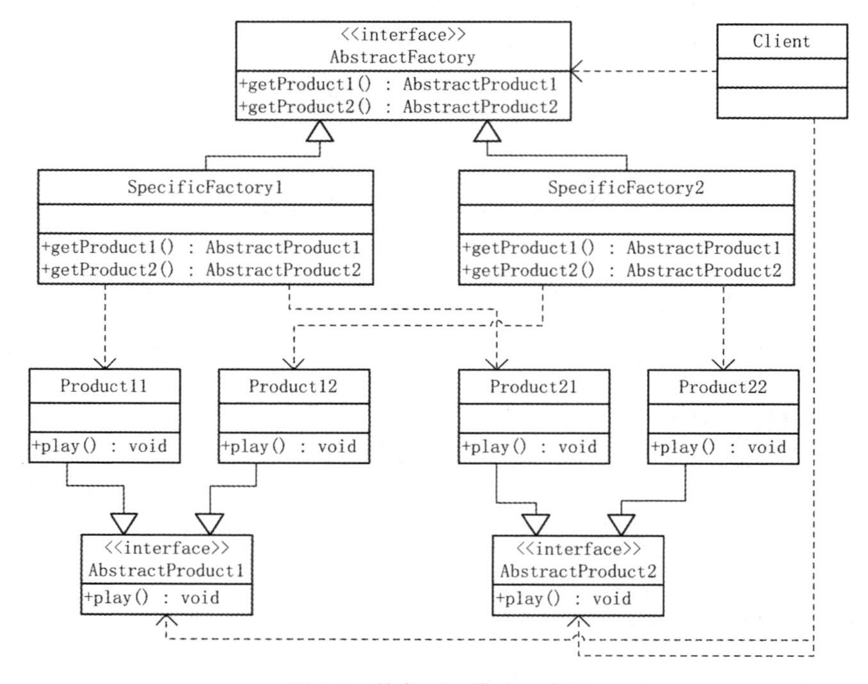


图 2-6　抽象工厂模式的类图

2）抽象工厂模式的实现

从图 2-6 中可以看出抽象工厂模式的结构同工厂方法模式的结构相似，不同的是其产品的种类不止一个，因此创建产品的方法也不止一个。下面给出抽象工厂和具体工厂的代码。

（1）抽象工厂提供产品的生成方法，主要代码如下：

```
interface AbstractFactory {
    public AbstractProduct1 getProduct1();
    public AbstractProduct2 getProduct2();
}
```

（2）具体工厂实现产品的生成方法，主要代码如下：

```
class SpecificFactory1 implements AbstractFactory {
    public Product1 getProduct1() {
        System.out.println("具体工厂 1 生成-->具体产品 11...");
        return new Product11();
    }
    public Product2 getProduct2() {
        System.out.println("具体工厂 2 生成-->具体产品 21...");
        return new Product21();
    }
}
```

项目案例 2-5

视频 2-5

工厂模式的思想来源于社会生产劳动的大分工，工厂是工业生产的基础，通过工厂的工业化生产，极大地丰富了人们的物质生活，提高了劳动效率，促进了社会进步和科学技术发展。

中国早已成为世界工厂，中国制造享誉全球，中国离不开世界，世界也离不开中国。近年来，随着中国科技突飞猛进的发展，中国制造正在转向中国智造，传统的工厂正在转变为智能化工厂、无人化工厂，这将更好地推动工业化生产，也必将促进中国社会更好的发展，对我国的软件产业而言，这或许是一个难得的发展机遇。请大家坚信，我国的软件产业一定会大有前途！

## 2.4　建造者模式

在软件开发过程中，有时需要创建一个复杂对象，它通常由多个子部件按一定的步骤组合而成。例如，计算机是由中央处理器、主板、内存、硬盘、显卡、机箱、显示器、键盘、鼠标等部件组装而成的，采购员不可能自己组装计算机，而是先将计算机的配置告诉计算机销售公司，计算机销售公司再安排技术人员去组装计算机，最后交给要购买计算机的采购员。

计算机销售公司可以根据采购员的不同需求，先按照性能进行计算机零部件的采购，然后将其组装成计算机。这类产品（计算机）的创建就无法用工厂模式进行描述，只有建造者（Builder）模式可以很好地描述该类产品的创建。

### 1. 建造者模式的特点

建造者模式指将一个复杂对象的构造与它的表示分离，使同样的构建过程可以创建不同的表示。建造者模式是先将一个复杂对象分解为多个简单对象，然后一步一步构建。它将变与不变分离，即产品的组成部分是不变的，但是每个部分是可以被灵活选择的。

建造者模式主要有以下三方面的优点。

（1）封装性好，构建和表示分离。

（2）扩展性好，各个具体的建造者相互独立，有利于系统的解耦。

（3）客户端不必知道产品内部的组成细节，建造者可以对创建过程逐步细化，而不对其他模块产生任何影响，便于控制细节风险。

建造者模式也有以下两方面的缺点。

（1）产品的组成部分必须相同，这限制了其使用范围。

（2）如果产品内部的变化复杂，那么建造者也要同步修改，后期维护成本较大。

建造者模式和工厂方法模式的关注点不同：建造者模式注重零部件的组装过程，工厂方法模式注重零部件的创建过程，两者可以结合使用。

2. 建造者模式的结构与实现

1）建造者模式的结构

建造者模式由产品、抽象建造者、具体建造者、指挥者四个要素构成。

（1）产品：包含多个组成部件的复杂对象，由具体建造者创建其各个部件。

（2）抽象建造者（Abstract Builder）：一个包含创建产品各个子部件的抽象方法的接口，通常还包含一个返回复杂产品的方法。

（3）具体建造者（Concrete Builder）：实现建造者接口，完成复杂产品各个部件的具体创建方法。

（4）指挥者（Director）：调用建造者对象中的部件构造与装配方法完成复杂对象的创建，不涉及具体产品信息。

建造者模式的类图如图 2-7 所示。

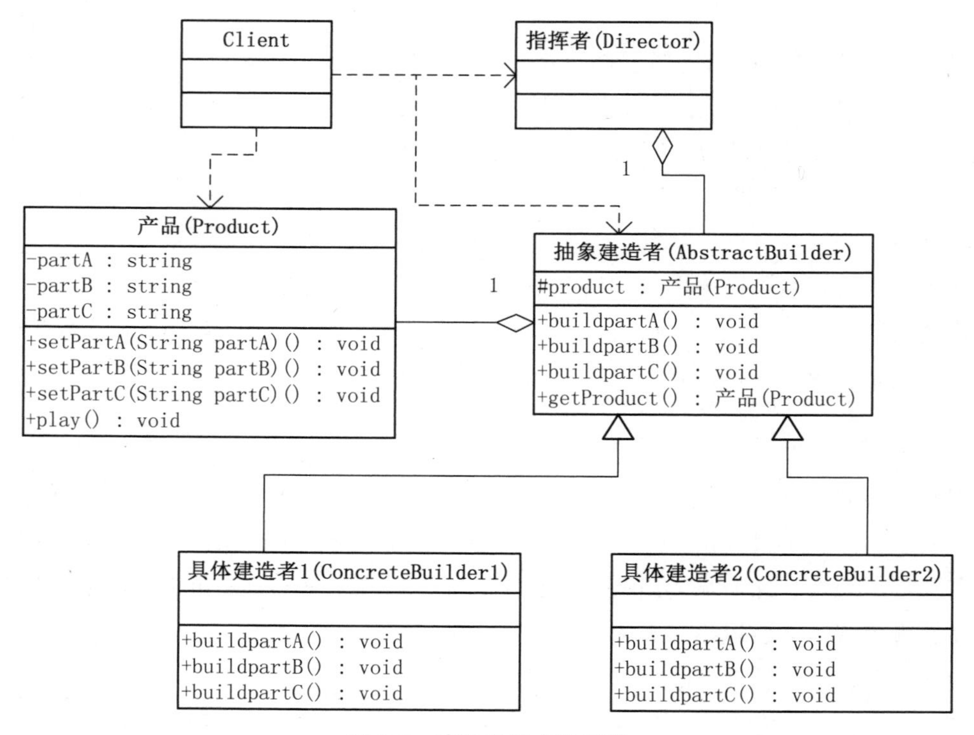


图 2-7　建造者模式的类图

2）建造者模式的实现

（1）产品包含多个组成部件的复杂对象，主要代码如下：

```
class Product {
```

```
        private String partA;
        private String partB;
        private String partC;
        public void setPartA(String partA) {
            this.partA = partA;
        }
        public void setPartB(String partB) {
            this.partB = partB;
        }
        public void setPartC(String partC) {
            this.partC = partC;
        }
        public void play() {
//显示产品的特性
        }
}
```

（2）抽象建造者包含创建产品各个子部件的抽象方法，主要代码如下：

```
abstract class Builder {//创建产品对象
    protected Product product = new Product();
    public abstract void buildPartA();
    public abstract void buildPartB();
    public abstract void buildPartC();
    //返回产品对象
    public Product getProduct() {
        return product;
    }
}
```

（3）具体建造者实现抽象建造者接口，主要代码如下：

```
public class ConcreteBuilder extends Builder {
    public void buildPartA() {
        product.setPartA("建造 PartA");
    }
    public void buildPartB() {
        product.setPartB("建造 PartB");
    }
    public void buildPartC() {
        product.setPartC("建造 PartC");
    }
}
```

（4）指挥者调用建造者中的方法完成复杂对象的创建，主要代码如下：

```
class Director {
    private Builder builder;
    public Director(Builder builder) {
        this.builder = builder;
```

```
    }
    //产品构建与组装方法
    public Product construct() {
        builder.buildPartA();
        builder.buildPartB();
        builder.buildPartC();
        return builder.getProduct();
    }
}
```

（5）客户类的主要代码如下：

```
public class Client {
    public static void main(String[] args) {
        Builder builder = new ConcreteBuilder();
        Director director = new Director(builder);
        Product product = director.construct();
        product.play();
    }
}
```

### 3. 建造者模式的应用场景

建造者模式与工厂模式的区别在于建造对象的复杂程度不同。如果创建简单对象，那么通常使用工厂模式进行创建；如果创建复杂对象，那么可以考虑使用建造者模式。

当需要创建的产品具备复杂创建过程时，可以先抽取出共性创建过程，然后交由具体实现类自定义创建流程，使同样的创建行为可以生产出不同的产品，分离了创建与表示，使创建产品的灵活性大大增加。建造者模式主要适用于以下应用场景。

（1）相同的方法，不同的执行顺序，产生不同的结果。

（2）多个部件或零件都可以装配到一个对象中，但是产生的结果不相同。

（3）产品类非常复杂，或者产品类中不同的调用顺序产生不同的作用。

（4）初始化一个对象特别复杂，参数多，而且很多参数都有默认值。

### 4. 建造者模式和工厂模式的区别

（1）建造者模式注重方法的调用顺序；工厂模式注重创建对象。

（2）创建对象的力度不同：建造者模式创建复杂的对象，由各种复杂的部件组成；工厂模式创建的对象都一样。

（3）关注点不一样，工厂模式只需要把对象创建出来就可以；建造者模式不仅要创建出对象，而且要知道对象由哪些部件组成。

项目案例 2-6

视频 2-6

（4）建造者模式因为建造过程中的顺序不一样，最终对象的部件组成也不一样。

## 2.5　代理模式

在日常生活中能够经常见到房屋租赁公司、婚姻介绍所、律师事务所等，这些都是代理模式的实际体现。代理模式是指为其他对象提供一种代理，帮助对象行使自己的权力，完成相应功能，并且能够控制对这个对象的访问。

代理对象在调用者（客户）和目标对象之间起到中介作用，代理模式属于结构性设计模式。使用代理模式主要有两个目的：一是保护目标对象，二是增强目标对象。

代理模式的类图如图 2-8 所示。

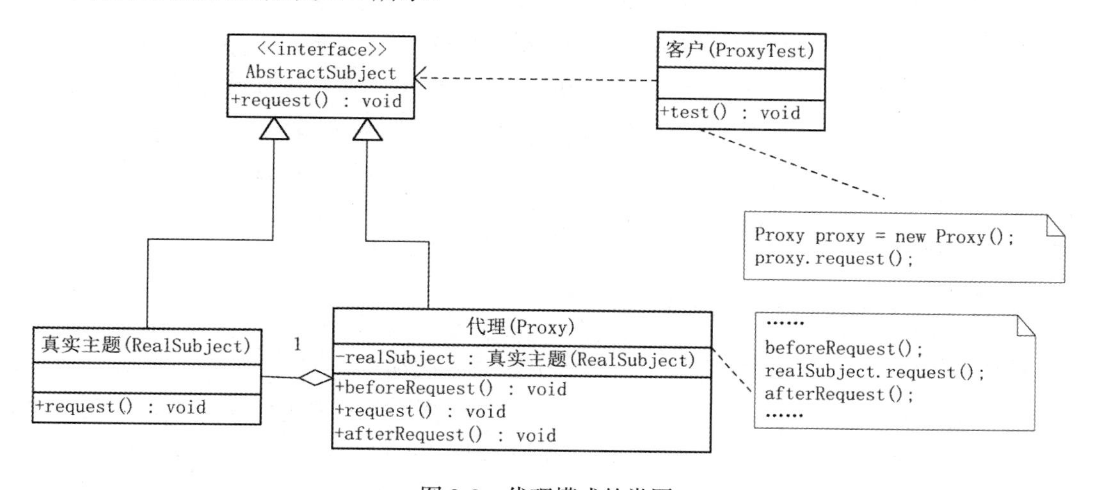


图 2-8　代理模式的类图

代理模式主要包括以下三要素。

（1）抽象主题（Abstract Subject）：通过接口或抽象类声明真实主题和代理对象实现的抽象方法。

（2）真实主题（Real Subject）：实现抽象主题中的抽象方法，是代理对象代表的真实对象，是最终要引用的对象。

（3）代理（Proxy）：提供了与真实主题相同的接口，其内部含有对真实主题的引用，可以访问、控制或扩展真实主题的功能。

在代码中，一般代理会被理解为代码增强，实际上就是在原代码逻辑前、后增加一些代码逻辑，增强真实对象的功能，但是这对调用者而言是透明的，调用者无感知。

根据代理的创建时间不同，代理模式分为静态代理和动态代理两种。

（1）静态代理：先由程序员创建代理类或特定工具自动生成源代码，再对其编译，在程序运行前代理类的字节码文件（.class）就已经存在了。

（2）动态代理：在程序运行时，运用 Java 语言的反射机制动态创建而成。

代理模式是面向切面编程的基础，在 Spring AOP 中会结合代码再重点讲解静态代理和动态代理的具体实现细节。

### 2.5.1 代理模式的应用场景

在应用中无法或不想直接引用某个对象或访问某个对象存在困难时，可以通过代理对象来间接访问，主要的应用场景包括以下五方面。

（1）远程代理。这种方式通常是为了隐藏目标对象存在于不同地址空间的事实，方便客户端访问。例如，用户申请使用网络存储空间时，会在用户的文件系统中建立一个虚拟硬盘，用户访问虚拟硬盘时，实际访问的是网络存储空间。

（2）虚拟代理。这种方式通常用于要创建的目标对象开销很大时。例如，下载一个很大的图像需要很长时间，因为某些计算比较复杂而短时间无法完成时，可以先用小比例的虚拟代理替换真实对象，消除用户认为服务器运行速度慢的感觉。

（3）安全代理。这种方式通常用于控制不同类型的客户对真实对象的访问权限。

（4）智能指引。这种方式主要用于调用目标对象时，代理附加一些额外的处理功能。例如，增加计算真实对象的引用次数的功能，当该对象没有被引用时，就可以自动释放它。

（5）延迟加载。这种方式指为了提高系统性能，延迟对目标的加载。例如，在 MyBatis 框架中就存在属性的延迟加载和关联表的延时加载。

### 2.5.2 代理模式的主要优点

在软件项目中使用代理模式主要具有以下三方面的优点。

（1）职责清晰。真实主题只需要实现具体的业务逻辑，不用关心其他非本职责的事务，通过后期的代理完成其他非核心事务的处理，代码清晰。在某些情况下，客户不想或不能直接引用一个委托对象，而代理类对象可以在客户和委托对象之间起到中介的作用，其要求是代理类和委托类实现相同的接口。

（2）高扩展性。真实主题随时会发生变化，但是只要实现了接口，且接口不变，代理类就可以不做任何修改并继续使用，符合开闭原则。另外，代理类除了是客户类和主题类的中介，还可以通过给代理类增加额外的功能来扩展主题类。这样做只需要修改代理类，而不需要修改主题类，同样符合开闭原则。

（3）解耦合。真实主题（业务类）只需要关注业务逻辑本身，保证了业务类的重用性，而一些通用功能可以由代理类来完成。客户通过代理完成了整个业务功能，但是其并不知道业务类或代理类实现了什么功能，通过代理类实现了客户类与业务类的解耦合。

### 2.5.3 代理模式的简单示例

下面通过一个简单示例来理解代理模式的具体实现，主要代码如下：

```
package proxy;
public class ProxyTest {                          //调用者（客户）
    public void test() {
        Proxy proxy = new Proxy();                //生成代理对象
```

```
        proxy.request();                    //调用代理对象方法
    }
}
//抽象主题
interface AbstractSubject {
    void request();
}
//真实主题
class RealSubject implements AbstractSubject {
    public void request() {
        System.out.println("访问真实主题方法...");
    }
}
//代理
class Proxy implements AbstractSubject {        //这里演示静态代理，代理类也要实现抽象主题
    private RealSubject realSubject;
    public void request() {
        if (realSubject == null) {              //判断是否存在目标对象，若不存在，则创建一个
            realSubject = new RealSubject();
        }
        beforeRequest();                        //调用代理对象方法
        realSubject.request();                  //调用目标对象方法
        afterRequest();                         //调用代理对象方法
    }
    public void beforeRequest () {              //代理的增强
        System.out.println("访问真实主题之前的预处理。");
    }
    public void afterRequest () {               //代理的增强
        System.out.println("访问真实主题之后的后续处理。");
    }
}
```

程序的运行结果如下：

```
访问真实主题之前的预处理。
访问真实主题方法...
访问真实主题之后的后续处理。
```

项目案例 2-7

视频 2-7

## 2.6　MVC 设计模式

MVC（Model-View-Controller，模型-视图-控制器）设计模式是一种软件设计典范，用业务逻辑、数据处理和界面显示分离的方法来组织和管理代码，将业务逻辑聚集到一个部件里面，在改进和个性化定制界面及用户交互的同时，不需要重新编写业务逻辑。

### 2.6.1 MVC 设计模式的由来

MVC 设计模式是在 20 世纪 80 年代为编程语言 Smalltalk-80 发明的一种软件设计模式，最初是应用于桌面程序开发的。使用 MVC 设计模式的目的是将 M 和 V 的实现代码分离，进行代码解耦，从而使同一个程序可以使用不同的表现形式，提高代码的可复用性。比如，一批统计数据可以分别用表格、图形表示，但是业务模型不需要做出任何改变。C 存在的目的则是确保 M 和 V 的同步，一旦 M 改变，V 就应该同步更新，C 起到指挥的作用。

随着 Web 应用程序的不断发展，MVC 设计模式的应用范围越来越广泛，后来被推荐为 Oracle 旗下 Sun 公司 Java EE 平台的设计模式。MVC 设计模式受到诸多 Web 开发者的欢迎，并且在各开发环境中都有广泛应用，如 Android、PHP 等。MVC 设计模式在 Java Web 开发中的应用尤为典型，如 Struts、XWork 及 Spring MVC 等，都是基于 MVC 设计模式实现的具体软件开发框架，做到了较高的设计复用和代码复用。

### 2.6.2 MVC 设计模式在 Java Web 开发中的应用

Sun 公司在推出 JSP 技术的同时，也推出了两种 Web 应用程序的开发模式，即 JSP+JavaBean 和 Servlet+JSP+JavaBean，其中 Servlet+JSP+JavaBean 开发模式就是基于 MVC 设计模式的。

#### 1. JSP+JavaBean 开发模式

在 JSP+JavaBean 开发模式中，JSP 用于处理用户请求，JavaBean 用于封装和处理数据。该开发模式只有视图和模型，一般把控制器的功能交给视图来实现，适合业务流程比较简单的 Web 应用程序，如图 2-9 所示。

通过图 2-9 可以发现，JSP 先从请求（HTTP Request）中获得所需数据，并进行业务逻辑处理，然后将结果通过响应（HTTP Response）返回浏览器。JSP+JavaBean 开发模式在一定程度上实现了 MVC 设计模式，即 JSP 将控制层和视图层合二为一，JavaBean 为模型层。

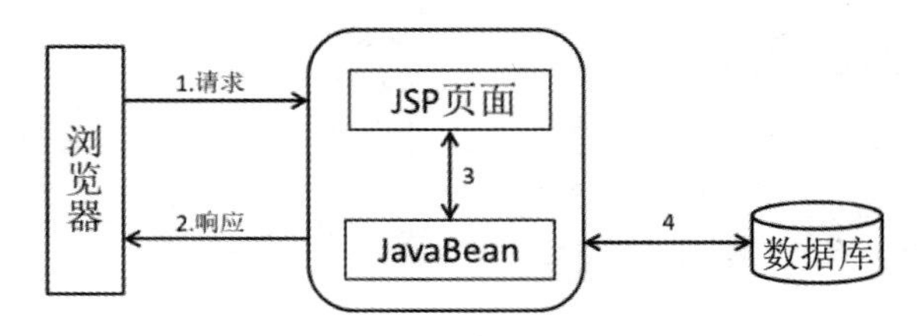


图 2-9 JSP+JavaBean 开发模式

JSP 身兼数职，既要负责视图层的数据显示，又要负责业务流程的控制，结构较混乱，因此当业务流程复杂的时候并不推荐使用。

#### 2. Servlet+JSP+JavaBean 开发模式

在 Servlet+JSP+JavaBean 开发模式中，Servlet 用于处理用户请求，JSP 用于数据显示，

JavaBean 用于数据封装，适合业务流程复杂的 Web 应用程序，如图 2-10 所示。

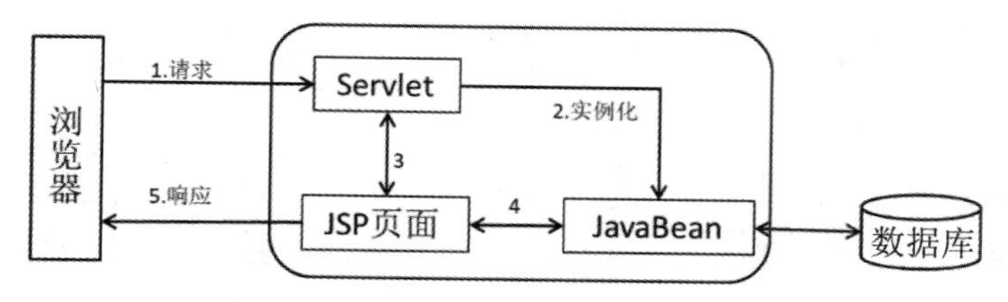


图 2-10　Servlet+JSP+JavaBean 开发模式

Servlet+JSP+JavaBean 开发模式将控制层单独划分出来，负责业务流程的控制、接受请求、创建所需的 JavaBean 实例，并将处理后的数据返回视图层（JSP）进行界面数据展示。Servlet+JSP+JavaBean 开发模式结构清晰，是一个松耦合架构，也是 MVC 设计模式在 Java Web 开发中的一个典型应用。

## 2.6.3　MVC 设计模式的工作原理

MVC 设计模式的工作原理如图 2-11 所示。

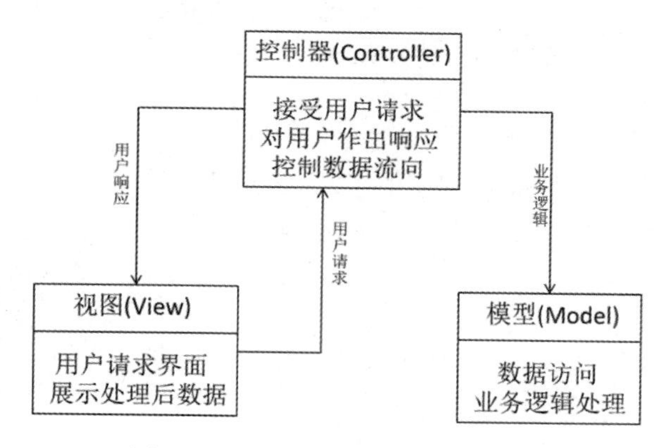


图 2-11　MVC 设计模式的工作原理

在 MVC 设计模式中，模型是在应用程序中处理业务逻辑的部分，通常负责在数据库中存取数据；视图是在应用程序中处理数据显示的部分，通常是依据模型数据创建的；控制器是在应用程序中处理用户交互的部分，通常负责从视图读取数据，控制用户输入，并向模型发送数据。

## 2.6.4　MVC 设计模式的优点

MVC 设计模式把一个完整的业务逻辑划分为三部分，降低了相互之间的耦合性，遵守了单一职责原则，使项目具有较好的可维护性和扩展性等。

### 1. 低耦合性

视图层和业务层分离，这样就允许更改视图层代码，而不用重新编译模型和控制器代码。同样地，一个应用的业务流程或业务规则的改变只需要修改模型层即可，因为模型与控制器、视图分离，所以很容易修改应用程序的数据层和业务规则。

2. 高重用性

MVC 设计模式允许使用各种样式的视图来访问同一个服务器端的代码，包括任何 Web（HTTP）浏览器或无线浏览器（WAP）。例如，很多数据可能用 HTML 表示，也可能用 WAP 表示，这些表示所需要的只是改变视图层的实现方式，控制层和模型层无须做任何改变。

3. 较低的生命周期成本

遵照 MVC 设计模式进行项目开发，可以最大限度地复用原有代码，甚至可以使用免费开源开发框架，从而降低项目的开发成本。

4. 快速部署

使用 MVC 设计模式使开发时间有了相当大的缩减，使程序员（Java 开发人员）集中精力于业务逻辑，使界面程序员（HTML 和 JSP 开发人员）集中精力于表现形式，使前后端并行开发成为可能，并且易于项目快速部署。

5. 可维护性

分离视图层和业务层使得 Web 应用更便于维护和修改，在项目后期的维护中，多数变更集中于视图层，代码维护的难度就大大降低了。

项目案例 2-8

视频 2-8

6. 工程化管理

不同的层各司其职，每层中不同的应用具有某些相同特征，有利于工程化、工具化管理程序代码。

每种软件设计模式都有自己的应用场景，没有优劣之分，只要应用得当，每种设计模式都可以成为最好的选择。

犹如社会形态有封建主义（君主制）社会、资本主义社会、社会主义社会，但是历次的社会革命表明只有社会主义才能救中国，也只有社会主义制度才适合中国的国情。

中国走社会主义道路、选择社会主义制度符合中国近代历史发展的内在规律，也是中国人民在历史发展进程中的必然选择。选择社会主义制度不是由少数人的意志决定的，而是社会客观发展的历史必然取向，也是中国人民民心所向和主动必然的选择，是中国人民在发展探索中通过实践证明后的必然选择。

改革开放以来取得的一切成绩和进步归结起来，最根本的原因就是开辟了中国特色社会主义道路。因此，我们要坚持“中国特色社会主义道路自信、理论自信、制度自信、文化自信”，坚定不移地走中国特色社会主义道路。

## 思考与练习

1．简述软件设计模式对软件工程发展的贡献。

2．工厂模式在许多项目中都被广泛应用，请对比分析简单工厂模式、工厂方法模式和抽象工厂模式之间的联系与区别。

3．试分析代理模式在应用中主要存在哪些缺点。

4．MVC 设计模式具有广泛的应用，你还知道哪些开源框架是 MVC 设计模式的？

5．你还了解哪些经典的软件设计模式？试分析它们的主要应用场景及主要优缺点。

# 第3章　认识软件架构

提到软件架构可能很多人会想到软件体系结构，其实它们是非常不同的，软件架构描述的是一个系统应该怎么构建，是针对特定的软件系统进行的一种抽象，能够为大型软件系统的设计、实现提供相应指导，是比较具体的；软件体系结构是比较宽泛的，当然它也是对软件项目设计的整体描述，但是面对的抽象层次更高。

## 3.1　软件架构概述

随着软件规模不断扩大和软件复杂性不断提高，软件架构的复杂性也逐步攀升，直接导致了软件实现、软件维护、软件服务、软件项目管理等也越来越困难。现代软件工程的核心，正在于软件架构领域，以软件架构和软件构件为核心的软件开发方法，使软件生产走向工业化和自动化，极大地提高了软件开发的效率。

### 3.1.1　软件架构产生的背景

20 世纪 60 年代中期开始爆发大规模的软件危机，软件危机的突出表现就是软件生产不仅效率低，而且质量差。究其原因，主要是软件开发的理论方法不够系统、技术手段相对滞后，主要的软件生产都是手工作坊式的。为了解决软件危机，北大西洋公约组织（NATO，North Atlantic Treaty Organization）分别于 1968 年和 1969 年连续召开两次著名的软件会议，后人称之为“NATO 会议”。NATO 会议提出了软件工程的概念，发展了软件工程的理论和方法，形成了软件工程专业的教育、培养和训练体系，为软件产业的发展指明了方向。

但是随着软件规模进一步扩大和软件复杂性不断提高，新一轮的软件危机再次出现。1995 年，斯坦迪什集团（Standish Group）研究机构以美国境内的 8000 个软件工程项目作为调查样本进行调查，结果显示，84%的软件项目无法按时按需完成，超过 30%的软件项目夭折，工程项目耗资平均超出预算 189%，软件工程遇到了前所未有的困难。

通过避免软件开发中的重复劳动的方式来提升软件开发效率、保障软件质量，软件重用与组件化开发成为解决此次危机行之有效的方案。随着组件化开发方式的发展，如何在设计阶段对软件系统进行抽象，获取系统蓝图以支持系统开发中的决策，成为迫切且现实的问题，主要包括以下三方面。

（1）软件复杂、易变，其行为特性难以预见，在软件开发过程中，需求和设计之间缺乏有效转换，导致软件开发过程中的困难和不可控。

（2）随着软件规模越来越大，整个系统的结构和规格说明越来越重要。同时，软件的各个模块之间有各种显性或隐性的依赖关系，随着系统的成长和模块的增多，这些关系的数量往往以几何级数的速度增长。

（3）对于大规模的复杂软件系统，相较于对计算算法和数据结构的选择，总体的系统结构设计和规格说明已经变得更加重要了。

在这种情况下，软件架构应运而生。

20 世纪 90 年代，研究人员展开了关于软件架构的基础研究，主要集中于架构风格（模式）、架构描述语言、架构文档和形式化方法等方面。软件架构在高层次上对软件进行描述，便于软件开发过程中各个视角（如用户、业务和系统）的统一，能够及早发现开发中的问题，并且支持各种解决方案的评估和预测。

在软件生命周期的各个阶段都需要使用软件架构。在需求分析阶段，需要使用架构风格（模式）对软件规约进行完善，支持从需求模型向架构模型转换；在设计阶段，通过软件架构借助形式化或多角度抽象描述，建立系统的架构模型、功能模型等，为进一步细化奠定基础；在实现阶段和维护阶段，软件架构能够帮助实现人员和维护人员理解软件项目的整体结构、功能划分等，更好地实现项目功能，尽早地发现和修复问题。因此，良好的软件架构设计是软件项目得以顺利实现的重要保障。

视频 3-1

### 3.1.2 软件架构的定义

在进行软件系统开发的时候，首先需要考虑的就是系统如何构建，包括如何分层、如何处理事件、如何进行数据传递及如何保证并发等，这些都是对系统功能的抽象描述，没有过多关注细节问题。其实我们往往能够感受到软件架构的存在，也理解其重要作用。但是软件构架是什么？如何给它一个明确的定义呢？通过查阅相关资料就可以发现各种定义层出不穷，它们在形式上虽然各不相同，但是内涵基本一致，只是站在不同角度来看待一个系统而已。

这里给出一个认可度较高的定义：软件架构是由结构和功能各异、相互作用的构件集合，按照一定的结构方式构成的系统。软件架构包含系统的基础构成单元、它们之间的作用关系、在构成系统时它们的集成方法及对集成约束的描述等。

从软件系统的角度理解软件架构的定义可以看到：软件架构是关于软件系统如何被组织起来的定义，即软件系统是由以下三个要素构成的。

#### 1. 组成系统的结构元素或构件

软件架构定义了组成系统（局部或总体）的构成要素，常见的局部或总体的构件可以是客户、服务器、数据库、中间件、程序包、过程、子程序、进程等。至于什么是局部构件，什么是总体构件，其具体构成要素是什么，关键在于站在什么位置看系统（分解的粒度）。

#### 2. 构件之间的连接及特定的连接关系

软件架构定义了构件之间的作用关系，更明确地说，是构件之间的连接（也称为“连接件”）和连接关系。常有的连接与连接关系有过程调用、共享变量访问、信号灯、进程通信、消息传递、网络协议等。例如，两个进程（构件）通过进程调用实现连接和协同，进程间通信（IPC，Inter Process Communication）是连接件，对 IPC 内容的理解和约定是连接关系（约束）。

3. 系统集成的方法和约束

在构成系统时，它们的集成方法及对集成约束的描述，反映了架构研究和设计实现的本质，除了要满足应用系统的各种功能需求，还要保证系统设计质量的要求，还可能受系统设计限制的制约。因此，架构比需求更进一步地面向或满足系统非功能性的内容，如容量、数据吞吐量、一致性、兼容性、安全性、可靠性等。

为了便于理解架构，将软件构架的定义浓缩为以下三个要素。

（1）组成架构的元素：构件。

（2）构件的相互联系：连接。

（3）构件相互联系的关系：连接关系。

进一步地理解软件构架的定义可以知道：架构是一个或多个结构（子架构、可不断细分）的抽象，是由抽象的构件来表示的，构件之间具有联系，联系具有某些行为特征（连接关系）。系统的这种抽象表示方式屏蔽了构件内部特有的细节，在讨论系统构成的时候，只需关注上述三个与系统构成有关的要素信息，不必关注构成元素内部的内容。

视频 3-2

### 3.1.3 软件架构的应用

软件架构是软件生命周期中的重要产物，影响软件开发的各个阶段。

需求分析阶段：把软件架构的概念引入需求分析阶段，有助于保证需求规约和系统设计之间的可追踪性和一致性。该阶段主要根据需求决定系统功能，设计者应该对目标对象和环境进行细致深入的调查，收集目标对象的基本信息，并从中找出有用信息。这是一个抽象思维、逻辑推理的过程，最终生成软件规格说明。

从需求模型向架构模型转换：该阶段主要关注两个问题，一是如何根据需求模型构建架构模型，二是如何保证模型转换的可追踪性。这两个问题的解决方案取决于采用的需求模型。在需求分析阶段研究软件架构，有助于将软件架构的概念贯穿整个软件生命周期，从而保证软件开发过程的概念完整性，有利于各阶段参与者的交流，也易于维护各阶段的可追踪性。

设计阶段：软件架构研究关注最多的阶段，软件架构研究主要包括软件架构模型的描述、软件架构模型的设计与分析，以及对软件架构设计经验的总结与复用等。该阶段需要细化到系统的模块化设计，并选定描述各个部件间的详细接口、算法和数据结构，对上支持建立架构阶段形成的框架，对下提供实现基础。

实现阶段：将设计阶段设计的算法和数据结构用程序设计语言进行表示，满足设计、架构和需求分析要求，从而得到满足设计需求的目标系统。软件架构在系统开发的全过程中起着基础作用，是设计的起点和依据，也是装配和维护的指南。

维护阶段：为了保证软件具有良好的维护性，在软件架构中针对维护性目标进行分析时，需要对一些有关维护性的属性（如可扩展性、可移植性等）进行规定，当架构经过一定的开发过程实现和形成软件系统时，这些属性也相应地反映了软件的维护性。

视频 3-3

### 3.1.4　软件架构的一般特性

软件架构能够服务于软件生命周期的全过程，主要具有以下五方面的特性。

#### 1. 注重可重用性

重用是软件开发中避免重复劳动的解决方案，其出发点是应用系统的开发不再采用一切“从零开始”的模式，而是充分利用已有系统开发中积累的知识和经验。通过重用不仅可以提高软件开发效率，而且因为可以避免重新开发引入新的错误，从而可以提高当前软件的质量。软件架构中的组件就是重用思想的重要体现，此外有关软件架构风格的研究还提供了更高级别的重用——架构重用。

#### 2. 利益相关者较多

软件系统通常有多个利益相关者，每个利益相关者都会因为利益关系而对系统有一定的需求，软件系统需要满足每个利益相关者的需求。架构设计工作就是要平衡这些需求，并且将它们反映到系统中。

#### 3. 关注点分离

关注点分离是计算科学和软件工程在长期实践中确立的一个方法论原则，此原则在业界大多以“分而治之”（Divide-and-Conquer）的形式出现，即将整体看成部分的组合体，并对各部分分别加以处理。模块化（Modularization）是其中最有代表性的具体设计原则之一。关注点分离就是在软件架构的设计中把利益相关者的关注点区分开发，简化问题的复杂性，以此来驱动软件设计，这种分离称为“架构视角”。

#### 4. 质量驱动

软件系统的设计已经从传统的功能性需求及数据流驱动逐渐向质量驱动转变，利益相关者的关注点往往体现在质量属性的不同需求上，如可靠性、可扩展性等。质量属性需求是影响软件系统复杂度的关键因素，软件架构是处理质量属性需求和控制复杂性的主要手段，质量属性是软件架构中最重要的关注点。

#### 5. 概念完整性

软件架构的设计决策是一个持续过程，每个决策都要在其前面的设计决策的基础上进行，既要符合前面的设计决策规定的设计规则和约束，又要解决本身的特定问题和关注点。因此，每个设计决策的上下文、规则、约束都是不同的。但是有一个至高的设计规则是所有设计决策都必须遵守的——概念完整性。

视频 3-4

## 3.2 感受身边的架构存在

在我们的身边有很多的架构存在，我们也能时刻感受架构的作用。例如，颈椎支撑着我们的头部；一条鱼能够在水中快速游动，借助的也是全身骨骼的支撑；一所高校能够维持正常的运行，依赖的是学校的组织架构（结构）。

### 3.2.1 交通信号灯控制系统的架构

交通信号灯在日常生活中是比较常见的，一般设置在交叉路口，用于指挥交通。三种信号灯依次交替点亮，并且每种信号灯都有设定的亮灯时长，具体结构如图 3-1 所示。假定红灯亮灯时长为 30 秒、黄灯亮灯时长为 5 秒、绿灯亮灯时长为 50 秒，信号灯控制系统由电源、信号灯、电线、开关组成，简易信号灯电路组成结构如图 3-2 所示。

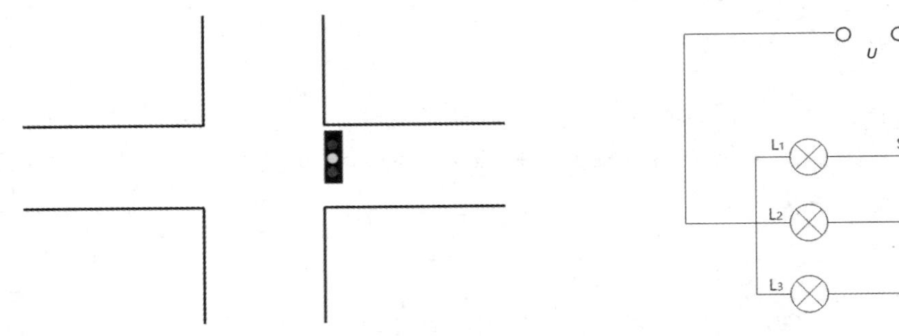


图 3-1　十字路口简易的交通信号灯

图 3-2　简易信号灯电路组成结构

描述该交通信号灯控制系统，既包括实体部分，以及实体之间的联系（连接），即怎么控制信号灯的亮与灭；又包括逻辑关系，即每种信号灯的亮灯时长。这样就能够描述该交通信号灯的基本运行情况，也就是交通信号灯控制系统的整体架构。

提醒大家注意以下三方面。

构件（实体部分）：电源、信号灯、电线、开关。

构件之间的联系（连接）：连接电路使信号灯能够点亮或熄灭。

构件之间的关系（逻辑关系）：亮灯的顺序、时长及循环等。

本例并没有涉及信号灯、电线和开关三个构件的任何内部细节。例如，不关心信号灯的形状、品牌、点亮方式等，以及信号灯是 LED 还是 LCD；不关心电线的粗细、类型，以及可通过的最大电流等；也不关心开关的任何细节问题。在讨论系统架构的时候，这些因素被屏蔽了，它们不影响在系统架构定义下所讨论的系统组成方式、关联关系和开关控制行为。

视频 3-5

### 3.2.2 智能手机充电接口的架构

大家现在使用的智能手机一般都是充电线与数据线合二为一的，同一根线既可以给手机充电，也可以连接手机进行数据传输，一端连接充电器，另一端连接手机。我国在 2007 年 6 月就颁布了手机充电器国家标准，并在国内市场强制实施。欧盟手机充电器规定的是充电器与手机的接口部分强制统一使用 Micro USB 标准；而我国国家标准仅要求充电器与充电线分离，电源插头部分必须统一，并未强制规定手机端充电接口标准。这就导致了各个品牌、各个型号的手机充电接口不同。现在市面上常用的充电接口分为三种：Micro USB 接口、Type-C 接口和 Lightning 接口，如图 3-3 所示。

图 3-3 智能手机常见的充电接口

多种形式的接口虽然各有优点，但是造成资源的极大浪费，例如，每次更换手机都要重新购买手机充电器，或者至少需要更换充电线，现在市场上就有一线多头的充电线，如图 3-4 所示。幸运的是鼠标接口就不存在这个问题，由于鼠标接口已经有了业界统一的标准，因此任何品牌的电脑和任何品牌的鼠标都能够很好地连接。这就给了我们一个启发，智能手机的接口难道不能统一吗？这其实不是一个技术问题，而是国际政治问题，各个国家和行业组织都极力推广自己的标准。目前，我国也正在积极推进统一智能电子设备充电器标准端口，进一步减少电子垃圾，助力碳中和。

图 3-4 一线多头的充电线

其实在各种接口标准中，最主要的是其背后使用的数据传输协议，以现在市场主流的 Type-C 为例，这是一种通用串行总线（USB）的硬件接口形式，外观的最大特点在于上下端完全一致，用户不必再区分正反面，两个方向都可以插入。

在智能手机充电接口的架构中，主要构件（实体部分）包括电线、接口、智能手机、PC（或其他设备）；构件之间的联系（连接）：智能手机与 PC（这里以 PC 为例）通过 USB 连接；构件之间的关系（逻辑关系）：PC、智能手机支持 USB Type-C 协议，并遵守该协议进行数据传递。

随着各国标准化的不断推进，智能手机充电接口的架构也更加完善并逐步统一，那时候对于广大消费者而言将更加方便。希望读者明白，行业标准的话语权对一个国家相关产业的发展具有至关重要的支撑作用。

与交通信号灯控制系统的架构相比，在智能手机充电接口的架构中，显得构件和连接比较简单（只要一插就好了），连接关系（接口协议）比较复杂。计算机系统架构在设计上希望将计算机“构件”尽可能地模块化、标准化、通用化，让使用者非常便捷地、灵活地使用这些模块，而不需要自己去搞定复杂的接口问题。现在，驱动程序的安装和参数配置都已不再需要使用者自己手动操作，一切都由系统搞定了，使用者只管享用，这也是优秀的架构带来的好处。

视频 3-6

## 3.3 软件架构的表示

软件架构最主要的功能就是描述系统如何实现指派给它的软件功能，这个描述就是视图。

### 3.3.1 软件架构的描述

要在手机上很舒服地浏览网页，或者玩游戏，或者将银行业务扩展到手机上，没有人会马上就写代码。不论是个体软件开发者，还是软件开发团队，一定是先画一张草图，如图 3-5 所示，看看在手机显示屏上能放置的内容。还要规划手机端与服务器端各自要做什么，才能实现预期功能。

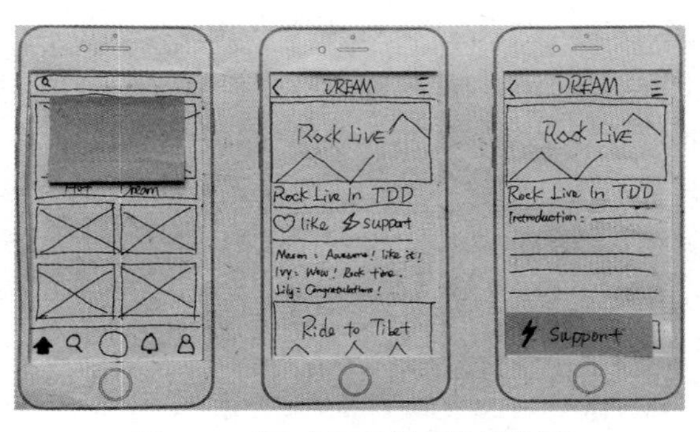


图 3-5　手机应用的界面设计草图

视图是对于从某一视角或某一点上看到的系统所做的简化描述，涵盖了系统的某一特定方面，而省略了与此方面无关的实体。在整个软件生命周期中，RUP（Rational Unified Process，统一软件开发过程）建立了若干系统模型，分别为分析模型、架构模型、实现模型、部署模型等，以对应不同的构件生命周期阶段，并强调以架构为中心。软件架构能满足和适应需求不断变更的需要（用例驱动），同时，应用系统的开发过程以架构为基础，进行增量的、迭代式的开发，也为适应需求的变化提供了基础和条件。因此，系统架构成为产品迭代的纽带和基础。在现代软件工程中，架构的核心作用已经越来越明显。

视频 3-7

### 3.3.2 基于 UML 软件视图

软件架构是软件开发的基础，也是产品迭代的纽带，通过架构能够理解软件设计的思路和目标，如图 3-6 所示。通过 UML（Unified Modeling Language，统一建模语言）视图，可以从以下五方面在软件未完成之前“看到”软件概貌。

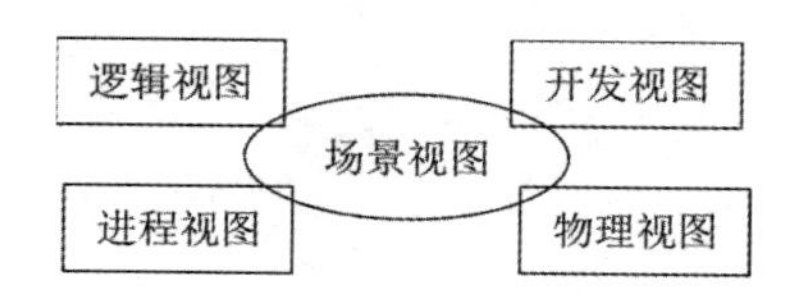


图 3-6　UML 视图及其作用

1. 逻辑视图

逻辑视图关注功能，不仅包括用户可见的功能，还包括为实现用户功能而必须提供的辅助功能和性能。逻辑视图描述系统软件功能拆解后的组件关系、组件约束和边界，反映系统整体组成与系统构建过程；它们可能是逻辑层、功能模块等。在 UML 中，逻辑视图包括类图、交互图、顺序图、状态图、E-R 等。图 3-7 所示是一个应用系统的 UML 类图。

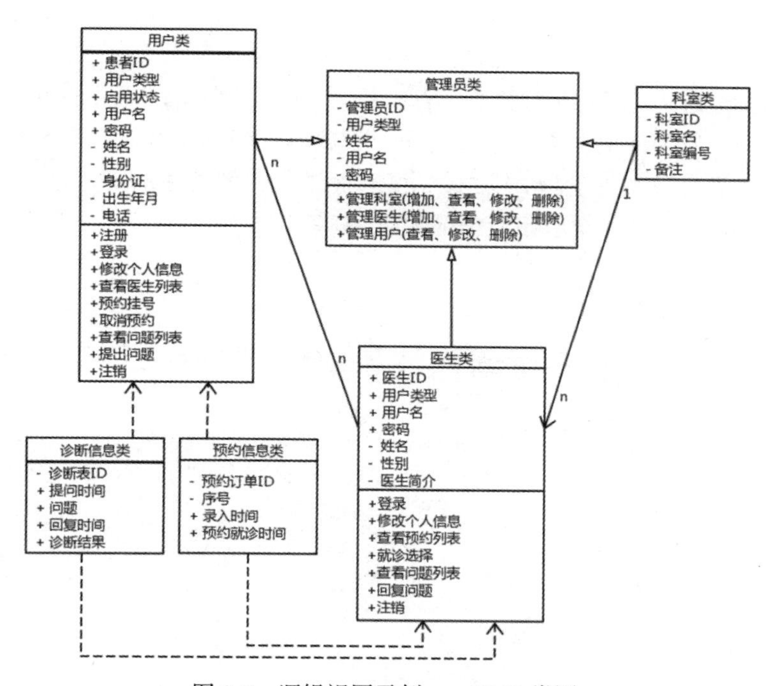


图 3-7　逻辑视图示例——UML 类图

2. 开发视图

开发视图关注程序包，不仅包括要编写的源程序，还包括可以直接使用的第三方 SDK 和现有框架、类库，以及开发系统将运行其上的系统软件或中间件。开发视图还关注软件开发环境下实际模块的组织，反映系统开发实施过程，通过逻辑架构元素，能够找到所有代码和所有二进制交付文件（代码源文件），还能够找到它集成了哪些逻辑架构元素。开发视图和逻辑视图之间可能存在一定的映射关系，如逻辑层一般会映射到多个程序包等。图 3-8 所示是一个应用系统的 UML 包图。

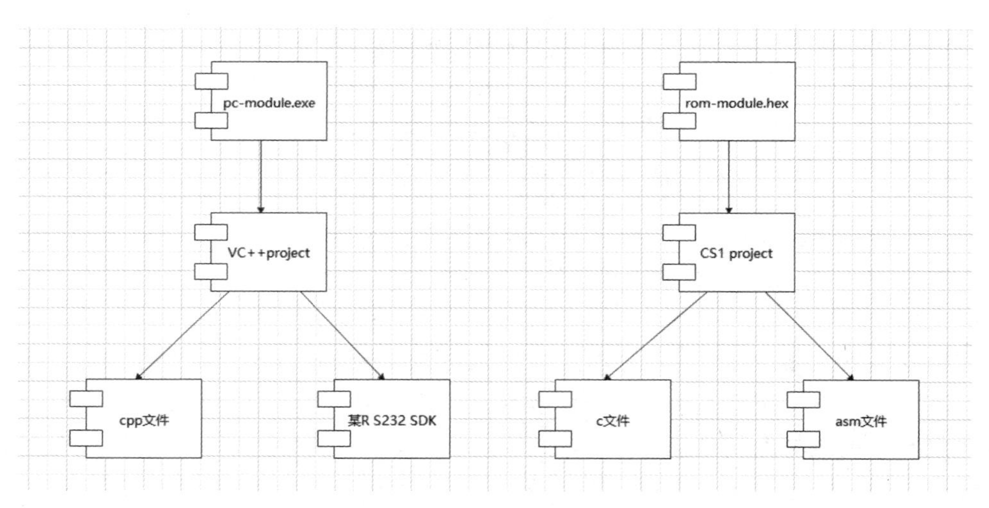


图 3-8 开发视图示例——UML 包图

3. 进程视图

进程视图关注进程、线程、对象等运行时概念，以及相关的并发、同步、通信等问题。

进程视图和开发视图的关系：开发视图一般偏重程序包在编译时期的静态依赖关系，这些程序运行之后会表现为进程、线程、对象，而进程视图关注的正是这些运行时单元的交互问题。图 3-9 所示是一个应用系统的 UML 顺序图。

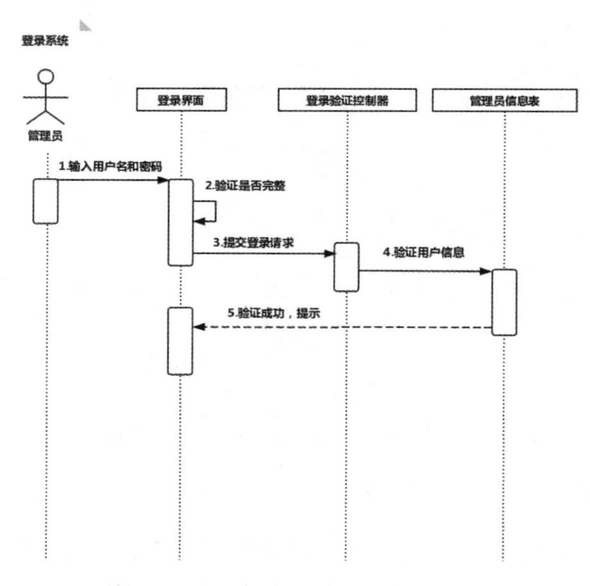


图 3-9 进程视图示例——UML 顺序图

4. 物理视图

物理视图的关注点：目标程序及其依赖的运行库和系统软件最终如何安装或部署到物理机器，以及如何部署机器和网络来配合软件系统的可靠性、可伸缩性等要求。

物理视图和进程视图的关系：进程视图关注目标程序的动态执行情况，物理视图重视目标程序的静态位置问题；物理视图是综合考虑软件系统和整个应用系统相互影响的视图。图 3-10 所示是一个应用系统的 UML 部署图。

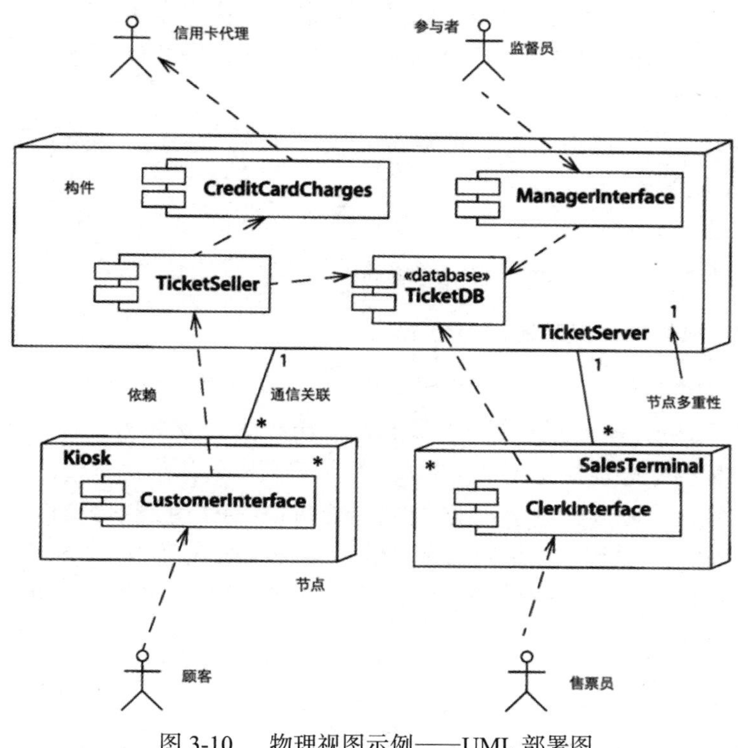


图 3-10　物理视图示例——UML 部署图

5. 场景视图

场景视图一般是用来描述需求的。从某种意义上来讲，场景视图是最重要的需求抽象，是其他视图的冗余，同时其他视图都要与场景视图产生交互，从图 3-6 可以看到，逻辑视图、开发视图、进程视图和物理视图都是以场景视图为核心展开的。场景视图主要用于描述系统的参与者与功能用例间的关系，反映系统的最终需求和交互设计。在 UML 中，场景视图通常使用用例图表示。

视频 3-8

## 3.4　软件架构的作用

软件架构在软件项目的开发过程中主要具有以下四方面的作用。

1. 作为沟通媒介

软件架构是对软件系统的总体描述，也是对未来软件系统的一种勾画，可以在现实世界与计算机应用之间搭建一座沟通的桥梁（因为软件系统是一种逻辑产品，在系统开发完成之前是看不见、摸不着的)，可以供不同的人员（客户、需求分析人员、设计人员、程序员、测试人员、销售人员等）进行交流、学习和探讨，以便更加深入地了解整个软件系统。具体体现为：

（1）与用户讨论和协商软件需求，通过软件架构的整体描述，能够方便系统开发人员与客户进行有效的沟通和交流。这种描述没有过多地涉及软件设计的细节问题，如用例图。

（2）为软件开发人员的沟通提供基础，基于软件系统的架构，开发人员在进行沟通的时候目标更加明确，效率更高。

（3）方便开发人员和管理层的沟通，基于开发人员和管理层对软件系统架构的共识，能够为沟通交流提供一个统一的平台，增进相互的理解和支持。

#### 2. 为系统的功能实现提供支撑和约束

软件架构一方面能够为系统实现提供支撑，另一方面对系统实现进行约束。为系统实现提供支撑主要表现在系统开发采用什么技术、功能模块怎么进行设计、模块之间怎么对接等，都能够在架构中进行描述；对系统实现进行约束主要体现在对软件设计和编码的限制作用，以及系统性资源分配对子元素的实现起到的限制作用。软件架构必须做出系统性的取舍和权衡，如一个系统开发采用 B/S（Brower/Server，浏览器/服务器）结构，如果接受了 Brower 作为客户端能够节约开发成本、节省开发时间的好处，就必须接受 Brower 存在的不够灵活、支持度不够的弊端。

#### 3. 软件过程管理的基础

软件过程是将用户需求转化为有效的软件解决方案的一系列活动，是软件生产的流水线。软件过程包括一系列工作：项目管理、质量管理、技术决策、任务分配等，各项工作的基础就是系统架构。在软件过程管理中架构的作用主要体现在：

（1）指导管理者在团队内部如何划分任务，确保每个团队成员明确自己的职责。

（2）帮助管理者做人力和其他开发成本预算。

（3）帮助组织开发文档。

（4）对软件的集成起到帮助作用。

#### 4. 软件迭代开发的基础

架构具有较好的可扩展性和通用性，一个好的软件架构，一定是在改动最少的情况下，能够很好地自适应各种变化，方便软件后期的迭代开发。某个软件产品线（或产品系列）一般只有一个软件架构，但一个软件架构不能仅适用于某个系统，它应该是一个模型，可以为多个系统服务。软件设计者和开发者可以重用这个模型，并将它运用到其他软件产品线。

（1）如建筑领域一样，软件架构充当一个框架的作用，可以向框架填充其他的软件组件，进行系统功能的扩展。

视频 3-9

（2）能够依据软件架构对软件功能进行划分，采用分而治之的思想，先把一个大的软件系统划分为若干子系统，再进行迭代开发。

（3）通过软件架构分析，能够提前预知哪些软件元素可能对项目的成功构成威胁，进而对资源分配进行调整，降低项目开发风险。

## 3.5　常见的软件架构模式

架构模式是一个通用的解决方案，用于解决在给定上下文的软件体系结构中经常出现的问题。架构模式与软件设计模式类似，但具有更广泛的应用范围。这里简要介绍五种常用的软件架构模式，请读者注意体会与软件设计模式的区别，并在后面的框架篇中结合具体的 Spring、Spring MVC、MyBatis 框架进行深入理解。

### 3.5.1　分层模式

分层模式是一种最常见的架构模式，也称为多层体系架构模式。分层模式用来构造可以分解为子任务组的软件系统，每个子任务都处于一个特定的抽象级别。每层都为上一层提供支撑服务，并依赖下一层的服务。在 Web 管理信息系统中最常见的分层模式如图 3-11 所示。

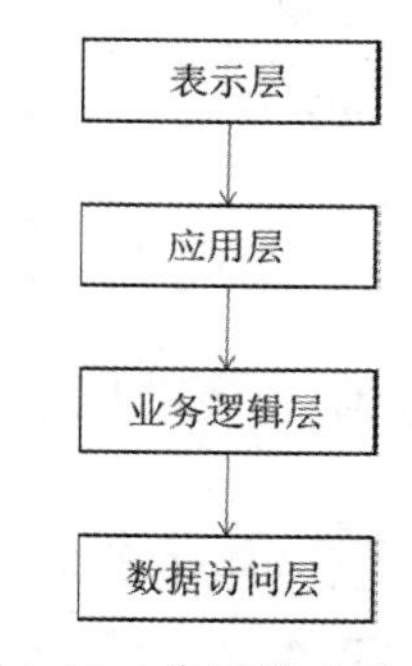

图 3-11　分层模式示意图

在图 3-11 中，表示层也称为 UI 层，一般由 JSP 页面或 HTML 页面充当；应用层也称为服务层，主要暴露可以对外提供的服务；业务逻辑层也称为领域层，是软件系统开发的核心，实现软件的主要功能；数据访问层也称为持久化层，主要负责面向对象程序设计中对象的持久化工作，ORM（Object Relational Mapping，对象关系映射）框架就工作在这一层。

### 3.5.2　客户端/服务器模式

客户端/服务器（Client/Server，C/S）模式由两部分组成：一个服务器和多个客户端。服务器组件将为多个客户端组件提供服务，客户端从服务器请求服务，服务器为这些客户端提供相关服务。此外，服务器持续侦听客户机请求，一般应用于电子邮件、文件共享和银行等在线应用程序。客户端/服务器模式如图 3-12 所示。

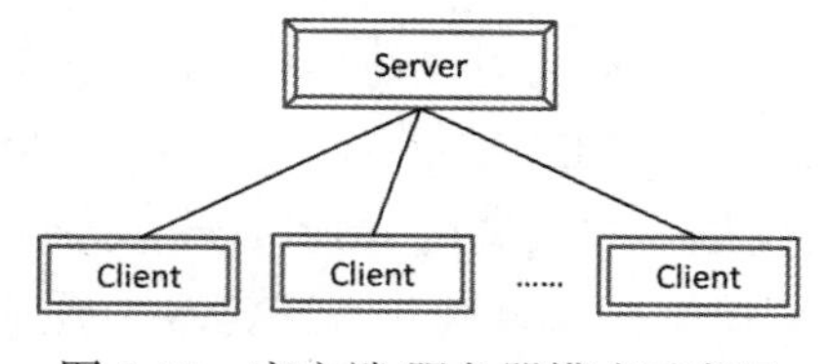

图 3-12　客户端/服务器模式示意图

很多早期的桌面应用程序（管理信息系统）都采用客户端/服务器模式，如 QQ、火车票售票系统、银行系统、超市的收银系统等。在客户端/服务器模式中，因为服务器和客户端都是程序员自己开发的，所以灵活性、安全性都较好，但是系统的开发成本会高一些，开发周期也会长一些。

1. 客户端/服务器模式的主要优点

（1）由于客户端实现与服务器的直接相连，没有中间环节，因此响应速度快。

（2）操作界面漂亮、形式多样，可以充分满足客户的个性化要求。

（3）客户端/服务器模式的管理信息系统具有较强的事务处理能力，能实现复杂的业务流程。

2. 客户端/服务器模式的主要缺点

（1）需要专门的客户端安装程序，分布功能弱，针对点多、面广且不具备网络条件的用户群体，不能够实现快速部署、安装和配置。

（2）兼容性差，对于不同的开发工具，具有较大的局限性。若采用不同的开发工具，需要重新改写程序。

（3）开发成本较高，需要具有一定专业水准的技术人员才能完成。

### 3.5.3 浏览器/服务器模式

浏览器/服务器模式是对客户端/服务器模式的演变和改进，在这种模式中，用户界面完全通过 Web 浏览器实现，一部分事务逻辑由浏览器实现，大部分事务逻辑在服务器中实现。浏览器/服务器是一种特殊的客户端/服务器模式，这种模式的客户端是某种浏览器，采用 HTTP 通信。浏览器/服务器模式通常由下面三层架构部署实施。

（1）客户端表示层：由 Web 浏览器组成，它不存放任何应用程序。

（2）应用服务器层：由一台或多台服务器组成，处理应用中的所有事务逻辑，具有良好的可扩展性，可以随应用的需要随意增加服务器。

（3）数据中心层：由数据库系统组成，用于存放业务数据。

浏览器—服务器模式的工作过程如图 3-13 所示。

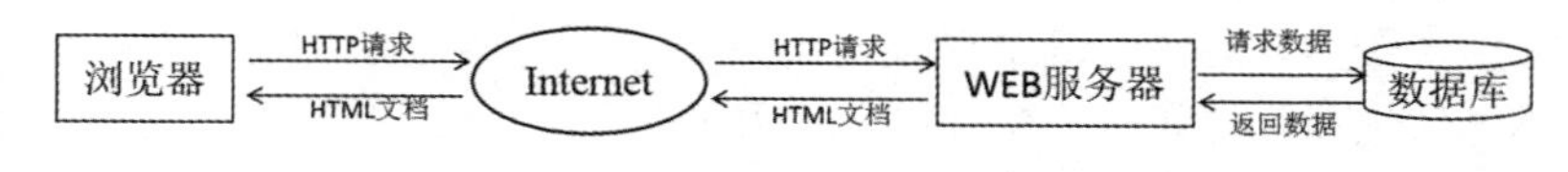


图 3-13　浏览器/服务器模式的工作过程

在浏览器/服务器模式中，用户先通过浏览器向 Web 服务器发出 HTTP 请求，然后 Web 服务器根据请求调用相应的 HTML、XML 文档或 ASP、JSP 文件等。如果调用 HTML、XML 文档，则直接返回给浏览器；如果调用 ASP、JSP 文件，则 Web 服务器首先执行文档中的服务器脚本程序，然后把执行结果返回给浏览器，最后浏览器接收到 Web 服务器发回的页面内容，并显示给用户。

随着互联网的普及，以及开发成本的限制，越来越多的系统采用浏览器—服务器模式进行系统的实现。浏览器/服务器模式具有以下优点。

（1）具有分布性特点，可以随时进行查询、浏览等业务。

（2）业务扩展简单方便，通过增加相应的页面即可达到功能扩展的目的。

（3）维护简单方便，只需要改变网页就可以实现同步更新。

（4）开发简单，只需要开发服务端，客户端可以使用任意浏览器，共享性强。

当然，由于浏览器/服务器模式不需要开发客户端，因此它也具有显著的缺点。

（1）以鼠标作为最基本的操作方式，无法满足快速操作的要求。

（2）页面动态刷新，响应速度明显降低。

（3）功能弱化，难以实现传统模式下的特殊功能要求。

### 3.5.4　管道/过滤器模式

管道/过滤器模式是一种面向数据流的软件架构，主要由管道和过滤器组成。过滤器为一个具体的处理模块，接收输入数据并进行一定处理，再输出；管道是传输数据的组件，用于将数据从一个过滤器的输出接口传送到下一个过滤器的输入接口。

管道/过滤器模式先将不同的功能用不同的过滤器进行实现，再用管道将各个过滤器相连，可以很好地实现封装与功能分解。利用管道/过滤器模式开发的软件可以很好地进行移植，提高了软件模块的重用性。同时，可以方便地将某个旧过滤器用新过滤器替换，实现功能的修改或更新，而不用修改其他过滤器。管道/过滤器模式的示意图如图 3-14 所示。

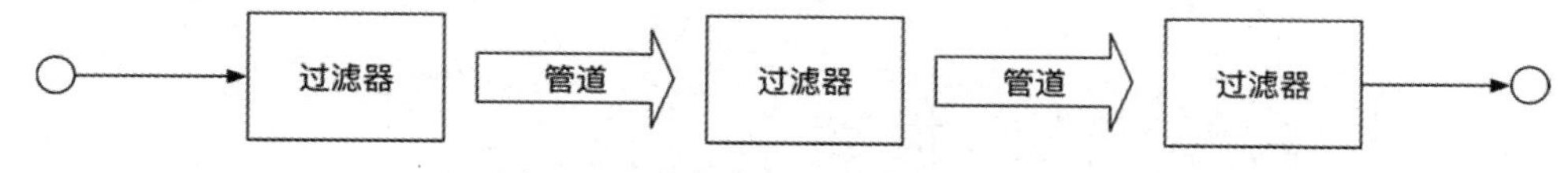


图 3-14　管道/过滤器模式的示意图

管道/过滤器模式在 Web 开发中具有广泛应用，如 Servlet2.3 提供的过滤器就是管道/过滤器模式在 J2EE 中的具体应用。通过在 Web 应用中使用过滤器，开发者能够在请求到达 Web 资源之前截取请求，并进行相应处理；同理，也能够在请求资源反馈之前，截取响应进行处理，并将处理后的结果反馈给客户端。因此，过滤器为某些复杂问题提供了一种灵活的解决方案。

管道/过滤器模式的主要优点为：

（1）符合高内聚、低耦合的设计原则，可以方便地对过滤器进行替换或删除等操作。

（2）支持模块的重用，可以将单个独立的过滤器应用到其他软件系统中。

（3）支持并行执行，每个过滤器是一个独立的实体，可以单独运行，不受其他过滤器影响。

管道/过滤器模式的主要缺点为：

（1）不适合处理交互应用（带反馈的）。

（2）传输的数据没有标准化，因此读入数据和输出数据存在格式转换等问题，会导致性能降低。

### 3.5.5 微服务模式

随着网络基础设施的高速发展，以及越来越多的终端接入互联网，在考虑构建支持海量请求及多变业务的软件平台时，微服务模式成为软件开发人员的首选。微服务模式指的是将大型复杂系统按功能或业务需求，垂直切分成更小的子系统。这些子系统以独立部署的子服务存在，通过轻量级的、跨语言的同步或异步（消息）网络调用进行通信。

采用微服务模式的应用系统是由一个或多个微服务构成的，各个微服务可以独立部署，而且它们之间是松耦合的。每个微服务仅专注于完成一个业务域的事情。

微服务模式的主要优点如下。

（1）使大型的复杂应用程序可以持续交付和持续部署。

（2）每个微服务都相对较小且容易维护。

（3）微服务可以独立部署和独立扩展，系统迭代容易。

（4）可以实现团队的自治，团队协作容易，每个团队可以独立于其他团队开发、部署和扩展。开发速度比单体应用更快。

（5）每个微服务都可以有独立的存储和服务器，因此整个系统的吞吐能力更强。

微服务模式的主要缺点如下。

（1）运维成本过高，部署数量较多，需要协调更多的开发团队。

（2）接口需要与多个微服务对接，需要兼容多版本。

（3）分布式系统更复杂，需要处理分布式事务，需要有更好的发布平台和分布式跟踪平台等。

视频 3-10

## 3.6 软件架构与软件框架

软件框架（Software Framework）是面向领域（如 ERP、Web 应用、ORM 等）的、可复用的半成品软件代码，实现了该领域的共性部分，并提供了一些定义良好的可变点，以保证系统功能实现的灵活性和可扩展性。开发人员通过软件框架行为调整机制，将领域中具体应用所特有的软件模块绑定到该软件框架的可变点上，从而得到最终的应用系统。软件框架的存在使开发人员将主要精力放在系统特有模块的开发上，从而提高软件开发的生产率，保证软件质量。

软件框架要从两方面来理解：一方面，它是一个框——指其约束性，即在特定领域内使用该框架应该遵守的规则和规范；另一方面，它是一个架——指其支撑性，即在特定领域内对系统功能实现的基础性支撑。

软件系统发展到今天已经很复杂了，特别是服务器端软件，涉及的知识、技术、问题太多，如果一切从零开始，那么系统开发需要付出的代价是难以接受的。因此在进行软件开发的时候，在某些方面使用别人成熟的框架，就相当于让别人帮你完成了一些基础性工作，你只需要集中精力完成系统的业务逻辑设计即可。而且软件框架一般是成熟、稳健的，它可以处理很多细节问题，如事务处理、安全控制、类型转换、数据校验等。同时，框架一般都经过很多项目的实践检验，具有较高的可扩展性和可维护性，而且它是不断升级的，开发者可以直接享受框架升级带来的好处。例如，Spring 框架就能够很好地进行对象管理、事务处理；MyBatis 框架就能够很好地进行对象模型与关系模式的转换。

软件架构是一个系统草图，描述的对象是直接构成系统的抽象组件，各个组件之间的连接则明确和相对细致地描述组件之间的通信。在实现阶段，这些抽象组件被细化为实际组件，如具体某个类或对象。在面向对象领域中，组件之间的连接通常用接口来实现。

框架就是可复用的代码，而架构是软件如何设计的策略。引入软件架构之后，整个开发过程变成了“两步走”，先做架构设计，再进行框架开发，架构决策会体现在框架开发之中。

框架和架构的出现，都是为了解决软件系统日益复杂所带来的困难而采取“分而治之”的策略：先大局后局部，就出现了架构；先通用后专用，就出现了框架。图 3-15 描述了软件架构与软件框架的关系，架构是抽象解决方案，关注大局而忽略细节；框架是通用半成品，关注细节，但是必须根据具体需求进一步定制开发才能成为应用系统。

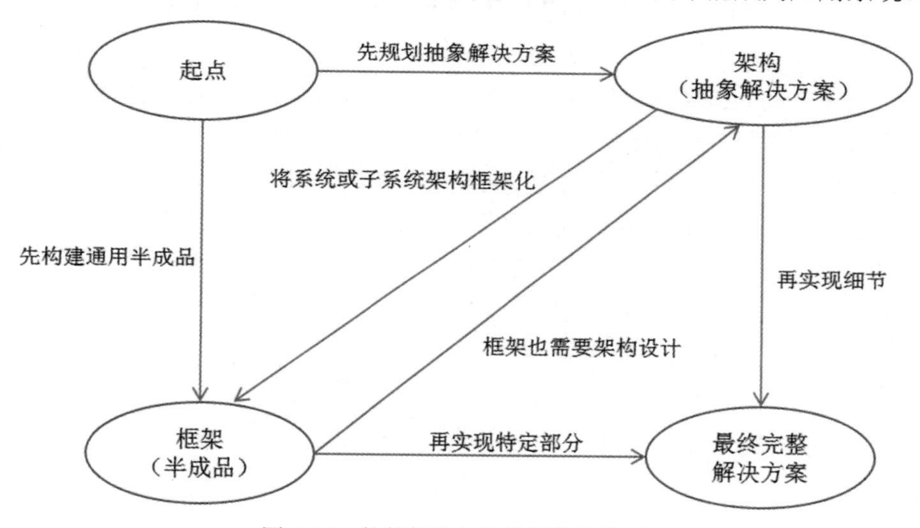


图 3-15　软件架构与软件框架的关系

在软件架构与软件框架的关系中，起点为特定领域的复杂软件工程问题（一般指待开发的软件系统），先进行抽象，提取软件系统要解决的主要问题，形成软件架构，即软件系统的抽象解决方案，在这里忽略软件系统实现的细节问题；由特定领域软件系统的共性问题，可以抽取出其共性问题的解决方案，这里指软件代码，如在 Web 应用中都涉及数据类型的转换、数据校验等，可以剥离软件系统中的特定业务逻辑，形成具有较好通用性的软件代码，这就是软件框架。基于框架的软件开发可以减少后续软件开发的工作量。把软件架构和软件框架有效结合，能够充分发挥两者的优势，通过框架能够更好地理解架构的设计意图，通过架构能够更好地理解框架的基础支撑。

视频 3-11

我国的根本政治制度是人民代表大会制度，是在中国共产党的领导下，以工农联盟为基础，实行人民民主专政的国家政权。我国最高国家权力机关是中华人民共和国全国人民代表大会，它的常设机关是全国人民代表大会常务委员会。我国的最高国家行政机关是中华人民共和国国务院，也是最高国家权力机关的执行机关，下设外交部、国防部、教育部等部门。

在这种总体架构的设计下，我们全面建成了小康社会，实现了民族进步和国家富强。在习近平新时代中国特色社会主义思想指导下，中国共产党领导全国各族人民，迈上全面建设社会主义现代化国家新征程，向着第二个百年奋斗目标胜利进军。

## 思考与练习

1．根据本章的架构实例和软件架构的定义，用自己的话描述什么是软件架构。
2．查阅资料了解软件架构的定义，比较它们之间的差别。
3．还有哪些常用的软件架构模式，它们的优缺点是什么？
4．试分析比较客户端/服务器模式和浏览器/服务器模式的优缺点。
5．试比较分析软件设计模式、软件架构模式的联系与区别。

# 框 架 篇

# 第 4 章　Spring 框架基础

前三章介绍了软件设计模式的基本原则、典型软件设计模式以及软件开发架构与软件开发框架的基础理论知识，从本章开始将介绍 Spring、Spring MVC 和 MyBatis 框架的基本使用，请读者在运用 SSM 框架的过程中认真体会工厂模式、代理模式、依赖注入等基本软件设计模式的使用方法。

本章首先介绍 Java 企业级开发的相关概念；然后介绍 Spring 框架的发展历史、主要特点及体系结构；最后介绍使用 Spring 框架开发应用程序的基本步骤。

## 4.1　Java 企业级开发

企业级应用一般指那些为商业组织、企业、政府机关等大型组织机构创建并部署的解决方案及应用。通常企业级应用具备以下几个特点。

（1）以信息的存储、流转、处理为核心。

（2）结构复杂，涉及的外部资源众多，事务密集，数据量大，用户数多，对安全性和稳定性的要求较高。

（3）重点围绕相对固定的业务工作流运转，一般，大型组织机构的业务流程在短时间内不会出现巨大变动。因此，企业级应用的需求变化多表现为渐进式。

（4）用户群体相对固定，具备相关领域知识，技能素质较高。

随着计算机软件的普及和发展，企业级应用在应用软件中所占的比例越来越大。1998 年，随着 Java 2 的推出，Sun 公司将 Java 分为 J2SE、J2ME 和 J2EE 三个版本。J2EE 就是 Java 2 企业版，从此，Java 正式进军企业级开发领域。2005 年，J2EE 更名为 Java EE。2020 年，Oracle 公司（Sun 公司于 2009 年被 Oracle 公司收购）将 Java EE 捐献给 Eclipse 开源基金会，Java EE 更名为 Jakarta EE。截至本书编写时，Java EE 的最后一个版本是 Java EE 7，其中包含 JDBC、Servlet、EJB、JSP 等 13 个标准。而 Jakarta EE 的最新版本是 2022 年发布的 Jakarta 10（不再称为 Jakarta EE），它包含 20 多个子项目。

开发人员在开发软件过程中，为了提高开发效率、降低错误率，将以往的开发经验进行总结，提出了许多软件开发的固定套路，这就是所谓的软件设计模式。将这些设计模式使用特定技术进行实现，解决软件开发过程中的特定问题，就形成了软件开发框架。得益于 Java 开源、免费的优势，Java 开发社区异常活跃，开发者众多，再加上大型开源软件基金会的支持，Java 企业级开发框架层出不穷。这些开发框架涉及企业级开发的方方面面，如 MVC、数据仓储、安全与权限等。比如，用于对象关系映射的框架 Hibernate，其是为了降低访问关系数据库时的烦琐操作，并解决关系型数据和应用中的对象的对应关系的；又如，用于实现 Web 应用的框架 Struts，其是为了实现 Web 应用的 MVC 模式的。

企业级应用开发人员使用开发框架，可以专注于业务逻辑，而将以往消耗精力的数据库连接、对象解耦、权限认证等工作交给框架处理。这样不仅提高了开发效率，而且成熟的框架一般都经过长时间的测试和应用，出现缺陷的概率要低很多。

视频 4-1

## 4.2　Spring 框架概述

Spring 框架是当前 Java 企业级开发领域最流行、应用最广泛的开发框架。它的功能已经不仅限于最初的作为对象容器，而是在此基础上不断扩展出涉及企业级开发诸多方面的功能。

### 4.2.1　Spring 框架的发展历史

Sun 公司在 J2EE 中定义了大量的企业级开发技术规范，很多公司就是依照 EJB、JSP 等技术规范开发企业级应用的，其结构清晰、可移植性强等优点吸引了大量开发者。但想要通过制定规范而找到软件开发的“万金油”显然是不现实的。随着时间推移，以 EJB 为核心的 J2EE 也逐渐受到很多开发者的诟病，主要原因可以总结为以下几点。

（1）太注重规范，而没有面向具体问题。以 EJB 为例，即便开发一个功能简单的应用，也需要编写大量代码。因为 EJB 推崇以规范为驱动，而不是以应用为驱动去有针对性地解决问题，给大多数使用者强加了不必要的复杂性。

（2）概念太多，过于烦琐，对初学者不友好。当然，这和 Java 语言本身越来越复杂有关。

（3）在开发速度方面没有优势。EJB 依赖容器，因此在使用 EJB 编写业务逻辑时，其是与容器耦合的。这必然导致开发、测试、部署的难度增大，也拉长了整个开发周期。

有一位开发者没有停留在抱怨上，也不盲目地搞偶像崇拜或门户之争，他就是 Spring 框架的提出者 Rod Johnson。他认为并不是所有项目都需要使用 EJB 这种大型框架，应该可以使用更好的方案来解决这个问题。2002 年，他在其出版的 *Expert One-on-One J2EE Design and Development* 一书中指出，J2EE 过于正统，其倡导的开发方式都是面向规范的，而不是面向实际要解决的问题的，这导致了像 EJB 这种复杂规范无法真正应用在企业级项目中。随后，Rod Johnson 又出版了 *Expert One-on-One J2EE Development without EJB* 一书。在此书中，他根据自己的开发经验，对 EJB 各项结构逐一进行了分析，并以简洁实用的方式重新实现。作为示例，他编写了超过 30 000 行的基础结构代码，将项目中的根包命名为 com.interface21，因此人们最初称这套开源框架为 interface21，这就是 Spring 的前身。也是在这一年，Rod Johnson 完善了 interface21，并发布了 Spring 1.0 版。

Spring 框架采取了若干关键策略来化繁为简，简化 Java 企业级开发复杂性的目的主要有以下几点。

（1）通过控制反转实现松耦合。Spring 将应用程序中的所有对象统一管理，实现了对象与其调用者之间的解耦，为程序的可扩展性和可维护性提供了基础。控制反转是 Spring 的核心组件，在此基础上，开发者可以自行选择要集成的组件，如消息传递、事务管理、数据持久化及 Web 组件等。

（2）引入面向切面编程思想。通过面向切面编程，减少重复代码，使开发者专注于业务逻辑。

（3）兼容并包，避免“重复造轮子”。Spring 借鉴了诸多编程思想和设计模式，并集成了许多优秀开源组件。

自从发布第一个版本以来，Spring 逐渐吸引了 Java 开发者的关注。Rod Johnson 推出 Spring 后，成立了 SpringSource 公司对 Spring 进行维护。随后，SpringSource 公司被 VMware 公司收购，经过多次商业重组后，Spring 由 Pivotal 公司维护。截至本书编写时，Spring 的最新版本为 6.0.5。

当然，从 J2EE 推出那一天起，其自身也在不断演化，上面提到的 EJB 存在的问题从 EJB 3.2 开始已经大大改善了。另外，Spring 也没有停止前进，在完善核心功能的同时，继续在其他领域发展，如云计算、微服务等都是 Spring 正在涉足和创新的领域。

Spring 框架的提出者 Rod Johnson 在成为软件开发者之前是悉尼大学的音乐学博士。他有着相当丰富的 C/C++技术背景，并且从 1996 年就开始进行 Java 服务器端软件开发。他是 JCP 成员、JSR-154（Servlet 2.4）的规范专家，是 Java 开发者社区的杰出人物。

每个人在生活中和工作中都会遇到困难和不如意之事，有的人把挫折全部归结于客观原因，抱怨、沉沦，甚至一蹶不振。有的人则善于以积极乐观的心态去面对，努力提升自己，改变现状，Rod Johnson 就是这样的人。通过自己的不懈努力，大多数困难都能迎刃而解，无数事实表明，成功的秘诀在于把时间和精力放在改变自己、努力进步上，而不是放在无休止的抱怨上。正如罗曼·罗兰所说：“只有将抱怨环境的心情化为上进的力量，才是成功的保证。”

### 4.2.2 Spring 框架的优势

Spring 框架相对于传统的以 EJB 为核心的 Java 企业级开发方法，具有以下优势。

（1）方便解耦，简化开发。通过 Spring 提供的控制反转功能，可以将各个对象的创建和属性注入完全交给 Spring 管理，降低了系统模块间的耦合程度，便于实现面向抽象编程，有利于构建体系结构优良的应用程序。

（2）支持面向切面编程。通过 Spring 提供的面向切面编程功能，使开发人员更能专注于业务逻辑，很多不容易使用传统面向对象思想实现的功能可以较容易地通过面向切面编程思想实现。比如，基于面向切面编程，Spring 提供了声明式事务支持，使开发人员从单调烦琐的事务管理代码中解脱出来，通过声明灵活地进行事务管理，提高了开发效率和质量。

（3）功能丰富，一站式开发。Spring 还能对很多比较晦涩难用的 J2EE API 进行封装，如 JDBC、JavaMail、远程调用等，使这些 API 的使用难度降低。通过这些方式，Spring 提供了企业级开发可能涉及的多种技术，如数据访问相关技术、Web 相关技术、测试等。

而且，Spring 的源码设计精妙、结构清晰，无疑是 Java 技术的最佳实践范例，对 Java 开发者来说有非常高的借鉴价值。

### 4.2.3　Spring 框架的体系结构

1．Spring Framework

Spring 框架以 Spring Framework 为核心，构建了全方位的 Java 企业级开发框架，涵盖 Web、云计算、权限验证、数据仓储等多个子项目。Spring Framework 的体系结构如图 4-1 所示。

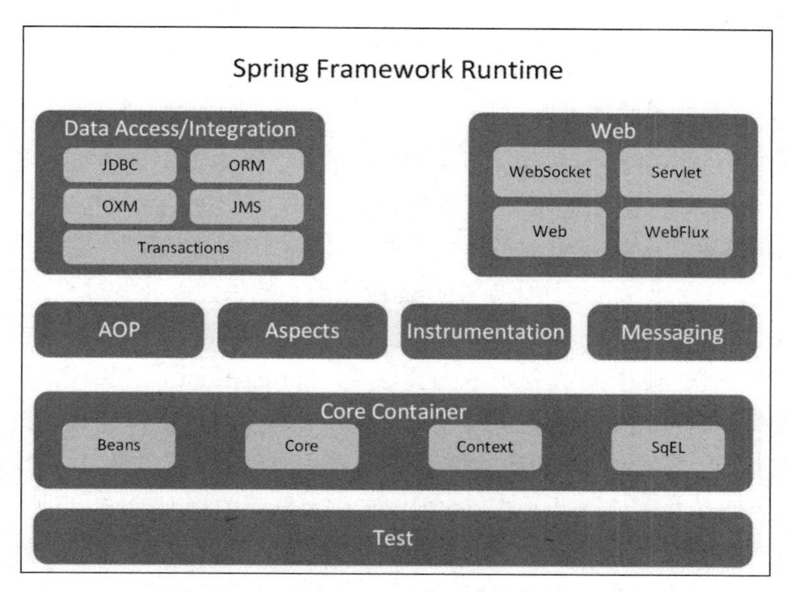


图 4-1　Spring Framework 的体系结构

Spring Framework 的主要组成部分如下。

1）IoC

IoC 是 Spring Framework 的基础，也是整个 Spring 框架的基础。IoC 降低了应用程序对象之间的依赖，为 Spring Framework 的其他组成部分、Spring 框架的其他组成部分及用户代码提供了对象的创建、依赖管理、获取等功能。

2）AOP

Spring 提供了满足 AOP（Aspect Oriented Programming，面向切面编程）联盟规范的 AOP 实现，同时还整合了 AspectJ 这一 AOP 框架，使用户在使用 AOP 时有了更多选择。

3）数据访问和集成

Spring 建立了一套面向 DAO（Data Access Object，数据访问对象）层的统一异常体系，并将各种访问数据的检查型异常转换为非检查型异常，为整合各种持久层框架提供了基础。同时，Spring 建立了和数据形式及访问技术无关的统一 DAO 层，借助 AOP 技术，Spring 提供了声明式事务功能。

4）Web

Spring 提供了构建 Web 应用的各种工具类，以及多种面向 Web 的功能，如透明化文件上传、Velocity、FreeMarker、XLLT 支持等。Spring 还提供了一个完整的 MVC 框架——Spring MVC。Spring 在 Portlet 开发上也提供了许多有益的功能。

5）WebSocket

WebSocket 提供了一个在 Web 应用中高效、双向的通信，需要考虑到客户端和服务器之间的高频和低时延消息交换。

6）测试

Spring 提供了测试工具 Spring Test。Spring Test 支持通过组合 JUnit 等单元测试框架来实现单元测试和集成测试等功能。

### 2. 面向各方面应用的框架

Spring 团队在 Spring Framework 的基础上开发了众多面向各方面应用的框架。目前，Spring 官网发布的 Spring 项目有二十余个。

1）Spring Boot

Spring Boot 的设计目的是简化新 Spring 应用的初始搭建及开发过程。该框架使用特定方式进行配置，从而使开发人员不再需要定义样板化的配置。通过这种方式，Spring Boot 致力在蓬勃发展的快速应用开发领域成为领导者。Spring Boot 框架中还有两个非常重要的策略：开箱即用和约定优于配置。开箱即用是指在开发过程中，先通过在 Maven 项目中添加相关依赖包，然后使用对应注解来代替烦琐的 XML 配置文件，以管理对象的生命周期。这个特点使开发人员摆脱了复杂的配置工作及依赖的管理工作，更加专注于业务逻辑。约定优于配置是一种由 Spring Boot 配置目标结构，由开发者在结构中添加信息的软件设计范式。这一特点减少了大量 XML 配置，并且可以将代码编译、测试和打包等工作自动化。

2）Spring Data

Spring Data 是 Spring 的一个子项目，用于简化数据库访问，支持 NoSQL 和关系数据库存储。其主要目标就是减少数据访问层的开发量。开发者唯一要做的就是声明持久层的接口，其他都交给 Spring Data 完成。Spring Data 规范了方法的命名，根据符合规范的名字来确定方法需要实现的逻辑。

3）Spring Cloud

Spring Cloud 是一系列框架的有序集合，它利用 Spring Boot 的开发便利性巧妙地简化了分布式系统基础设施的开发，如服务发现注册、配置中心、消息总线、负载均衡、断路器、数据监控等，都可以用 Spring Boot 的开发风格做到一键启动和部署。Spring Cloud 并没有"重复造轮子"，它只是将各家公司开发的比较成熟、经得起实践考验的服务框架组合起来，通过 Spring Boot 进行再封装，屏蔽了复杂的配置和实现原理，最终给开发者留出了一套简单易懂、易部署和易维护的分布式系统开发工具包。

4）Spring Security

Spring Security 是一个能够为基于 Spring 的企业级应用系统，提供声明式的安全访问控制解决方案的安全框架。它提供了一组可以在 Spring 应用上下文中配置的 Bean，充分利用了 IoC 和 AOP 功能，为应用系统提供声明式的安全访问控制功能，减少了为企业级系统安全控制编写大量重复代码的工作。

在 Spring 的生态中还有很多其他应用开发框架，在这里就不再一一赘述。本书后续章节主要围绕 Spring IoC、Spring AOP、Spring MVC 等 Spring Framework 的核心功能展开。

视频 4-2

## 4.3　Spring 开发环境搭建

### 4.3.1　安装 JDK

安装 JDK 之前要确认使用的 Spring 版本与 JDK 版本的兼容情况。本书后续章节基于 Spring 6.0.x 版本，所需的 JDK 最低版本为 17。JDK 的安装和设置不在本书讨论范围之内，详见关于 Java 程序设计的教材，或者在 Java 官网查询详细配置方法。

### 4.3.2　安装 IDE

一款好的 IDE 是开发应用程序必不可少的条件，目前开发 Java EE 应用程序的主流 IDE 主要有以下几种。

1. Eclipse

Eclipse 是一个开放源代码的、基于 Java 的可扩展开发平台，由 Eclipse 基金会维护。Eclipse 支持 Windows、Linux 和 macOS 操作系统。Eclipse 有众多版本，其区别在于预先集成的插件不同，针对 Java EE 开发，可以下载 Eclipse IDE for Enterprise Java and Web Developers 版本。Eclipse 的所有版本都可以免费用于非商业用途。

2. MyEclipse

MyEclipse 是在 Eclipse 的基础上添加自己的插件开发而成的功能强大的企业级集成

开发环境，主要用于 Java、Java EE 及移动应用的开发。MyEclipse 包括 Standard、Pro、Blue、Bling 和 Spring 五个版本。针对 Spring 开发，可以下载 Spring 版本。MyEclipse 的所有版本都是收费的，下载 MyEclipse 需要关注官方微信公众号获取下载地址。

3. IntelliJ IDEA

IntelliJ IDEA 是 JetBrains 公司发布的 Java 开发 IDE，作为后起之秀，它吸引了大量 Java 开发者。IntelliJ IDEA 目前提供两个下载版本——Community 版本和 Ultimate 版本。Ultimate 版本在 Community 版本的基础上集成了大量插件，使开发更高效便捷，这就是两者的主要区别。Community 版本是免费的，只要注册账号就可以用于非商业用途；Ultimate 版本是收费的，需要支付订阅费用才可以使用，教育和学生用户可以申请教育授权，读者可以自行尝试申请。本书后续章节案例均基于 IntelliJ IDEA Community 2022.3 版本。IntelliJ IDEA 支持 Windows、Linux 和 macOS 操作系统，下载 IntelliJ IDEA 安装包后，默认安装即可。需要注意的是，IntelliJ IDEA 集成了 OpenJDK，可以根据自己的需要重新配置 JDK。

### 4.3.3 获取 Spring 框架

可以通过以下三种方法获取 Spring 框架。

（1）先到 Spring 的 GitHub 主页获取 Spring 源代码，而后自行编译使用，需要注意编译 Spring 各版本源代码所需的最低 JDK 版本。

（2）下载 Spring 的发行包。发行包内包含 Spring 源代码、文档及 jar 包。但是使用这种方法通常不能下载 Spring 的最新版本，要想获取 Spring 的最新版本，推荐使用下面的方法。

（3）这是最推荐的方法，通过项目管理工具（如 Maven、Gradle）配置 Spring 框架。项目管理工具可以有效地帮助开发者进行项目构建、发布和依赖管理。本书后续章节案例均使用 Maven 配置 Spring 框架。要使用 Maven，需要先到 Maven 官网下载压缩包，并解压至任意路径，再在 IntelliJ IDEA 中配置 Maven。首先打开 IntelliJ IDEA 的“Settings”窗口，在左侧选择“Build, Execution, Deployment/Build Tools/Maven”，打开 Maven 配置界面，分别把“Maven home path”、“User settings file”和“Local repository”设置成相关目录，如图 4-2 所示。其中，“Maven home path”为 Maven 的解压路径；“User settings file”为 Maven 配置文件路径；“Local repository”为 Maven 本地仓库路径，也就是从 Maven 仓库下载文件的保存位置。“User settings file”和“Local repository”也可以保留默认值不做修改。需要注意的是，IntelliJ IDEA 已经集成了 Maven，但版本稍低，可以根据自己的需要选择使用。

对 Spring 开发者来说，Spring 文档是十分重要的，即便使用项目管理工具配置 Spring 框架，也建议下载一个 Spring 文档。当然，也可以在线查阅。

将 Spring 文档下载下来以后，可以解压至任意路径使用。Spring 文档的目录结构如图 4-3 所示。

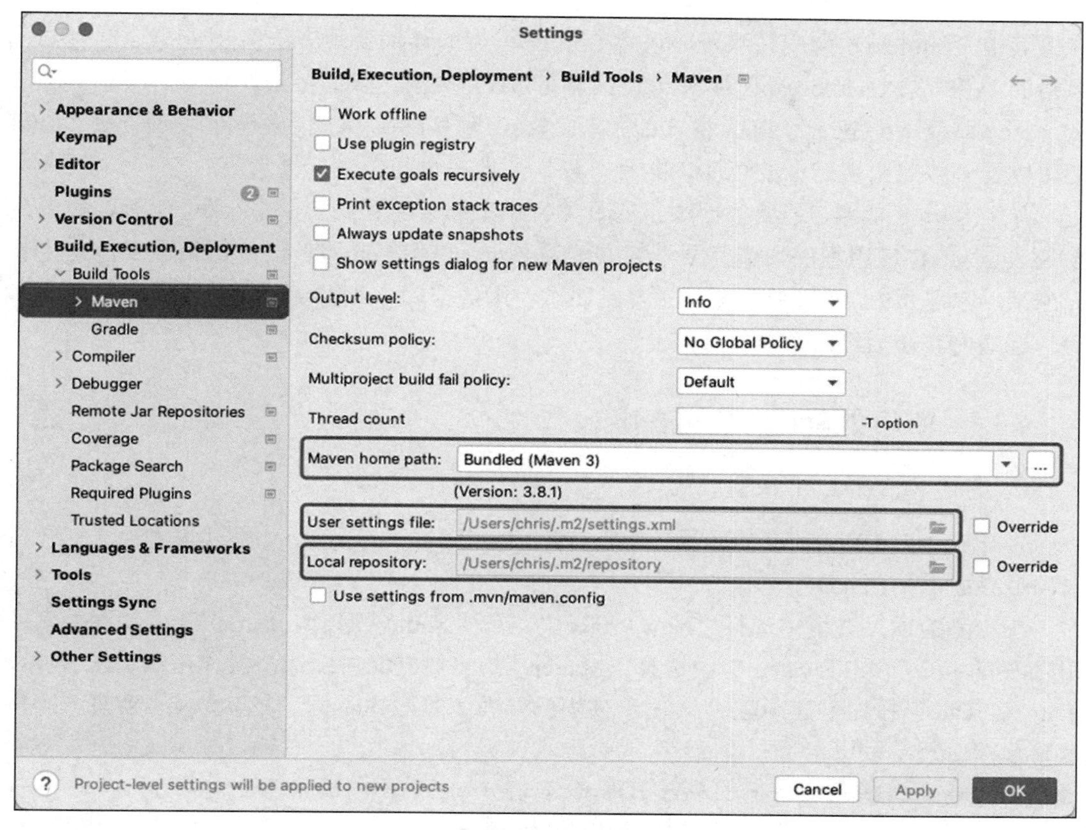


图 4-2　Maven 配置界面

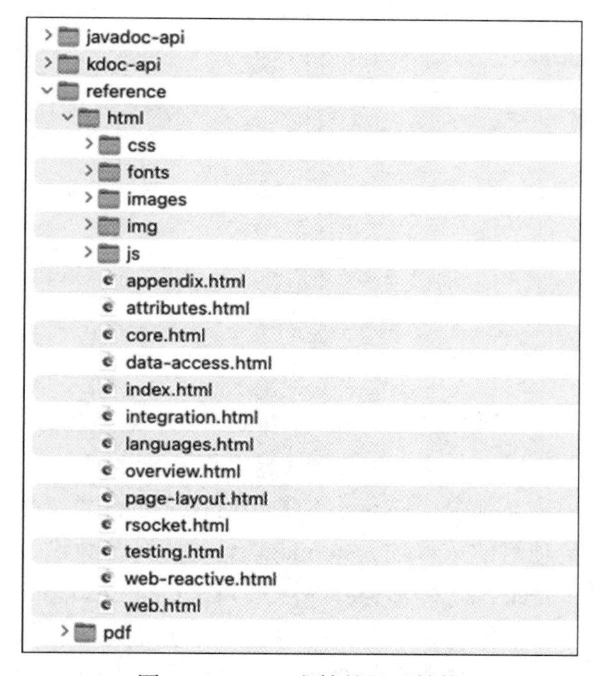


图 4-3　Spring 文档的目录结构

其中，reference 为产品手册，包含 Spring 框架的详细使用方法；javadoc-api 为 Java 风格的 API 文档；kdoc-api 为 Kotlin 风格的 API 文档。我们最常使用的是产品手册，reference 路径下的 pdf 为 PDF 格式的手册，html 为 HTML 格式的手册。打开 index.html 便可以看到按照模块划分的页面，并且可以方便地在页面中进行搜索。

除了 Spring 框架，还要根据项目的具体目标下载或配置相应的框架/库/工具，如果开发 Spring MVC 应用程序，就需要下载并配置 Tomcat 等 Web 服务器；如果进行自动化单元测试，就需要 JUnit 等单元测试工具；如果使用数据库，就需要相应的数据库驱动程序等。这些内容在后续章节会做详细介绍。

### 4.3.4 第一个 Spring 应用程序

1. 新建 Maven 应用程序

打开 IntelliJ IDEA，在起始界面中选择“New Project”选项，如图 4-4 所示，打开新建项目界面，如图 4-5 所示。

在左侧的项目类型中选择“New Project”，在“Name”和“Location”文本框中输入相应内容，在“Build system”中选择“Maven”，在“JDK”中选择要使用的 JDK 版本，单击“Create”按钮创建新项目。（由于使用的开发工具版本不同，读者显示的界面可能与本书有差别）

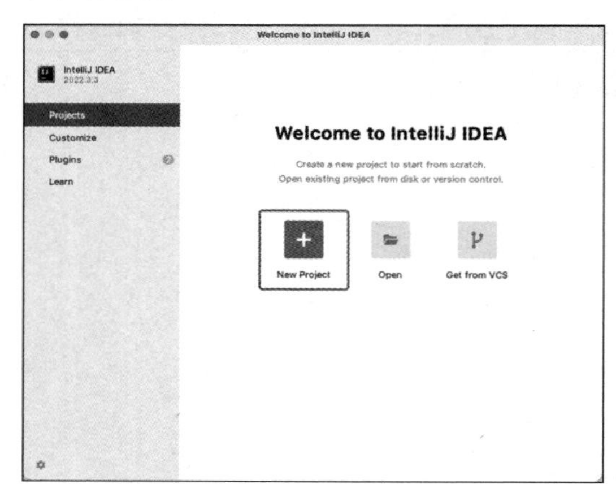


图 4-4 IntelliJ IDEA 的起始界面

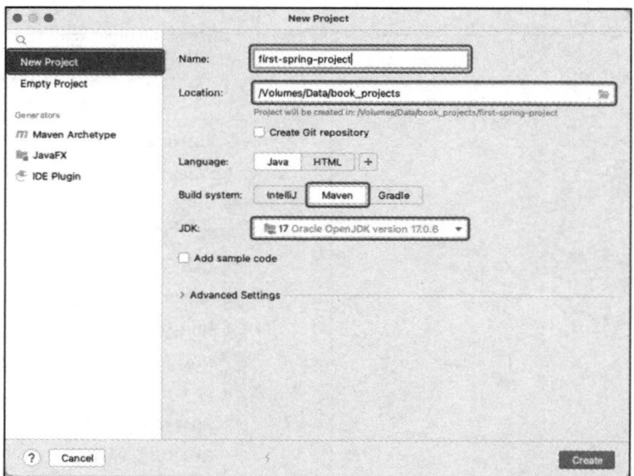


图 4-5 新建项目界面

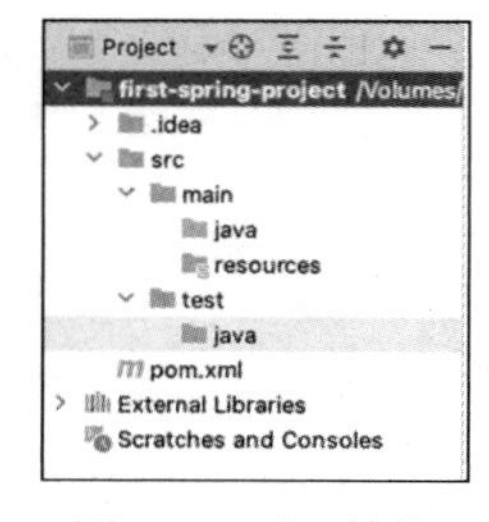


图 4-6 项目结构

项目建立完成后，IntelliJ IDEA 会自动生成项目结构，并自动生成一些文件，按照上述步骤创建的项目结构如图 4-6 所示。

其中，pom.xml 就是 Maven 的配置文件，我们将在这里配置项目的依赖项。src/main/java 是保存源代码的路径，以后创建的 Java 源代码都保存在这里。src/main/resources 是资源路径，此路径下的文件在项目构建时会被打包进类路径下，后续的 Spring 配置文件会建立在此路径下。src/test 路径是单元测试代码保存的位置，我们暂时用不到。

### 2. 在 Maven 中配置 Spring 的依赖项

Maven 的配置通过编写 pom.xml 进行，如果仅使用 Spring 的 IoC 和 AOP 功能，则只需配置一个依赖项。在 pom.xml 的根标签<project>内添加<dependency> </dependency>标签，并在其内添加以下代码：

```
<dependency>
    <groupId>org.springframework</groupId>
    <artifactId>spring-context</artifactId>
    <version>6.0.5</version>
</dependency>
```

每对<dependency></dependency>标签用于配置一个依赖项，<groupId>、<artifactId>和<version>三个标签的内容唯一确定了一个依赖项。可以看到，这里使用的是 Spring 的 6.0.5 版本。如果不知道依赖项如何配置，则可以访问 Maven 仓库网站，搜索需要的依赖项名称，即可找到配置项的写法。

保存 pom.xml 后，打开 Maven 工具箱，单击“刷新”按钮（见图 4-7），Maven 会自动从 Maven 仓库下载相应依赖项的 jar 包。如果依赖项下载过慢，则可以配置 Maven 仓库的国内镜像来解决此问题。

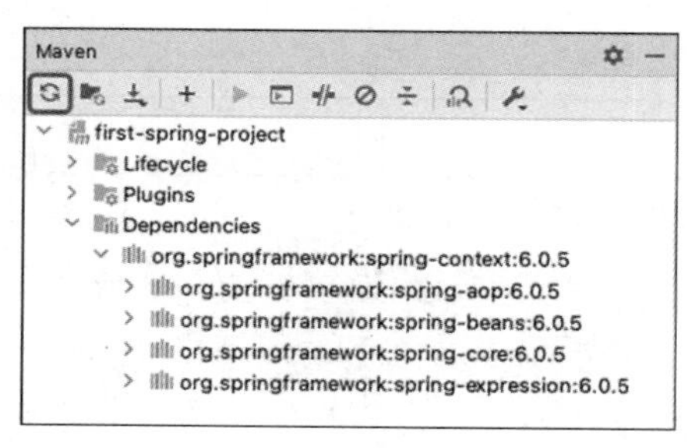


图 4-7 Maven 工具箱

### 3. 创建 Spring 配置文件

在项目的 src/main/resources 路径下新建“beans.xml”文件，并将其作为 Spring 的配置文件。Spring 配置文件是一个标准 XML 文档，根标签是<beans>。以下就是一个空白的 Spring 配置文件：

```
<?xml version="1.0" encoding="UTF-8"?>
<beans xmlns="http://www.springframework.org/schema/beans"
        xmlns:xsi="http://www.w3.org/2001/XMLSchema-instance"
        xsi:schemaLocation="http://www.springframework.org/schema/beans
         https://www.springframework.org/schema/beans/spring-beans.xsd">

</beans>
```

如果不清楚 Spring 配置文件的格式，则可以到 Spring 帮助文档的 reference 中查找，本例暂不需要在 Spring 配置文件中进行任何配置。

4．编写测试代码

可以编写 main()函数程序运行观察结果，也可以编写单元测试代码观察程序运行结果。为简便起见，我们编写 main()函数。在项目的 src/main/java 路径下新建 Main.java 文件，输入以下代码：

```
public class Main {
    public static void main(String[] args) {
        ApplicationContext ctx = new ClassPathXmlApplicationContext("beans.xml");
        System.out.println("Container initialized.");
    }
}
```

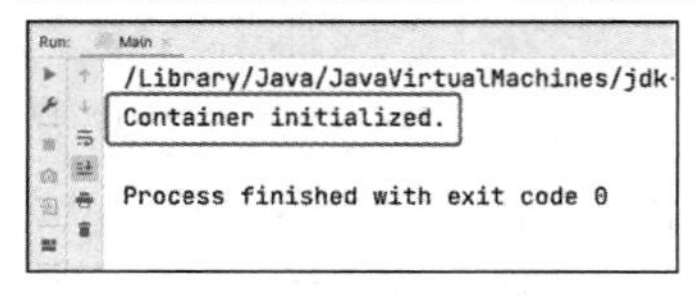


图 4-8　程序运行输出

程序运行后可以看到运行窗口输出程序运行结果，如图 4-8 所示。

这说明 Spring 的 IoC 容器初始化成功。

至此，已经配置好 Spring 框架，并成功运行了第一个 Spring 应用程序。本章只是演示了如何配置 Spring 框架，以及运行第一个 Spring 应用程序。关于 Spring 应用更深入的内容，在后续章节中会详细讨论。

视频 4-3

第一个 Spring 应用程序是不是太简单了，它甚至没有几行代码，但是 Spring 框架在代码运行的过程中却做了大量工作，如请求过滤、数据类型转换、数据校验、对象包装等，只不过这些操作不再需要程序员去手动编写代码，Spring 框架都已经准备好了。本案例演示的操作步骤是最基本的，也是所有复杂项目的基础。这就类似于盖楼前打的地基，要想使高楼稳固，地基必须打好。打地基的过程可能比较枯燥和漫长，但却是必不可少的。正如在大学阶段把各门专业课学好，可以为将来的工作打好基础。如果地基没有打牢，高楼就难以盖成，即使盖成了，也会存在坍塌的风险，不会持久。

# 思考与练习

1．简述 Java 企业级开发的特点。

2．简述 Spring 开发框架的核心思想。

3．简述 Spring Framework 的体系结构。

4．简述 Spring 框架的优点。

5．查阅相关资料，谈谈在 Spring 生态中还有哪些开源框架。

# 第 5 章　Spring 的控制反转机制

控制反转是 Spring 框架的核心功能之一，也是 Spring 框架的基础，可以说，Spring 的其他功能都是建立在控制反转的基础之上的。本章将介绍控制反转的基本概念，以及控制反转在 Spring 中的实现方式。

## 5.1　控制反转的概述

控制反转也被称为“依赖注入”（Dependency Injection，DI），两者表达的是同一种软件设计思想，在本书中统一称为“控制反转”。

### 5.1.1　控制反转的理解

1. 控制反转的定义

所谓控制反转是指将某一接口（或类）的具体实现类（或子类）的选择权从调用者手中移除，转交给第三方，使程序中所有对象的创建过程都由第三方统一管理。当需要在代码中使用某类对象时，只需从第三方直接获取即可。控制反转并不是一种特定技术，而是一种设计思想，其主要目的就是接管系统中各个对象的创建过程，使产生依赖关系的两个对象之间摆脱依赖关系，达到模块间解耦的目的。

在不应用控制反转思想的情况下，要想在代码中使用一个类的对象时，需要手动创建这个类的实例，如在 Java 语言中使用 new 运算符：

```
Car car = new Car();
// other operations with object car
// ... ...
```

这就需要程序员在代码中管理每个对象的创建、销毁过程，还要负责对每个对象中的各个成员赋值。如果对象的成员也是一个对象，还要负责管理这些对象之间的依赖关系。这就导致了对象之间的强耦合，不利于代码维护。按照控制反转思想，上面的代码就可以这样处理：

```
Car car = /*  从第三方获取 Car 类的对象  */;
// other operations with object car
// ... ...
```

这样，调用者就不需要使用 new 运算符创建对象，而是直接从第三方获取。

应用控制反转思想，还可以更好地实现依赖倒置原则。依赖倒置原则强调的是代码不应该依赖具体实现，应该依赖抽象。通过应用控制反转思想，更能够发挥依赖倒置原则的优势，使模块间的解耦更彻底。考虑前面章节中的顾客购物程序代码：

```
package principle;
public class DIPtest {
    public static void main(String[] args) {
        Customer wang = new Customer();
        System.out.println("顾客购买以下商品：");
        wang.shopping(new TaobaoShop ());
        wang.shopping(new TmallShop ());
    }
}
//商店
interface Shop {
    public String sell(); //卖
}
//淘宝网店
class TaobaoShop implements Shop {
    public String sell() {
        return "淘宝主要经营：鼠标、耳机……";
    }
}
//天猫网店
class TmallShop implements Shop {
    public String sell() {
        return "天猫主要经营：手机、电脑……";
    }
}
//顾客
class Customer {
    public void shopping(Shop shop) {
        //购物
        System.out.println(shop.sell());
    }
}
```

这里实现了面向抽象编程，而非面向具体实现。抽象就是接口 Shop，具体实现就是其实现类 TaobaoShop 和 TmallShop，抽象的具体实现类的对象还是需要手动管理。应用控制反转思想以后，上述代码就可以继续优化：

```
package principle;
public class DIPtest {
    public static void main(String[] args) {
        Shop shop = /* 从第三方获取具体实现类的对象 */;
        Customer wang = new Customer();
        System.out.println("顾客购买以下商品：");
        wang.shopping(shop);
        shop = /* 从第三方获取具体实现类的对象 */;
```

```
            wang.shopping(shop);
        }
    }

    // 省略其他代码
    // ... ...
```

“Shop shop = /* 从第三方获取具体实现类的对象 */;”就应用了控制反转思想，也就是把对象的创建过程交给第三方管理，使用的时候直接从第三方获取。使用上述代码不再需要手动创建 Shop 类型的某一具体实现类的对象，实现了对象之间的解耦。

#### 2. 控制反转和工厂模式

工厂模式的作用是将对象创建过程从调用者中独立出来，放到单独的工厂类中。这一作用恰好契合了控制反转的概念，那么这两者之间是什么关系呢？控制反转是一种程序设计思想，而不是一种特定技术；工厂模式是一种设计模式，是在长期的软件设计工作中总结出来的用于解决软件设计问题的模式，是针对对象创建问题提出的一种具体解决方案。通过工厂模式，可以实现控制反转思想，也就是说，工厂模式是实现控制反转思想的一种方式。

#### 3. 控制反转和依赖注入

通过上面的例子可以看出，应用控制反转思想后，对象的创建过程虽然不需要调用者进行管理，但是对象内各个成员的初始化还是需要调用者负责的，例如，TaobaoShop 或 TmallShop 类内的成员还需要开发人员手动创建或赋值。而依赖注入就是将对象内各个成员的初始化和赋值也交给第三方，不需要开发人员手动管理。因此，可以说控制反转和依赖注入表达的是同一种软件设计思想。

### 5.1.2　Spring 中的控制反转

在 Spring 中，将程序中要使用的各个对象称为 Bean，将对象的管理者称为容器（Container），这两个名称形象地描述了对象和容器的关系。总的来说，Spring IoC 包括以下组成部分。

（1）资源描述组件。

（2）资源加载组件。

（3）Bean 描述组件。

（4）Bean 构造组件。

（5）容器组件。

（6）Bean 注册组件。

这些组件在 Spring IoC 中的作用可以用图 5-1 表示。

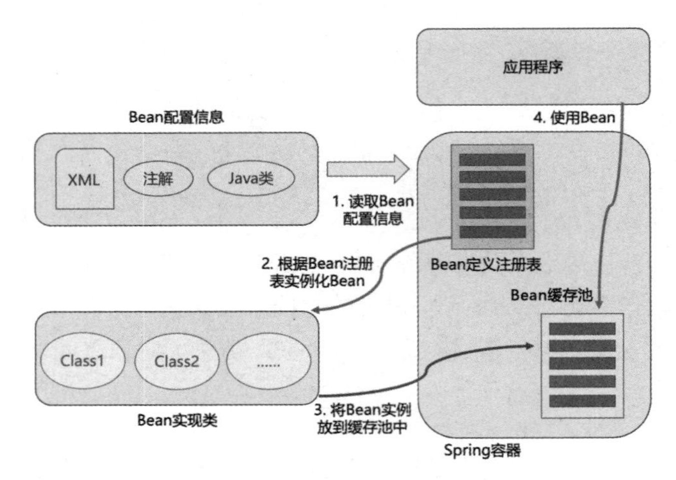


图 5-1　Spring IoC 的主要组成部分

Spring IoC 容器首先读取 Bean 配置信息，这些配置信息可能来自 XML 配置文件、代码注解或 Java 类；然后根据 Bean 配置信息对 Bean 进行装配，并将装配好的 Bean 存入容器的 Bean 缓存池中。应用程序使用 Bean 时，只需从容器中获取即可。这里所说的装配，就是前面提到的对象的创建和对象各个成员的初始化过程。Spring 6.0.5 版本支持以下三种方式的控制反转配置。

（1）基于 XML 的配置：将所有配置信息以 XML 文档的形式保存在单独的文件中，这也是对 Spring 框架进行配置的最初方式。这种配置的优势是所有配置信息位于一处，并且对代码没有侵入性。

（2）基于注解的配置：在 Java 语言支持注解后，Spring 框架也随之提供了基于注解的配置方式。这种配置的优势是不再需要编写冗长的配置文档，但是由于注解标注在源代码上，因此对源代码具有侵入性，并且在没有源代码时仍然需要基于 XML 的配置。

（3）基于 Java 类的配置：将配置信息以代码的方式定义在独立的 Java 类中，这种方式兼具前两种方式的优点，既不需要编写 XML 文档，对代码也没有侵入性，但是需要较高的 JDK 和 Spring 版本支持。

视频 5-1

在实际使用中应用哪种配置方式，需要根据项目的具体情况来确定。在后续章节中，将按照不同的配置方式详细介绍基于 Spring 框架的控制反转的使用方法。

控制反转最基本的思想是将对象的创建过程统一交给容器管理，程序的其他模块在需要某一对象时，只需从容器获取即可。其核心思想就是划分职责，这样避免了对象的创建和维护过程散布在系统的各个模块中，使程序代码更加清晰、易维护，也达到了

降低模块间耦合程度的目的。

我们做事情也要有条理，从纷繁复杂的事务中理出头绪。当焦头烂额的时候，最好能静下心来分析引起混乱的根源，先划分好职责，再将所有事务按照轻重缓急来进行统筹安排，否则眉毛胡子一把抓，就会越忙越乱，达不到理想的效果。

曾经有一个巧妙的比喻："工作是千头万绪，攥着一千个线头，但是一次针眼只能穿过一条线。"这句话提示我们：工作虽然千头万绪，但只要线头攥在手里，做事有条理，线就不会乱。

## 5.2　基于 XML 的配置——Bean 的实例化

基于 XML 配置 Bean 是 Spring 配置的最初方式，它将所有配置信息放到独立的 XML 文档里，可以达到对代码的非侵入性的目的。可以说，对 Spring IoC 的所有配置都可以通过 XML 配置文件实现，因此，基于 XML 的配置是学习 Spring 框架必须掌握的。

Spring IoC 的功能可以分为以下三部分。

（1）Bean 的实例化。

（2）Bean 的生命周期管理。

（3）属性注入。

本节首先介绍 Bean 的实例化方法。Bean 的实例化可以通过三种方式实现，即基于默认构造函数、基于静态工厂和基于实例工厂。下面将分别对这三种实例化方法进行介绍。

### 5.2.1　基于默认构造函数

基于默认构造函数实例化 Bean 是通过 Java 反射原理找到 Bean 的实现类中定义的默认构造函数，并且间接调用默认构造函数实例化 Bean。需要注意的是，Bean 的实现类中如果没有默认构造函数，那么 Bean 的实例化将失败。因此，如果在 Bean 的实现类中重写了带参数的构造函数，那么需要再次显式定义默认构造函数。

下面的代码定义了 Bean 的实现类：

```
public class Car {
    private String brand;
    private int maxSpeed;
    private float price;
    public String getBrand() {
        return brand;
    }
    public void setBrand(String brand) {
        this.brand = brand;
    }
    public int getMaxSpeed() {
        return maxSpeed;
```

```
        }
        public void setMaxSpeed(int maxSpeed) {
            this.maxSpeed = maxSpeed;
        }
        public float getPrice() {
            return price;
        }
        public void setPrice(float price) {
            this.price = price;
        }
}
```

下面是在 Spring 配置文件中基于默认构造函数实例化 Bean 的语法：

```
<bean id="car1" class="com.example.springioc.Car" />
```

<bean>标签的 id 属性指明了 Bean 的名称，将来需要通过这个名称从 Spring IoC 容器中获取 Bean，class 属性指明了 Bean 的实现类，这里要使用类的完全限定名。

测试代码如下：

```
public class Main {
    public static void main(String[] args) {
        ApplicationContext ctx = new ClassPathXmlApplicationContext("beans.xml");
        Car car1 = (Car) ctx.getBean("car1");
        System.out.println(car1);
    }
}
```

上面的代码通过 ApplicationContext ctx = new ClassPathXmlApplicationContext("beans.xml");初始化 Spring IoC 容器；ClassPathXmlApplicationContext 是 ApplicationContext 的实现类，从类路径加载配置文件；beans.xml 是配置文件。getBean()方法用于从容器中获取 Bean，参数“car1”是配置文件中<bean>标签的 id 属性值。需要注意的是，getBean()方法的返回值是 Object 类型，因此需要进行强制类型转换。当然，还可以使用 getBean()的另一种重载：

```
Car car1 = ctx.getBean("car1", Car.class);
```

如何判断通过 getBean()方法获取 Car 类的实例呢？可以在控制台通过 println()方法打印变量 car1，得到 car1 的类型和哈希值，类似于：

```
com.example.springioc.Car@4148db48
```

这表明 car1 对象不为空，已经得到了 Car 类的实例。如果在 Car 类中定义带参数的构造函数，如 public Car(String arg) {}，就会覆盖默认构造函数。再次运行测试代码，会得到以下错误信息：

```
Failed to instantiate [com.example.springioc.Car]: No default constructor found
```

这表明 Spring IoC 容器没有找到默认构造函数来实例化 Car 类的 Bean。

### 5.2.2 基于静态工厂

基于工厂方法的实例化原理是在工厂类中定义创建实例的方法，Spring IoC 容器基于 Java 的反射机制间接调用该方法得到 Bean 实例。在工厂类中创建实例的方法分为静态工厂和实例工厂两种。下面先讨论基于静态工厂的方法。

首先构造工厂类，并定义静态工厂方法，在方法中创建并返回类的实例。静态工厂代码如下：

```
public class StaticCarFactory {
    public static Car createCar() {
        return new Car();
    }
}
```

在配置文件中声明 Bean 的时候，需要指明工厂类及工厂方法，配置文件代码如下：

```
<bean id="car1" class="com.example.initbean.StaticCarFactory"
      factory-method="createCar" />
```

<bean>标签的 class 属性不再指明为 Bean 的实现类，而是静态工厂类，factory-method 属性指明了静态工厂方法。

### 5.2.3　基于实例工厂

首先构造工厂类，并定义实例工厂方法，在方法中创建并返回类的实例。实例工厂方法与静态工厂方法非常相似，只是实例工厂方法是非静态的。实例工厂代码如下：

```
public class InstanceCarFactory {
    public Car createCar() {
        return new Car();
    }
}
```

由于实例工厂方法不再是静态的，因此在调用实例工厂方法的时候，需要先创建工厂类的实例。在配置文件中就需要先声明工厂类的 Bean，配置文件如下：

```
<!-- 声明工厂类的 Bean -->
<bean id="carFactory" class="com.example.initbean.InstanceCarFactory" />
<bean id="car1" class="com.example.initbean.Car"
      factory-bean="carFactory" factory-method="createCar" />
```

视频 5-2

Car 类的 Bean 需要通过 factory-bean 属性指明工厂类的 Bean，通过 factory-method 属性指明工厂方法。

## 5.3　基于 XML 的配置——Bean 的生命周期

### 5.3.1　Bean 的作用范围

Bean 的作用范围通过<bean>标签的 scope 属性设置。scope 属性可以取以下值：

（1）singleton：这是 scope 属性的默认值，此时 Bean 在容器初始化时就被创建了，而且这个 Bean 在容器中是单例的，即每次使用 getBean()方法获取的 Bean 是同一实例。

（2）prototype：此时容器初始化时并不创建 Bean，而是在每次调用 getBean()方法的时候才创建，并且每次调用 getBean()方法获取的是不同实例。

（3）request：Bean 的生命周期是一次 HTTP 请求，只有在 Web 应用中才能使用。

（4）session：Bean 的生命周期是一次网络会话（Session），只有在 Web 应用中才能使用。

（5）application：Bean 的生命周期是整个 Web 应用，即一个 ServletContext，只有在 Web 应用中才能使用。

（6）websocket：Bean 的生命周期是一次 websocket 连接，只有在 Web 应用中才能使用。

为了验证 Bean 是在容器初始化时创建的，重写 Car 类的默认构造函数，如下：

```
public Car() {
    System.out.println("A car is created.");
}
```

这样，当 Car 类的 Bean 被创建的时候，就可以在控制台中看到输出。

测试代码如下：

```
public class Main {
    public static void main(String[] args) {
        ApplicationContext ctx = new ClassPathXmlApplicationContext("beans.xml");
        System.out.println("Container is initialized.");
        Car car1 = (Car) ctx.getBean("car1");
        Car car2 = (Car) ctx.getBean("car1");
        System.out.println(car1 == car2);
    }
}
```

当容器初始化完毕以后，在控制台输出“Container is initialized.”，而后获取两次名为“car1”的 Bean，并输出“car1==car2”的值。当“==”运算符的两端都是对象时，会判断这两个对象是否是同一引用，如果是，则返回 true，否则返回 false。运行上述代码得到以下输出：

```
A car is created.
Container is initialized.
true
```

可见，Car 类的实例是在 getBean()方法之前被创建的，并且 car1 和 car2 指向的是同一实例。Car 类的 Bean 只被实例化了一次，在配置文件中声明几个 scope 属性为 singleton 的 Bean，“A car is created.”就会输出几次。

如果将<bean>标签的 scope 属性值改为“prototype”：

```
<bean id="car1" class="com.example.initbean.Car" scope="prototype" />
```

再次运行测试代码，将得到以下输出：

```
Container is initialized.
A car is created.
A car is created.
false
```

可见，Car 类的 Bean 被实例化了两次，且为两个不同实例，而且是在调用 getBean()方法时进行的。

### 5.3.2　延迟初始化

如果将 Bean 的 scope 属性设置为 singleton，那么意味着它在容器初始化时就被创建了，并且它在容器内是单例的。如果希望 Bean 仍然是单例的，但不希望它在容器初始化时就被创建，则可以通过延迟初始化来达到此目的。设置 Bean 的延迟初始化使用<bean>标签的 lazy-init 属性，取值可以是 true 或 false，如：

```
<bean id="car1" class="com.example.initbean.Car" scope="singleton" lazy-init="true"/>
```

重新运行测试代码，会得到以下输出：

```
Container is initialized.
A car is created.
true
```

可见，Car 类的 Bean 仍然是单例的，但是在第一次调用 getBean()方法时被实例化。如果希望一个配置文件中的所有 Bean 都配置为延迟初始化，则不必为每个<bean>标签设置 lazy-init 属性，只需设置<beans>标签的 default-lazy-init 属性为 true 即可：

```
<beans xmlns=... default-lazy-init="true">
```

lazy-init 和 default-lazy-init 的默认值都是 false。

### 5.3.3　Bean 的初始化方法和销毁方法

Spring IoC 容器允许给每个 Bean 的实现类定义一个初始化方法和销毁方法。初始化方法会在 Bean 被创建之后执行，销毁方法会在 Bean 被销毁之前执行。一般，在初始化方法中可以进行 Bean 的某些初始化操作，在销毁方法中可以进行资源释放操作。下列代码为 Car 类定义了 init()方法和 destroy()方法，之后把它们分别设置为 Bean 的初始化方法和销毁方法：

```
public void init() {
    System.out.println("Init bean.");
}
public void destroy() {
    System.out.println("Destroy bean.");
}
```

设置初始化方法和销毁方法使用<bean>标签的 init-method 和 destroy-method 属性：

```
<bean id="car1" class="com.example.initbean.Car"
      init-method="init" destroy-method="destroy"/>
```

测试代码如下：

```
public class Main {
    public static void main(String[] args) {
        ApplicationContext ctx = new ClassPathXmlApplicationContext("beans.xml");
        System.out.println("Container is initialized.");
        Car car1 = (Car) ctx.getBean("car1");
    }
}
```

运行测试代码，会得到以下输出：

```
A car is created.
Init bean.
Container is initialized.
```

这说明，Bean 的初始化方法 init()在 Bean 创建以后立即被调用，但销毁方法 destroy()没有被调用。这是因为如果要让 Bean 的销毁方法被调用，则需要关闭容器，但我们从开始到现在从未关闭容器。ApplicationContext 接口是不具备关闭容器的能力的，需要使用它的实现类 AbstractApplicationContext，将初始化容器的语句改为 AbstractApplicationContext ctx = new ClassPathXmlApplicationContext("beans.xml");，这样就可以使用 AbstractApplication 的 close()方法关闭容器。修改后的测试代码如下：

```
public class Main {
    public static void main(String[] args) {
        AbstractApplicationContext ctx = new ClassPathXmlApplicationContext("beans.xml");
            System.out.println("Container is initialized.");
            Car car1 = (Car) ctx.getBean("car1");
            ctx.close();
    }
}
```

运行测试代码，可以得到以下输出：

```
A car is created.
Init bean.
Container is initialized.
Destroy bean.
```

视频 5-3

此时销毁方法 destroy()被容器调用。

## 5.4 基于 XML 的配置——基于 setter 的属性注入

Spring IoC 容器可以完成 Bean 的属性注入，即给类的实例属性赋值。Spring IoC 容器支持多种方式的属性注入，主要包括 setter 注入、构造函数注入、工厂方法注入、p 命名空间和 c 命名空间注入。每种方式因为要注入属性的数据类型不同，配置文件的语法也不同。

本节讨论 setter 注入，其基本原理是通过 Java 的反射原理间接调用 Bean 的实现类的 set 方法。要实现 setter 注入的前提是 Bean 的实现类中的属性要有相应的 set 方法。

### 5.4.1 字面值的 setter 注入

字面值是指 Java 的基本数据类型加上 String 类型，简单来说，就是从字面就能看出其值的数据。要实现 setter 注入，需要在<bean>标签中使用<property>子标签，代码如下：

```
<bean id="car1" class="com.example.springioc.Car">
    <property name="brand">
        <value>哈弗</value>
```

```
        </property>
        <property name="maxSpeed">
            <value>200</value>
        </property>
        <property name="price">
            <value>15.5</value>
        </property>
    </bean>
```

<property>标签的 name 属性用于指明属性名，也就是 Bean 的实现类中的成员变量名。如果注入的是字面值，使用<property>标签的子标签<value>，<value>子标签的内容就是需要注入的值。也可以不使用<value>子标签，而使用<property>标签的 value 属性，效果是相同的。下面的代码可以实现与上述代码相同的效果：

```
<bean id="car1" class="com.example.springioc.Car">
    <property name="brand" value="哈弗" />
    <property name="maxSpeed" value="200" />
    <property name="price" value="15.5" />
</bean>
```

在进行字面值注入的时候，需要注意数据类型的匹配问题。因为配置文件中的值都是字符串，Spring 要将字符串转换成相应数据，即解析（Parse）。如果字符串的格式错误，解析过程就会出错。如：

```
<property name="maxSpeed" value="200.0" />
```

运行测试代码，会得到以下错误信息：

```
Failed to convert property value of type 'java.lang.String' to required type 'int' for property 'maxSpeed'
```

在字面值的注入中，比较特殊的是日期时间类型。日期时间类型虽然能从字面看出值，但它并不属于字面值类型，不能使用上述方法实现属性注入。

### 5.4.2 对象类型的 setter 注入

为演示对象类型的 setter 注入，首先定义一个 Person 类：

```
public class Person {
    private String name;
    private Car car;
    public String getName() {
        return name;
    }
    public void setName(String name) {
        this.name = name;
    }
    public Car getCar() {
        return car;
    }
    public void setCar(Car car) {
        this.car = car;
```

```
    }
    @Override
    public String toString() {
        return "Person{" +
                "name='" + name + '\'' +
                ", car=" + car +
                '}';
    }
}
```

Person 类有一个对象类型的成员 car，Spring IoC 可以通过以下三种方式注入对象类型的值。

### 1. 引用式

可以先声明 Car 类的 Bean，然后通过<property>标签的<ref>子标签实现注入：

```
<bean id="person1" class="com.example.springioc.Person">
    <property name="name" value="小明" />
    <property name="car">
        <ref bean="car1" />
    </property>
</bean>
```

<ref>子标签的 bean 属性指明需要注入哪个 Bean，这种方式被称为引用式。这里也可以不使用<ref>子标签，而使用<property>标签的 ref 属性代替：

```
<bean id="person1" class="com.example.springioc.Person">
    <property name="name" value="小明" />
    <property name="car" ref="car1" />
</bean>
```

### 2. 内部 Bean

还可以将要注入的对象直接定义为内部 Bean：

```
<bean id="person1" class="com.example.springioc.Person">
    <property name="name" value="小明" />
    <property name="car">
        <bean class="com.example.springioc.Car">
            <property name="brand" value="哈弗" />
            <property name="maxSpeed" value="200" />
            <property name="price" value="15.5" />
        </bean>
    </property>
</bean>
```

内部 Bean 的<bean>标签无须指明 id 属性，因为不需要在其他地方引用它。

### 3. 级联属性

在引用式中，可以不预先完成 Car 类的 Bean 属性注入，而是在 Person 类的 Bean 引用完以后再注入：

```
<bean id="person1" class="com.example.springioc.Person">
    <property name="name" value="小明" />
    <property name="car" ref="car1" />
    <property name="car.brand" value="哈弗" />
    <property name="car.maxSpeed" value="200" />
    <property name="car.price" value="15.5" />
</bean>
```

在引用其他 Bean 以后，使用一系列<property>标签完成引用的 Bean 属性注入，其 name 属性需要采用“[引用的 Bean 的名称].属性名”的形式，这种方式被称为级联属性。需要注意的是，使用级联属性的前提是声明要引用的 Bean，并完成其注入。

在级联属性中也可以使用内部 Bean：

```
<bean id="person3" class="com.example.springioc.Person">
    <property name="name" value="小明" />
    <property name="car">
        <bean class="com.example.springioc.Car" />
    </property>
    <property name="car.brand" value="哈弗" />
    <property name="car.maxSpeed" value="200" />
    <property name="car.price" value="15.5" />
</bean>
```

在对象类型的注入中，还需要注意的一个问题是，如果要注入空引用，则需要使用标签<null/>，不能使用空字符串。假如一个人没有车，Person 类对象的 Car 类成员要设置为 null，可以这样写：

```
<bean id="person4" class="com.example.springioc.Person">
    <property name="name" value="小明" />
    <property name="car">
        <null />
    </property>
</bean>
```

### 5.4.3　集合类型的 setter 注入

Java 中有三类常用的集合，接口分别是 List、Set 和 Map。Spring IoC 提供了针对这三类集合类型数据的注入方法。

1. List

首先修改 Person 类，添加一个 List 类型的集合成员 hobbies，以及相应的 setter 和 getter，代表人的业余爱好：

```
private List<String> hobbies;
public List<String> getHobbies() {
    return hobbies;
}
```

```
public void setHobbies(List<String> hobbies) {
    this.hobbies = hobbies;
}
```

要实现 List 类型集合的 setter 注入，只需要在<property>标签中使用<list>标签。如果集合的元素是字面值，则在<list>标签中使用<value>标签进行注入：

```
<bean id="person1" class="com.example.springioc.Person">
    <property name="name" value="小明" />
    <property name="car" ref="car1" />
    <property name="hobbies">
        <list>
            <value>打球</value>
            <value>游泳</value>
        </list>
    </property>
</bean>
```

如果集合元素是对象类型，则在<list>标签中使用<ref>标签引用其他 Bean 或定义内部 Bean，也可以使用级联属性完成注入。对于集合元素是对象类型的情况，此处不再举例。

2. Set

要实现 Set 类型集合的 setter 注入，在<property>标签中使用<set>标签，其余操作与实现 List 类型集合的 setter 注入类似。例如，将 Person 类的 hobbies 成员类型修改为 Set：

```
private Set<String> hobbies;
public Set<String> getHobbies() {
    return hobbies;
}
public void setHobbies(Set<String> hobbies) {
    this.hobbies = hobbies;
}
```

注入时可使用以下配置：

```
<property name="hobbies">
    <set>
        <value>打球</value>
        <value>游泳</value>
    </set>
</property>
```

在进行集合类型的属性注入时，建议使用泛型集合，这样有利于 Java 进行类型推断。使用泛型集合之后，要注意数据类型的匹配问题。

3. Map

再次修改 Person 类，添加一个 Map 类型的集合成员 contacts，以及相应的 setter 和 getter，代表这个人的联系人。Map 中的键代表联系人的编号，值代表联系人的姓名：

```
private Map<Integer, String> contacts;
public Map<Integer, String> getContacts() {
```

```
        return contacts;
    }
    public void setContacts(Map<Integer, String> contacts) {
        this.contacts = contacts;
    }
```

要实现 Map 类型集合的 setter 注入，在<property>标签中使用<map>标签。在 Map 类型的集合中，每个元素包含键（Key）和值（Value）两部分，<map>的子标签<entry>用于注入一个元素，<entry>的子标签<key>用于注入键，<entry>的子标签<value>用于注入字面值类型的值：

```
<property name="contacts">
    <map>
        <entry>
            <key><value>1</value></key>
            <value>Tom</value>
        </entry>
    </map>
</property>
```

键的值也是字面值类型，因此使用<key>的子标签<value>注入，上例也可以使用<entry>标签的属性来改写：

```
<property name="contacts">
    <map>
        <entry key="1" value="Tom" />
    </map>
</property>
```

元素的键或值都可以是对象类型，如果元素的键是对象类型，只需要将<key>的<value>子标签替换为<ref>子标签来引用其他 Bean，或者定义内部 Bean 即可。如果元素的值是对象类型，只需要将<entry>的<value>子标签替换为<ref>子标签来引用其他 Bean，或者定义内部 Bean 即可。如：

```
<entry>
    <key><ref bean="..." /></key>
    <ref bean="..." />
</entry>
```

在属性写法中也可以引用其他 Bean，需要将 value 属性替换为 value-ref 属性，将 key 属性替换为 key-ref 属性。在这种形式下只能引用其他 Bean，如：

```
<property name="contacts">
    <map>
        <entry key-ref="..." value-ref="..." />
    </map>
</property>
```

视频 5-4

## 5.5 基于 XML 的配置——基于构造函数的属性注入

基于构造函数的属性注入是通过 Java 反射机制，间接调用 Bean 的实现类的带参数构造函数，实现对其各属性的赋值。实现构造函数注入的前提是 Bean 的实现类必须重载带参数的构造函数。

下面修改 Car 类的代码，添加一个带参数的构造函数：

```
public Car(String brand, int maxSpeed, float price) {
    this.brand = brand;
    this.maxSpeed = maxSpeed;
    this.price = price;
}
```

修改 Person 类，添加一个带参数的构造函数：

```
public Person(String name, Car car, List<String> hobbies, Map<Integer, String> contacts) {
    this.name = name;
    this.car = car;
    this.hobbies = hobbies;
    this.contacts = contacts;
}
```

在基于构造函数的注入中，最重要的问题是参数的匹配问题。因为一个 Bean 的实现类中可能有多个带参数的构造函数，究竟使用哪个构造函数，需要根据构造函数的参数来区分。Spring IoC 提供了多种方式来匹配参数。

### 5.5.1 按顺序匹配

基于构造函数的注入在配置文件中使用<bean>的子标签<constructor-arg>，如下列代码所示：

```
<bean id="car1" class="com.example.constructorinjection.Car">
    <constructor-arg>
        <value>哈弗</value>
    </constructor-arg>
    <constructor-arg>
        <value>200</value>
    </constructor-arg>
    <constructor-arg>
        <value>15.5</value>
    </constructor-arg>
</bean>
```

与基于 setter 的注入方法类似，基于构造函数注入时，也可以使用属性形式：

```
<bean id="car1" class="com.example.constructorinjection.Car">
    <constructor-arg value="哈弗" />
    <constructor-arg value="200" />
    <constructor-arg value="15.5" />
</bean>
```

在注入属性过程中，每个<constructor-arg>标签对应构造函数的一个参数，<constructor-arg>标签和构造函数的参数一一对应，完成了构造函数注入。这就是参数匹配的第一种方式，也是默认方式：按顺序匹配。按顺序匹配时，注入的参数顺序必须与构造函数的参数对应，否则可能因为参数类型不匹配而注入失败。比如，改变注入的参数顺序：

```
<bean id="car1" class="com.example.constructorinjection.Car">
    <constructor-arg value="200" />
    <constructor-arg value="哈弗" />
    <constructor-arg value="15.5" />
</bean>
```

将得到一个类型转换错误，提示无法将"哈弗"转换为整型。这是因为 brand 和 maxSpeed 都是字面值，Spring IoC 会按顺序匹配构造函数的参数，尝试将"哈弗"转换为第二个参数整型，从而出错。

### 5.5.2　按索引匹配

按顺序匹配是一种不太理想的参数匹配方式，需要程序员时刻清楚构造函数的参数类型和顺序。除此之外，可以明确告诉 Spring IoC<constructor-arg>标签的顺序，这通过<constructor-arg>标签的 index 属性实现。index 属性指明当前要注入的值对应构造函数的第几个参数，这种方式被称为按索引匹配。需要注意的是，索引值是从 0 开始的，给上述代码添加 index 属性后的配置文件如下：

```
<bean id="car1" class="com.example.constructorinjection.Car">
    <constructor-arg index="1" value="200" />
    <constructor-arg index="0" value="哈弗" />
    <constructor-arg index="2" value="15.5" />
</bean>
```

这样即使交换注入顺序，也不会发生错误。

### 5.5.3　按类型匹配

除了指定要注入属性的索引，还可以通过<constructor-arg>标签的 type 属性指定参数的数据类型来进行匹配，这种方式被称为按类型匹配，如下列代码所示：

```
<bean id="car1" class="com.example.constructorinjection.Car">
    <constructor-arg type="int" value="200" />
    <constructor-arg type="java.lang.String" value="哈弗" />
    <constructor-arg type="float" value="15.5" />
</bean>
```

需要注意的是：非 Java 基本数据类型需要使用完全限定名。

### 5.5.4　按名称匹配

最直接的方式是使用<constructor-arg>标签的 name 属性指明参数名称，这种方式被称为按名称匹配：

```
<bean id="car1" class="com.example.constructorinjection.Car">
    <constructor-arg name="maxSpeed" value="200" />
```

```
        <constructor-arg name="brand" value="哈弗" />
        <constructor-arg name="price" value="15.5" />
    </bean>
```

需要注意的是，在 Java 8 及以后的版本中，在编译选项中使用参数“-parameters”选择保留方法的参数名，只有这个时候才保留函数入参的参数名。在 Spring 4 之前的版本中（Spring 4 是第一个支持 Java 8 的版本），Spring 使用 LocalVariableTable + ASM 字节码技术实现参数名的查找，并封装为 LocalVariableTableParameterNameDiscoverer 类。在 Spring 4 及以后的版本中，使用 StandardReflectionParameterNameDiscoverer 这一 JDK 标准方式来获取参数名，但 LocalVariableTableParameterNameDiscoverer 并没有被抛弃，而是根据用户的 JDK 版本自适应选择。在 Spring 6.0.5 中，如果在编译选项中没有使用参数“-parameters”，就会收到以下警告信息：

```
    org.springframework.core.LocalVariableTableParameterNameDiscoverer inspectClass
    Using deprecated '-debug' fallback for parameter name resolution. Compile the affected code with '-parameters' instead or avoid its introspection: com.example.constructorinjection.Car
```

它提醒我们原始的方式将被抛弃，并推荐使用新方式。

如果要消除这条警告，就需要在编译时使用参数“-parameters”，在 IntelliJ IDEA 中配置编译参数，如图 5-2 所示。

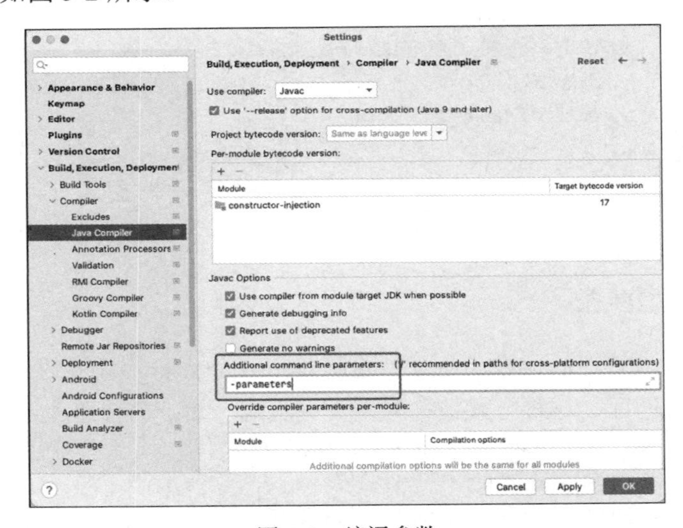


图 5-2　编译参数

### 5.5.5　混合匹配

按顺序匹配、按索引匹配、按类型匹配和按名称匹配四种匹配方式可以混合使用，称为混合匹配。例如，在按索引匹配、按类型匹配和按名称匹配中，有时并不需要给所有注入的属性设置匹配方式，Spring IoC 容器会根据已匹配的参数，尝试按顺序匹配剩余参数。例如，在按索引匹配时，只需要指定第一个要注入的属性索引就可以：

```
    <bean id="car1" class="com.example.constructorinjection.Car">
        <constructor-arg index="1" value="200" />
```

```
        <constructor-arg value="哈弗" />
        <constructor-arg value="15.5" />
    </bean>
```

Spring IoC 容器只是无法区分第一个参数和第二个参数，只需要通过指定一个 index 属性将第一个参数和第二个参数区分开就可以了，第三个参数 Spring IoC 容器仍然按顺序去匹配。这是按索引匹配和按顺序匹配的混合匹配。

又如，在按类型匹配中，下述注入将不会成功：

```
<constructor-arg type="int" value="200" />
<constructor-arg value="10.5" />
<constructor-arg value="哈弗" />
```

Spring IoC 容器对没有使用 type 属性的两个参数会按顺序进行匹配，导致类型解析失败。此时可以配合 index 属性一起使用：

```
<constructor-arg type="int" value="200" />
<constructor-arg value="10.5" />
<constructor-arg index="0" value="哈弗" />
```

这是按类型匹配和按索引匹配的混合匹配。

上面讨论的都是参数类型为字面值的情况。与基于 setter 的注入类似，如果把<constructor-arg>标签的<value>子标签替换为<ref>子标签，就能实现对象类型的属性注入，替换为<list>子标签、<set>子标签和<map>子标签就能分别实现 List 类型、Set 类型和 Map 类型集合的注入。如下列代码所示：

```
<bean id="person1" class="com.example.constructorinjection.Person">
    <constructor-arg>
        <value>小明</value>
    </constructor-arg>
    <constructor-arg>
        <ref bean="car1" />
    </constructor-arg>
    <constructor-arg>
        <list>
            <value>打球</value>
            <value>游泳</value>
        </list>
    </constructor-arg>
    <constructor-arg>
        <map>
            <entry key="1" value="小强" />
        </map>
    </constructor-arg>
</bean>
```

当然，<ref>标签也可以使用 ref 属性代替：

```
<constructor-arg ref="car1" />
```

或者声明内部 Bean：

```
<constructor-arg>
```

```
    <bean id="car1" class="com.example.constructorinjection.Car">
        <constructor-arg name="brand" value="哈弗" />
        <constructor-arg name="maxSpeed" value="200" />
        <constructor-arg name="price" value="10.5" />
    </bean>
</constructor-arg>
```

视频 5-5

## 5.6 基于 XML 的配置——工厂方法注入

### 5.6.1 工厂方法注入

前面曾使用工厂方法进行 Bean 的实例化，在工厂方法返回对象之前，有机会为对象中的成员赋值，这就是工厂方法注入的原理。

构造工厂类及工厂方法：

```
public class StaticCarFactory {
    public static Car createCar (String name, int maxSpeed, float price) {
        Car c = new Car();
        c.setBrand(name);
        c.setMaxSpeed(maxSpeed);
        c.setPrice(price);
        return c;
    }
}
```

在配置文件中，可以使用构造函数注入方式给工厂类中的工厂方法注入参数，进而间接实现为 Car 类的 Bean 注入属性：

```
<bean id="car2" class="com.example.factoryinjection.StaticCarFactory"
      factory-method="createCar">
    <constructor-arg name="brand" value="宝骏" />
    <constructor-arg name="maxSpeed" value="250" />
    <constructor-arg name="price" value="17.2" />
</bean>
```

### 5.6.2 工厂方法注入应用实例

在 Java 语言中，日期时间类型是一种比较特殊的数据类型，它们的值虽然可以由字面看出来，但不属于字面值，也不能通过 Spring IoC 中的字面值注入方式实现属性注入。由于日期时间类型的数据可能有很多种格式，Spring IoC 并不能在没有任何格式信息的情况下自动完成转换。因此，需要告诉 Spring IoC 如何转换一个日期时间类型的数据。

本节应用工厂方法注入的方式实现日期时间类型的属性注入。大致思路是，自定义一个工厂类，工厂类中的工厂方法会返回一个日期时间类型的对象，并且在工厂方法中通过代码完成数据类型的转换，要转换的数据和格式信息通过工厂方法的参数传递进来。

首先修改 Car 类的代码，添加一个属性，并定义相应的 getter 和 setter：

```
private LocalDate dateOfManufacture;
public LocalDate getDateOfManufacture() {
    return dateOfManufacture;
}
public void setDateOfManufacture(LocalDate dateOfManufacture) {
    this.dateOfManufacture = dateOfManufacture;
}
```

需要注意的是，此处的 LocalDate 类需要 JDK8 以上才支持。

然后构造工厂类 LocalDateConverter，代码如下：

```
public class LocalDateConverter {
    public static LocalDate parse(String dateString, String pattern) {
        DateTimeFormatter formatter = DateTimeFormatter.ofPattern(pattern);
        return LocalDate.parse(dateString, formatter);
    }
}
```

LocalDate 的静态方法 parse()将一个日期字符串转换为 LocalDate 类型，参数 formatter 指明了日期字符串的格式。

在配置文件中，通过静态工厂方法注入 dateOfManufacture 属性，并通过构造函数注入 dateString 和 pattern 两个参数：

```
<property name="dateOfManufacture">
    <bean class="com.example.factoryinjection.LocalDateConverter"
            factory-method="parse">
        <constructor-arg name="dateString" value="2021-12-2" />
        <constructor-arg name="pattern" value="yyyy-MM-d" />
    </bean>
</property>
```

视频 5-6

需要注意的是，此处的 pattern 是输入的日期字符串的格式，而不是输出的 LocalDate 的格式。

## 5.7　基于 XML 的配置——基于 p 命名空间、util 命名空间和 c 命名空间的属性注入

### 5.7.1　p 命名空间

p 命名空间注入是对 setter 注入的简化，它将需要注入的属性名作为<bean>标签的 p 命名空间下的一个属性，从而免于配置多个<property>子标签，起到简化配置的作用。

要使用 p 命名空间，需要先进行声明，与声明其他命名空间一样，在配置文件的根标签内进行以下设置：

```
<beans xmlns="http://www.springframework.org/schema/beans"
```

```
        xmlns:xsi="http://www.w3.org/2001/XMLSchema-instance"
        xmlns:p="http://www.springframework.org/schema/p"
        xsi:schemaLocation="http://www.springframework.org/schema/beans
         https://www.springframework.org/schema/beans/spring-beans.xsd">
```

需要注意的是，p 命名空间下的属性对应 Bean 的实现类的属性，均为用户自定义，因此 p 命名空间没有对应的 xsd 文档。

声明 p 命名空间后，就可以使用它进行属性注入：

```
<bean id="car1" class="com.example.pnamespaceinjection.Car"
        p:brand="哈弗"
        p:maxSpeed="200"
        p:price="17.5" />
```

对于对象类型的属性注入，只需要在属性名后面添加“-ref”，从而引用已定义好的 Bean 即可，如：

```
<bean id="person1" class="com.example.pnamespaceinjection.Person"
        p:name="小明"
        p:car-ref="car1" />
```

运行测试程序，name 和 car 两个属性可以注入，但是 hobbies 和 contacts 两个属性没有注入，它们都是集合类型。基于 p 命名空间的注入把类的属性都表示为<bean>标签的属性，无法使用嵌套标签定义集合数据，那么此时应该如何注入集合类型的数据呢？这就需要使用 util 命名空间了。

### 5.7.2 util 命名空间

util 命名空间允许定义一个集合，并像引用 Bean 一样引用这个集合。这样，在基于 p 命名空间的注入中就可以解决无法定义集合的问题。

要使用 util 命名空间，需要在配置文件的根元素中声明命名空间：

```
<beans xmlns="http://www.springframework.org/schema/beans"
        xmlns:xsi="http://www.w3.org/2001/XMLSchema-instance"
        xmlns:p="http://www.springframework.org/schema/p"
        xmlns:util="http://www.springframework.org/schema/util"
        xsi:schemaLocation="http://www.springframework.org/schema/beans
         https://www.springframework.org/schema/beans/spring-beans.xsd
         http://www.springframework.org/schema/util
         https://www.springframework.org/schema/util/spring-util.xsd">
```

使用 util 命名空间定义 List 类型的集合：

```
<util:list id="hobbies" list-class="java.util.ArrayList" value-type="java.lang.String">
    <value>打球</value>
    <value>游泳</value>
</util:list>
```

list-class 属性是 List 的实现类，value-type 属性指明集合元素的数据类型，相当于定义了泛型集合。如果集合元素是字面值，则使用<value>子标签定义；如果集合元素是对象类型，则使用<ref>子标签定义。引用此集合时像引用其他 Bean 时一样：

```
p:hobbies-ref="hobbies"
```

Map 类型的集合定义如下：

```
<util:map id="contacts" map-class="java.util.HashMap" key-type="int" value-type="java.lang.String">
    <entry key="1" value="小强" />
    <entry key="2" value="小红" />
</util:map>
```

map-class 属性指明 Map 的实现类，key-type 属性指明键的数据类型，value-type 属性指明值的数据类型。引用时：

```
p:contacts-ref="contacts"
```

使用 util 命名空间定义的集合，在基于 setter 或构造函数的属性注入中也可以使用，如：

```
<bean id="person2" class="com.example.pnamespaceinjection.Person">
    <property name="name" value="小强" />
    <property name="car" ref="car1" />
    <property name="hobbies" ref="hobbies" />
    <property name="contacts" ref="contacts" />
</bean>
```

### 5.7.3　c 命名空间

基于 c 命名空间注入和基于 p 命名空间注入原理类似，基于 c 命名空间注入是基于构造函数注入的简化写法。要使用基于 c 命名空间注入，首先需要声明 c 命名空间：

```
<beans xmlns="http://www.springframework.org/schema/beans"
        xmlns:xsi="http://www.w3.org/2001/XMLSchema-instance"
        xmlns:p="http://www.springframework.org/schema/p"
        xmlns:c="http://www.springframework.org/schema/c"
        xmlns:util="http://www.springframework.org/schema/util"
        xsi:schemaLocation="http://www.springframework.org/schema/beans
         https://www.springframework.org/schema/beans/spring-beans.xsd
         http://www.springframework.org/schema/util
         https://www.springframework.org/schema/util/spring-util.xsd">
```

与基于 p 命名空间注入类似，c 命名空间也没有对应的 xsd 文档。

基于 c 命名空间的注入方法如下：

```
<bean id="car2" class="com.example.pnamespaceinjection.Car"
        c:brand="宝骏"
        c:maxSpeed="170"
        c:price="17.5" />
```

注入对象类型和集合类型的数据方法如下：

```
<bean id="person3" class="com.example.pnamespaceinjection.Person"
        c:name="小红"
        c:car-ref="car2"
```

```
        c:hobbies-ref="hobbies"
        c:contacts-ref="contacts" />
```

这里需要注意的是，使用基于 c 命名空间注入时，Bean 的实现类需要有带参数的构造函数。

视频 5-7

## 5.8 基于 XML 的配置——Bean 之间的关系

Spring IoC 容器可以描述并管理 Bean 之间的关系。本节介绍继承和依赖两种关系。

### 5.8.1 继承

可以通过相应配置表达 Bean 之间的父子关系，这样子 Bean 就可以自动继承父 Bean 已经注入的属性值。

为演示 Bean 之间的继承关系，在 Car 类中添加一个成员 model 及相应的 getter 和 setter：

```
private String model;
public String getModel() {
    return model;
}
public void setModel(String model) {
    this.model = model;
}
```

在配置文件中声明 Bean，完成属性注入：

```
<bean name="haval" abstract="true">
    <property name="brand" value="哈弗" />
</bean>
<bean name="car1" class="com.example.beansrelation.Car" parent="haval"
        p:model="大狗"
        p:maxSpeed="200"
        p:price="15.0" />
<bean id="car2" class="com.example.beansrelation.Car" parent="haval"
        p:model="赤兔"
        p:maxSpeed="200"
        p:price="11.0" />
```

上面的代码声明了 haval 这个 Bean，而且它没有 class 属性指明实现类。可见，这个名为 haval 的 Bean 实际并不是一个真正的对象。它显然也不能进行实例化，仅仅起到模板的作用，便于以它为模板派生出其他 Bean。因此，必须使用 abstract="true"指明它是抽象 Bean。除了可以使用<property>在抽象 Bean 中进行属性注入，还可以使用<constructor-arg>，但不能使用 p 命名空间注入，而且应该确保其子 Bean 中存在相应的属性。在 car1 和 car2 两个 Bean 中，通过<bean>标签的 parent 属性指明父 Bean，此时 car1 和 car2 将自动拥有在 haval 中已经注入的属性值。

运行测试代码：

```
public class Main {
    public static void main(String[] args) {
        ApplicationContext ctx = new ClassPathXmlApplicationContext("beans.xml");
        Car c1 = ctx.getBean("car1", Car.class);
        Car c2 = ctx.getBean("car2", Car.class);
        System.out.println(c1);
        System.out.println(c2);
    }
}
```

得到以下输出：

```
Car{brand='哈弗', model='大狗', maxSpeed=200, price=15.0}
Car{brand='哈弗', model='赤兔', maxSpeed=200, price=11.0}
```

另外，在子 Bean 中可以重新注入父 Bean 注入过的属性，此时新注入的值会覆盖父 Bean 中的值。

### 5.8.2　依赖

在进行属性注入时，如果注入的是对象类型的值，那么被注入的 Bean 就相当于是被依赖的，就会先被创建，后被销毁。Spring IoC 会自动处理这种默认的依赖关系。有的时候 Bean 之间不存在引用关系，但需要指明它们创建的先后顺序，这就需要显式地配置 Bean 之间的依赖关系。配置 Bean 之间的依赖关系使用<bean>标签的 depends-on 属性。

创建一个类 CarInitializer，用来模拟初始化 Car 的操作：

```
public class CarInitializer {
    public CarInitializer() {
        System.out.println("Initializing a car.");
    }
}
```

在配置文件中声明 CarInitializer 类的 Bean：

```
<bean id="carInitializer" class="com.example.beansrelation.CarInitializer" />
```

使用 depends-on 属性声明 Car 类的 Bean 对其的依赖：

```
<bean name="car1" class="com.example.beansrelation.Car"
        parent="haval"
        depends-on="carInitializer"
        p:model="大狗"
        p:maxSpeed="200"
        p:price="15.0" />
<bean id="car2" class="com.example.beansrelation.Car"
        parent="haval"
        depends-on="carInitializer"
        p:model="赤兔"
        p:maxSpeed="200"
```

```
        p:price="11.0" />
```

为了验证 Bean 创建的先后顺序，在 Car 类中添加构造函数：

```
public Car() {
    System.out.println("Car created.");
}
```

运行测试代码，得到类似下面的输出：

```
Initializing a car.
Car created.
Car created.
Car{brand='哈弗', model='大狗', maxSpeed=200, price=15.0}
Car{brand='哈弗', model='赤兔', maxSpeed=200, price=11.0}
```

可见，CarInitializer 类的 Bean 先于 Car 类的 Bean 被创建。也可以指定一个 Bean 依赖多个 Bean，通过设置 depends-on 的多重值实现，多个被依赖的 Bean 之间可以使用逗号、分号或空格分割：

视频 5-8

```
<bean id="bean1" class="..." depends-on="bean2, bean3, ...">
```

## 5.9 基于注解的配置

为了解决 Spring 配置文件过于复杂的问题，随着 Java 5 的推出，Spring 开始支持基于注解的配置。将动辄数十行的配置文件代码浓缩为一个 Java 注解，大大减少了程序员的工作量。但基于注解的配置也有缺陷，最重要的一点就是它具有侵入性，也就是说，注解必须写在代码内，破坏了代码的独立性。而且，当没有源代码的时候，也不能使用基于注解的装配。

要使用基于注解的配置，需要先声明 context 命名空间：

```
<beans xmlns="http://www.springframework.org/schema/beans"
        xmlns:xsi="http://www.w3.org/2001/XMLSchema-instance"
        xmlns:context="http://www.springframework.org/schema/context"
        xsi:schemaLocation="http://www.springframework.org/schema/beans
         https://www.springframework.org/schema/beans/spring-beans.xsd
         http://www.springframework.org/schema/context
         https://www.springframework.org/schema/context/spring-context.xsd">
```

要使 Spring 能够识别并处理相关注解，需要向 Spring IoC 容器注册相应的注解处理程序，可以使用<bean>标签声明这些处理程序的 Bean。Spring 提供了一个相关配置语句来简化这项工作：

```
<context:annotation-config />
```

这一配置语句的作用是向 Spring IoC 容器注册以下处理程序：

（1）ConfigurationClassPostProcessor。

（2）AutowiredAnnotationBeanPostProcessor。

（3）CommonAnnotationBeanPostProcessor。

（4）PersistenceAnnotationBeanPostProcessor。

（5）EventListenerMethodProcessor。

这一配置语句只能实现基于注解的属性注入，还需要在配置文件中使用<bean>标签声明 Bean 才可以。在多数情况下，会使用 Spring 提供的另一个配置语句：

```
<context:component-scan base-package="xxx.xxx.xxx" />
```

这一配置语句的作用之一是扫描指定包下所有的类，并将标记有特定注解的类自动在 Spring IoC 容器中注册，还具备<context:annotation-config />的作用。因此，一般只使用这一配置语句就可以了。其中，base-package 属性指明的是要扫描的包名。

### 5.9.1　注册 Bean 的注解

可以把注解按照功能分为三类。

第一类注解的功能是实现 Bean 的自动注册，主要包括@Component、@Repository、@Service 和@Controller。

@Component 应用于类，作用是将标注的类注册为容器中的 Bean。它有一个成员，类型是 String，代表 Bean 的名称。例如：

```
@Component("car1")
public class Car {
    //省略类内代码
}
```

当 Spring 发现 Car 类上标注了@Component 注解后，就会在 Spring IoC 容器中将其注册为 Bean。它的成员是可选的，也就是说，可以不指定 Bean 的名称，Spring 会给这个 Bean 一个默认名称。默认名称是类名的驼峰表示法，即类名的第一个字母小写，如此例的默认名称为“car”。

其余三个注解在作用和用法上与@Component 相同，通常用于标注多层结构应用程序中不同层的 Bean。@Repository 用来标注数据访问层（或仓储层）的类，@Service 用于标注业务逻辑层（或服务层）的类，@Controller 用于标注控制器层的类。

### 5.9.2　管理 Bean 的生命周期的注解

第二类注解的功能是管理 Bean 的生命周期，主要包括@Scope、@Lazy、@PostConstruct 和@PreDestroy。

@Scope 应用于类，当这个类被注册为 Bean 后，它用来管理 Bean 的作用范围，它的成员可以取“singleton”或“prototype”，其含义与配置文件中<bean>标签的 scope 属性相同。下列代码将名为“car1”的 Bean 的作用范围标注为 prototype：

```
@Component("car1")
@Scope("prototype")
public class Car {
    //省略类内代码
}
```

@Lazy 应用于类，当这个类被注册为 Bean，且其作用范围被标注为 singleton 后，使用@Lazy 会将其标注为延迟初始化，如：

```
@Component("car1")
@Scope("singleton")
@Lazy
public class Car {
    //省略类内代码
}
```

@PostConstruct 和@PreDestroy 应用于方法，将方法标注为 Bean 的初始化方法和销毁方法，其作用与<bean>标签的 init-method 和 destroy-method 相同，如：

```
@Component("car1")
@Scope("singleton")
@Lazy(true)
public class Car {
    //省略类内其他代码
    @PostConstruct
    public void init() {
        //省略初始化方法代码
    }
    @PreDestroy
    public void destroy() {
        //省略销毁方法代码
    }
}
```

这里需要注意的是，@PostConstruct 和@PreDestroy 是 JSR-250 标准中的注解，并不包含在 Spring 框架中，而位于 jakarta.annotation（过去名为 javax.annotation）包中，从 JDK 11 开始已经不再被作为核心模块安装。因此，要想使用这两个注解，需要单独下载 jar 包，或者在项目管理工具中配置相应的依赖项。如使用 Maven 需要配置：

```
<dependency>
    <groupId>jakarta.annotation</groupId>
    <artifactId>jakarta.annotation-api</artifactId>
    <version>2.1.1</version>
</dependency>
```

### 5.9.3 用于属性注入的注解

第三类注解的功能是用于属性注入，主要包括@Autowired、@Qualifier、@Resource 和@Value。

1. @Value

@Value 应用于类的成员、setter 或构造函数参数，可以用于注入字面值。

用于类的成员时：

```
@Value("宝骏")
private String brand;
```

```
@Value("200")
private int maxSpeed;
@Value("12.5")
private float price;
```

用于 setter 时：

```
@Value("宝骏")
public void setBrand(String brand) {
    this.brand = brand;
}
```

用于构造函数参数时：

```
public Car(@Value("哈弗") String brand, @Value("250") int maxSpeed, @Value("11.5") float price) {
    this.brand = brand;
    this.maxSpeed = maxSpeed;
    this.price = price;
}
```

@Value 的作用相当于给构造函数的参数提供默认值。

@Value 的强大之处在于它的成员可以是一个表示 SpEL（Spring Expression Language，Spring 表达式语言）表达式的字符串，可以进行简单的表达式计算，还可以直接读取容器中 Bean 的属性或调用方法。结合 SpEL 表达式，使用@Value 可以注入集合类型的属性：

```
@Value("#{{'打球', '游泳'}}")
private List<String> hobbies;
@Value("#{{1:'小强', 2:'小红'}}")
private Map<Integer, String> contacts;
```

在上面的代码中，SpEL 表达式以字符串的形式作为@Value 注解的成员，并以“#{}”包裹。集合使用“{}”表达，元素之间使用逗号分隔。关于 SpEL 的用法，此处不再展开讨论。

2. @Autowired

@Autowired 可以应用于类的成员、setter 或构造函数。

当@Autowired 应用于类的成员或 setter 时，会将 Spring IoC 容器中对应类型的 Bean 注入目标属性中，如：

```
@Autowired
private Car car;
```

或：

```
@Autowired
public void setCar(Car car) {
    this.car = car;
}
```

当@Autowired 应用于构造函数时，作用与应用于类的成员或 setter 是相同的，但 Spring 建议的用法是将@Autowired 应用于构造函数。以下用法是 Spring 建议的：

```
@Component("person1")
public class Person {
    private final Car car;
```

```
    @Autowired
    public Person(Car car) {
        this.car = car;
    }
    //省略其他代码
}
```

使用 Java 关键字 final 修饰的属性必须在其所在类对象创建之前被初始化，且只能被初始化一次。因此在 Person 类的构造函数中初始化 Car 类成员，这样便能保证在 Person 类的对象被创建时，其 Car 类成员不为空。

在上面的例子中，我们并没有告诉容器应该注入哪个 Bean。在使用@Autowired 时，如果当前容器中仅有一个对应类型的 Bean，则会自动注入该 Bean。如果容器中同一类型的 Bean 有多个呢？为了验证在这种情况下 Spring IoC 的行为，首先定义一个交通工具接口 Vehicle：

```
public interface Vehicle {}
```

然后让 Car 类实现 Vehicle 接口：

```
@Component("car1")
public class Car implements Vehicle {
    private String brand;
    private int maxSpeed;
    private float price;
    //省略其他代码

    public Car(@Value("奇瑞") String brand, @Value("250") int maxSpeed, @Value("11.5") float price)
{
        this.brand = brand;
        this.maxSpeed = maxSpeed;
        this.price = price;
    }
}
```

接着定义 Suv 类实现 Vehicle 接口：

```
@Component("suv1")
public class Suv implements Vehicle {
    private String brand;
    private int maxSpeed;
    private float price;

    //省略其他代码

    public Suv(@Value("哈弗") String brand, @Value("300") int maxSpeed, @Value("14.5") float price)
{
        this.brand = brand;
        this.maxSpeed = maxSpeed;
        this.price = price;
    }
```

```
}
```

这两个类都用@Component 标注，它们会被注册为容器中的 Bean。

最后修改 Person 类：

```
@Component("person1")
public class Person {
    private final Vehicle vehicle;
    //省略其他代码

    @Autowired
    public Person(Vehicle vehicle) {
        this.vehicle = vehicle;
    }
}
```

运行测试代码，输出类似下面的错误信息：

```
No qualifying bean of type 'com.example.annotationinjection.Vehicle' available: expected single matching bean but found 2: car,suv.
```

3. @Qualifier

我们的想法是在 Person 类中通过构造函数注入 Vehicle 类型的属性，但容器中存在两个类型为 Vehicle 的 Bean。此时运行代码，Spring IoC 容器便不清楚究竟应该注入哪个 Bean，代码运行出错。此时需要告诉 Spring IoC 容器要注入的 Bean 是哪个，这就需要使用@Qualifier。@Qualifier 配合@Autowired 使用，作用是指明要注入的 Bean。@Qualifier 通过 Bean 的名字指明要注入的 Bean。例如：

```
@Autowired
@Qualifier("car1")
private Vehicle vehicle;
```

或：

```
@Autowired
@Qualifier("car1")
public void setVehicle(Vehicle vehicle) {
    this.vehicle = vehicle;
}
```

当@Autowired 应用于标注构造函数时，@Qualifier 要标注在构造函数的参数上：

```
@Autowired
public Person(@Qualifier("car1") Vehicle vehicle) {
    this.vehicle = vehicle;
}
```

当然，如果使用@Qualifier 指明的 Bean 不存在，则注入将失败。

@Autowired 有一个成员 required，当 required=true（默认值）时，意味着此类型的 Bean 必须要使用它标注的构造函数进行装配。在使用@Autowired 和@Qualifier 进行装配时，需要注意以下规则。

（1）一个类中至多有一个构造函数使用 required=true 的@Autowired。

（2）一个类中可以有多个带参数的构造函数使用@Autowired，但它们的 required 成员必须为 false，可以将它们看作进行自动装配的备选构造函数。

（3）当有多个备选构造函数时，Spring 会首先选用参数个数最多的，如果没有任何备选构造函数能实现自动装配，那么将会调用默认构造函数实例化 Bean。

（4）如果一个类只有一个带参数的构造函数，那么将默认使用该构造函数进行装配，此时@Autowired 可以省略。

如下面的代码所示：

```
@Autowired(required=false)
public Person(Car car) {
      this.vehicle = car;
}
@Autowired(required=false)
public Person(Suv suv) {
      this.vehicle = suv;
}
```

此时 Bean 的实现类中有两个带参数的构造函数，其 required 成员必须都设置为 false。如果当前容器中没有符合条件的 Car 类的 Bean，那么 Spring 会使用第二个备选构造函数进行装配，反之亦然。

4. @Resource

JSR-250 标准提供了一个@Resource，它的作用与@Autowired 相似。@Resource 可以应用于类的成员或 setter，使用 name 或 type 成员指明按名称或按类型匹配 Bean 并注入，如：

```
@Resource(name="car")
private Vehicle vehicle;
```

或：

```
@Resource(type=com.example.annotationinjection.Car.class)
private Vehicle vehicle;
```

当然，当容器中只有一个满足条件的 Bean 时，name 和 type 成员都可以省略，如：

```
@Resource
private Car car;
```

需要说明的是，基于配置的装配方法和基于注解的装配方法可以同时使用。但要注意的是 Spring IoC 容器会先基于注解进行装配，然后基于配置文件进行装配。因此，对同一个 Bean 来说，配置文件中的配置会覆盖注解中的配置。

视频 5-9

从上面的学习可以看出，要完成同样的配置，基于注解的方法相比于基于 XML 的方法要简化很多。同时，Spring 还提供了许多默认行为，熟练掌握它们能进一步简化配置。这是随着技术的发展和开发人员编程经验的增加逐渐实现的。化繁为简不单体现在软件开发领域，也是其他各行各业的发展趋势。

我们在学习和工作中会遇到各种各样的问题，有的问题比较简单，容易解决；有的问题比较复杂，不易解决。遇到问题要多思考，先想一想有没有办法能把问题化繁为简，如果找到能够化繁为简的解决方案，则能达到事半功倍的效果。当然，并不是所有问题都能化繁为简，但只要勤思考、多总结，一定能找到相对简单的方法。

### 5.9.4　基于注解的配置应用实例：三层体系结构应用

下面的案例展示了@Autowired 的一个应用场景——在三层体系结构应用中实现自动属性注入。

首先定义数据访问层接口：

```
public interface UserDao {
    void add();
}
```

然后定义数据访问层实现类：

```
@Repository
public class UserDaoImpl implements UserDao {
    @Override
    public void add() {
        System.out.println("Add data to database.");
    }
}
```

此处使用@Repository 标注数据访问层的 Bean。

接着定义业务逻辑层接口：

```
public interface UserService {
    void add();
}
```

最后定义业务逻辑层实现类：

```
@Service
public class UserServiceImpl implements UserService {
    private final UserDao userDao;
    @Autowired //可省略
    public UserServiceImpl(UserDao userDao) {
        this.userDao = userDao;
    }
    @Override
    public void add() {
        this.userDao.add();
    }
}
```

此处使用@Service 标注业务逻辑层的 Bean，并且其数据访问层成员为接口类型。将@Autowired 应用于构造函数实现属性注入，根据前面提到的规则，如果类中只有一个带参数的构造函数，则 Spring IoC 会默认使用该构造函数进行装配。因此，@Autowired 是可以省略的。

编写测试代码，模拟表现层或控制器层：

```
public class Main {
    public static void main(String[] args) {
        ApplicationContext ctx = new ClassPathXmlApplicationContext("beans.xml");
        UserService userService = ctx.getBean("userServiceImpl", UserService.class);
        userService.add();
    }
}
```

## 5.10 基于 Java 类的配置

基于 XML 的配置的优势在于配置信息和 Bean 的实现类完全分离，Bean 的实现类可以是一个 POJO（Plain Old Java Object，简单的 Java 对象）。缺点是配置文件过于烦琐，有时配置文件的长度甚至超过了源代码的长度。基于注解的配置相对简洁，但对代码有侵入性，Bean 的实现类不再是 POJO。而基于 Java 类的配置兼顾了上述两种方式的优点，它将 Bean 的配置信息以 Java 代码的方式编写在独立的 Java 类中来实现配置。

首先，需要使用@Configuration 将一个 Java 类标注为配置类。配置类中需要包含一系列返回对象的方法，当这些方法使用@Bean 标注后，它们返回的对象就会被注册为容器中的 Bean。下列代码就是一个配置类：

```
@Configuration
public class AppConfig {
    @Bean
    public Car car() {
        Car c = new Car();
        c.setBrand("哈弗");

        //省略其他代码
        return c;
    }
    @Bean
    public Person person(Car car) {
        Person p = new Person();
        p.setCar(car);
        //省略其他代码
        return p;
```

```
        }
    }
```

如果不指定 Bean 的名称，则默认方法名即 Bean 的名称。测试代码如下：

```
    public class Main {
        public static void main(String[] args) {
            ApplicationContext ctx = new AnnotationConfigApplicationContext(com.example.javaconfiguration.
AppConfig.class);
            Car c = (Car) ctx.getBean("car");
            Person p = (Person) ctx.getBean("person");
            System.out.println(p);
        }
    }
```

需要注意的是，在创建容器时，使用的容器实现类是 AnnotationConfigApplicationContext，它接收的参数是配置类的类型。也就是说，不再需要任何配置文件。之后就可以通过 Bean 的名称使用 getBean()方法从容器中获取 Bean。

从上面的例子可以看出，使用基于 Java 类的配置，不再需要配置文件，同时对原有的 POJO 也没有侵入性。

在使用@Bean 时，可以显式地给 Bean 命名，如：

```
    @Bean("person1")
        public Person person(Car car) {
            Person p = new Person();
            p.setCar(car);
            //省略其他代码
            return p;
        }
```

person()方法包含一个 Car 类的参数，如果容器中包含满足条件的 Bean，则它会被自动注入进来。如果容器中满足条件的 Bean 不止一个，则会发生错误，如：

```
    @Configuration
    public class AppConfig {
        @Bean
        public Car haval() {
            Car c = new Car();
            c.setBrand("哈弗");
            c.setMaxSpeed(200);
            c.setPrice(10.5f);
            return c;
        }
        @Bean
        public Car chery() {
            Car c = new Car();
            c.setBrand("奇瑞");
            c.setMaxSpeed(180);
            c.setPrice(12.0f);
            return c;
```

```
    }
    @Bean
    public Person person(Car car) {
        Person p = new Person();
        p.setName("张三");
        p.setCar(car);
        return p;
    }
}
```

haval 和 chery 都将被注册为 Car 类的 Bean，person()的参数 Car 类的 Bean 就有两个，会注入失败。可以使用@Qualifier 对要注入的 Bean 进行标注，如：

视频 5-10

```
@Bean("person1")
public Person person(@Qualifier("chery") Car car) {
    Person p = new Person();
    p.setName("小明");
    p.setCar(car);
    return p;
}
```

## 思考与练习

1．请简述 IoC 和 DI 的概念。
2．请简述 Bean 的作用范围。
3．请简述 Spring IoC 三种配置方式的优缺点。
4．请简述 Spring 中的继承和依赖关系的实现。
5．请简述 Spring 框架基于注解的配置方式与基于 XML 文件配置方式的区别。

# 第 6 章　Spring 的面向切面编程机制

面向切面编程是 Spring Framework 的主要组成部分之一，是 Spring 框架许多功能的基础。本章首先介绍面向切面编程的概念，然后介绍在 Spring 框架中面向切面编程的实现方式和使用方法。

## 6.1　面向切面编程概述

### 6.1.1　问题的提出

先看下面一段代码：

```
public class ForumService {
    private TransactionManager transactionManager;
    private PerformanceMonitor performanceMonitor;
    private TopicDao topicDao;
    private ForumDao forumDao;

    public void removeTopic(int topicId) {
        performanceMonitor.start();
        transactionManager.beginTransaction();
        topicDao.remove(topicId);
        transactionManager.commit();
        performanceMonitor.end();
    }

    public void createForum(String forumName) {
        performanceMonitor.start();
        transactionManager.beginTransaction();
        forumDao.create(forumName);
        transactionManager.commit();
        performanceMonitor.end();
    }
}
```

这段代码模拟了一个网络论坛系统的业务逻辑层。ForumService 类有四个成员，其中，topicDao 表示“主题”实体的数据访问层对象，forumDao 表示“论坛”实体的数据访问层对象。由于此系统需要进行数据库事务操作及性能监控操作，因此又分别声明了事务管理器对象 transactionManager 和性能监控器对象 performanceMonitor。该类中有两种方法，removeTopic()方法用于删除一个主题，createForum()方法用于创建一个论坛，它们的核心代码都是调用对应的数据访问层方法来完成相应功能的。这两种方法中的大部分代码都是用于进行辅助性操作的，与核心业务逻辑无关。显然，这段代码至少存在两个问题。首先，大量与业务逻辑无关的辅助性代码会占据程序员大量的精力，使程序员在开发时无法专注于业务逻辑。其次，如果与事务管理和性能监控相关的代码需要修改，那么每个类中的每种方法的代码都需要修改；或者如果系统运行稳定了，不再需要进行性能监控，那么需要逐一将与性能监控有关的代码删除，这显然会给代码维护带来比较大的困难，违反了开闭原则。

### 6.1.2 面向切面编程的概念

那么上面代码中的问题该如何解决呢？一个直观的想法就是将大量的重复代码抽取出来单独维护，只保留核心的业务逻辑代码。如果想将类中的重复代码抽取出来，可以使用继承的方式，也就是从存在重复代码的若干类中抽象出一个共同的父类，将重复代码放在父类内，这种方式被称为“纵向抽取”。但显然这种方式在这里是不可行的，因为这里的重复代码与业务逻辑代码是纠缠在一起的，没有办法将其抽取出来放在父类内。此时就需要面向切面编程的思想了。

面向切面编程指的是将分散在各个业务逻辑中的相同代码，通过“横向切割”的方式抽取到独立模块中单独维护，在需要它们的时候再将它们放回原位。与控制反转类似，面向切面编程也是一种编程思想，而不是一种具体技术。

这里所说的“横向切割”的方式可以通过图 6-1 来说明。在图 6-1 中，有四个业务逻辑模块，白色部分表示核心业务逻辑代码，斜线部分和竖线部分表示两种与业务逻辑无关的辅助性代码，它们在四个模块中是相同的。“横向切割”就是将这些散布在各个模块中的辅助性代码抽取出来，并放到单独的模块中，原有业务逻辑模块中只包含与业务逻辑相关的代码。

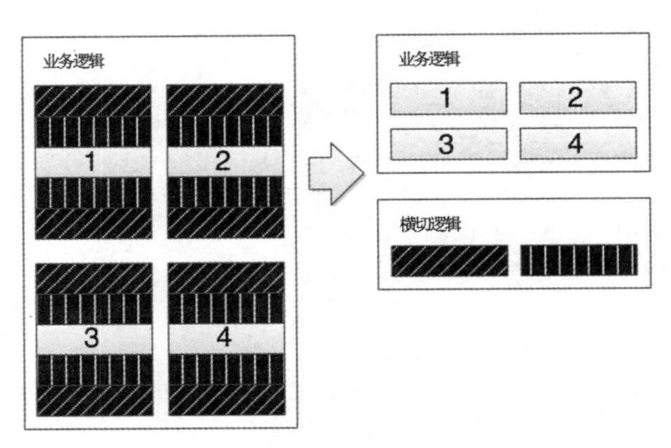


图 6-1 “横向切割”示意图

代理模式的作用是隐藏目标对象，调用者直接访问的是代理对象，而代理对象将调用再委派给目标对象，在委派过程中，代理对象可以增加额外的行为。显然，在面向切面编程中散布在各个模块中与业务逻辑无关的代码，可以抽取出来放到代理对象中，各个模块就相当于目标对象。可见，通过代理模式可以实现面向切面编程思想。

为了后面讨论问题方便，在这里需要对代理模式进行一些补充说明。代理模式在具体应用中有两种方式：静态代理和动态代理。静态代理是指目标对象在编程时便确定好的，动态代理的目标对象是在程序运行时确定的。可见，动态代理技术更灵活，应用更广。

目前 Java 领域有很多实现了动态代理的类库，最常用的有以下两个。

（1）JDK 动态代理：JDK 内置的代理模式的实现，使用 JDK 动态代理不需要第三方类库，但要求目标对象必须实现接口。

（2）CGLib 动态代理：CGLib 是一个 Java 字节码生成库，它通过动态生成代理对象的字节码来控制对目标对象的访问，以此实现动态代理。使用 CGLib 动态代理不需要目标对象实现接口。

在应用面向切面编程思想编程时会涉及一些相关概念，在此一并进行说明。

（1）横切逻辑（cross-cutting logic）：在一个业务流程中插入与业务逻辑无关的系统服务逻辑，如前面讲解的与性能监控有关的逻辑就是横切逻辑。

（2）连接点（joint point）：程序执行过程中明确的点，如方法调用或抛出特定异常。

（3）增强（advice）：在连接点处要执行的横切逻辑。

（4）切入点（pointcut）：一个增强将被引发的一类连接点的统称，可以看作连接点的抽象，如“方法 removeTopic 调用之前”就是连接点，“方法调用之前”就可以被看作切入点。

（5）切面（aspect）：切入点和横切逻辑结合在一起就形成了切面。

（6）织入（weaving）：将增强应用到连接点的过程。

### 6.1.3　Spring AOP 概述

Spring AOP 基于动态代理技术，把增强、切入点、切面等概念具体化为类，便于使用。Spring AOP 底层实现既应用了 JDK 动态代理技术，又应用了 CGLib 动态代理技术。如果目标对象实现了接口，那么 Spring AOP 优先使用 JDK 动态代理技术；如果目标对象没有实现接口，那么 Spring AOP 会使用 CGLib 动态代理技术。当然，即便目标对象实现了接口，也可以通过相应配置使 Spring AOP 使用 CGLib 动态代理技术。

后续章节将分别介绍使用 Spring AOP 的三种方式。

（1）编程式：通过程序代码使用 Spring AOP。

（2）声明式：将 Spring AOP 中涉及的各种对象借助 Spring IoC 声明为 Bean，不需要通过程序代码手工创建这些对象。

视频 6-1

（3）AspectJ：AspectJ 是一个强大且使用广泛的 AOP 框架，Spring 对其进行了封装，并在此基础上实现了 AspectJ 风格的 AOP。

## 6.2 Spring AOP——编程式

为了演示本章案例，将前面的网络论坛系统的代码扩充一下，模拟一个三层结构的论坛系统。

首先定义数据访问层接口：

```
public interface ForumDao {
    void create(String name);
}

public interface TopicDao {
    void remove(int id);
}
```

然后分别定义以上两个接口的实现类：

```
@Repository
public class ForumDaoImpl implements ForumDao {
    @Override
    public void create(String name) {
        System.out.println("Forum " + name + " is created.");
    }
}

@Repository
public class TopicDaoImpl implements TopicDao {
    @Override
    public void remove(int id) {
        System.out.println("Topic " + id + " is removed.");
    }
}
```

这里在实现类上使用@Repository 将其标注为数据访问层的 Bean。

接下来定义业务逻辑层接口：

```
public interface ForumService {
    void createForum(String name);
    void removeTopic(int id);
}
```

再定义业务逻辑层实现类：

```
@Service
public class ForumServiceImpl implements ForumService {
    private final ForumDao forumDao;
    private final TopicDao topicDao;
    @Autowired
    public ForumServiceImpl(ForumDao forumDao, TopicDao topicDao) {
        this.forumDao = forumDao;
```

```
        this.topicDao = topicDao;
    }
    @Override
    public void createForum(String name) {
        this.forumDao.create(name);
    }
    @Override
    public void removeTopic(int id) {
        this.topicDao.remove(id);
    }
}
```

在业务逻辑层实现类上使用@Service 将其标注为业务逻辑层的 Bean，并在构造函数上使用@Autowired 实现自动属性注入。

最后使用 main()函数模拟用户界面层，调用业务逻辑层代码。

```
public class Main {
    public static void main(String[] args) {
        ApplicationContext ctx = new ClassPathXmlApplicationContext("beans.xml");
        ForumService service = ctx.getBean("forumServiceImpl", ForumService.class);
        service.createForum("青年大学习");
        service.removeTopic(20);
    }
}
```

以上代码模拟建立了名为“青年大学习”的论坛，并且删除了编号为 20 的主题。假设现在想给业务逻辑层的方法添加性能监控功能，这里创建一个 PerformanceMonitor 类，用来模拟性能监控：

```
public class PerformanceMonitor {
    public static void begin() {
        System.out.println("Begin monitoring.");
    }
    public static void end() {
        System.out.println("End monitoring.");
    }
}
```

为方便起见，此处将方法定义为静态方法。

按照传统的编程思想，需要在每种方法的开始调用 PerformanceMonitor.begin()开启性能监控，在每种方法返回前调用 PerformanceMonitor.end()结束性能监控。如以下代码所示：

```
@Override
public void createForum(String name) {
    PerformanceMonitor.begin();
    this.forumDao.create(name);
    PerformanceMonitor.end();
}
@Override
public void removeTopic(int id) {
```

```
        PerformanceMonitor.begin();
        this.topicDao.remove(id);
        PerformanceMonitor.end();
    }
```

使用 Spring AOP，可以将类似性能监控等与业务逻辑无关的代码提取出来，并封装到增强类中，在需要的时候织入。依据增强代码织入位置的不同，Spring AOP 将增强分为前置增强、后置增强、异常增强、环绕增强。除此之外，本章还将介绍一种与这四种不同的增强——引介增强。这些增强类之间的关系如图 6-2 所示。

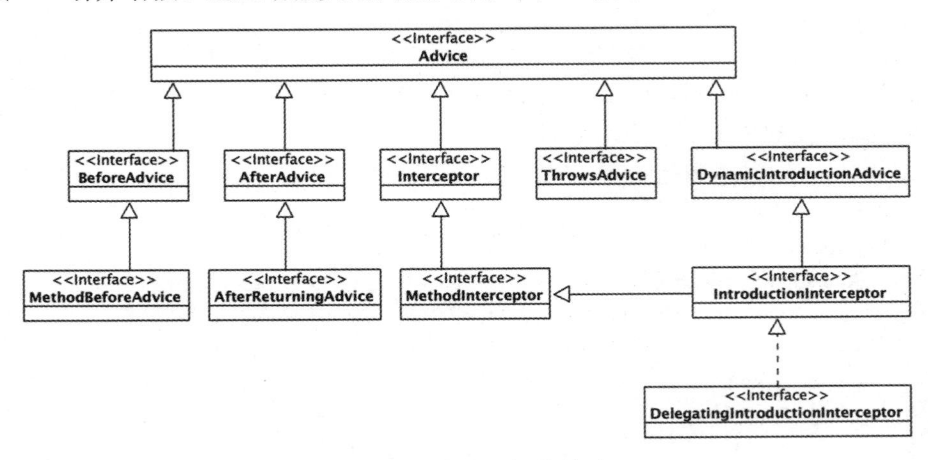


图 6-2　增强类之间的关系

### 6.2.1　增强

#### 1. 前置增强

前置增强会将增强代码织入连接点之前。在 Spring AOP 中，连接点只能是方法，因此，前置增强会将增强代码织入目标方法调用之前。前置增强被抽象为 MethodBeforeAdvice 接口，要想使用前置增强，首先要自定义前置增强类，并实现 MethodBeforeAdvice 接口，然后重写 before()方法。在前面的案例中，开启性能监控代码就可以放到前置增强中，完整的前置增强类如以下代码所示：

```
public class PerformanceMonitorBeforeAdvice implements MethodBeforeAdvice {
    @Override
    public void before(Method method, //连接点方法
                    Object[] args, //连接点方法的参数
                    Object target //目标对象
                    ) throws Throwable {
        PerformanceMonitor.begin();
    }
}
```

在上面的代码中，before()方法有以下三个参数。

（1）method 表示连接点方法，类型为 Method。

（2）args 为连接点方法的参数，是一个 Object 数组。

（3）target 为目标对象。

此方法中的代码即前置增强代码，将来会被织入目标方法调用之前。但需要注意的是，如果前置增强代码抛出异常，那么将阻止目标方法的执行。

在使用 Spring AOP 时，首先需要构造代理工厂，即 ProxyFactory 类的实例，并通过实例的一系列方法对代理对象进行配置。比如，要想应用前面定义好的前置增强类，代码如下：

```
public class Main {
    public static void main(String[] args) {
        ApplicationContext ctx = new ClassPathXmlApplicationContext("beans.xml");
        ForumService target = ctx.getBean("forumServiceImpl", ForumService.class);

        ProxyFactory pf = new ProxyFactory();
        pf.setTarget(target);
        pf.addAdvice(new PerformanceMonitorBeforeAdvice());

        ForumService service = (ForumService) pf.getProxy();

        service.createForum("青年大学习");
        service.removeTopic(20);
    }
}
```

上面的代码通过代理工厂 ProxyFactory 的以下方法对代理对象进行设置。

（1）setTarget()：设置目标对象。目标对象是 forumServiceImpl 类的实例，由于已经通过注解方式将其注册为 Bean，此处直接从容器中获取即可。

（2）addAdvice()：添加增强。其参数类型为 Advice 接口，可以接受任意类型的增强。

（3）getProxy()：获取代理对象。

ProxyFactory 还有以下常用方法，可以实现对代理对象的配置。

（1）setProxyTargetClass()：用于设置是否使用基于类的代理对象生成方式。其参数类型是 boolean，如果将其设置为 true，则 Spring 会使用 CGLib 动态代理生成代理对象；如果将其设置为 false，则 Spring 会使用 JDK 动态代理生成代理对象（目标对象需要实现接口）。如果不使用该方法进行设置，默认使用 JDK 动态代理。

（2）setInterfaces()：当使用 JDK 动态代理生成代理对象时，通过该方法设置要代理的接口。因为一个目标对象可能实现多个接口，要让代理对象代理哪些接口，就可以通过该方法来设置。其类型是 Class<?>的可变参数。如果不使用该方法进行设置，则默认代理目标对象实现的所有接口。

上面的代码没有通过 setProxyTargetClass()方法进行设置，并且目标对象实现了接口，因此其会通过 JDK 动态代理实现面向切面编程。

运行上述代码，得到类似下面的结果：

```
Begin monitoring.
```

```
Forum 青年大学习 is created.
Begin monitoring.
Topic 20 is removed.
```

可见，在目标对象的每个方法调用之前都会执行增强代码。

### 2. 后置增强

后置增强会将增强代码织入连接点之后，具体来说，是目标方法调用之后。在 Spring AOP 中，后置增强对应的接口为 AfterReturningAdvice。具体应用时，首先需要编写后置增强类并实现 AfterReturningAdvice 接口，然后重写 afterReturning()方法。在前面的案例中，结束性能监控代码就可以放到后置增强中，完整的后置增强类如以下代码所示：

```
public class PerformanceMonitorAfterAdvice implements AfterReturningAdvice {
    @Override
    public void afterReturning(Object returnValue, //连接点方法的返回值
                               Method method, //连接点方法
                               Object[] args, //连接点方法的参数
                               Object target //目标对象
                               ) throws Throwable {
        PerformanceMonitor.end();
    }
}
```

在上面的代码中，afterReturning()方法有四个参数。

（1）returnValue：连接点方法的返回值。

（2）method：连接点方法。

（3）args：连接点方法的参数。

（4）target：目标对象。

后置增强也可以通过代理工厂的 addAdvice()方法添加：

```
pf.addAdvice(new PerformanceMonitorAfterAdvice());
```

添加后置增强后，再次运行测试代码，得到以下输出：

```
Begin monitoring.
Forum 青年大学习 is created.
End monitoring.
Begin monitoring.
Topic 20 is removed.
End monitoring.
```

可见，在目标对象的每种方法调用之后都执行了增强代码。需要注意的是，连接点方法正常返回时才能执行后置增强代码，连接点方法抛出异常时会阻止后置增强的执行。

### 3. 异常增强

异常增强会在连接点方法抛出异常时织入增强代码，对应接口为 ThrowsAdvice，实现异常增强类时需要实现该接口，并重写 afterThrowing()方法。以下代码就是一个异常增强类：

```
public class ExceptionAdvice implements ThrowsAdvice {
    public void afterThrowing(Method method, //连接点方法
                              Object[] args,//连接点方法的参数
                              Object target, //目标对象
                              Exception ex //连接点方法抛出的异常
                              ) {
        System.out.println("An exception throws: " + ex.getMessage());
    }
}
```

在上面的代码中，afterThrowing()方法有四个参数。

（1）method：连接点方法。

（2）args：连接点方法的参数。

（3）target：目标对象。

（4）ex：连接点方法抛出的异常。

异常增强也可以通过代理工厂的 addAdvice()方法添加：

```
pf.addAdvice(new ExceptionAdvice());
```

为了测试异常增强，在 forumServiceImpl 类的方法中人为构造一个运行时异常，如：

```
@Override
public void removeTopic(int id) {
    int a = 1/0;    //抛出运行时异常
    this.topicDao.remove(id);
}
```

再次运行测试代码，得到类似下面的输出：

```
Begin monitoring.
Forum  青年大学习  is created.
End monitoring.
Begin monitoring.
An exception throws: / by zero
... ...
```

可见，removeTopic()方法抛出异常时织入了异常增强代码。而且，连接点方法抛出异常阻止了后置增强代码的执行。

4. 环绕增强

环绕增强代码会织入连接点方法调用之前和调用之后，对应接口为 MethodInterceptor，实现环绕增强类时需要重写 invoke()方法。以下代码就是一个环绕增强类：

```
public class PerformanceMonitorInterceptor implements MethodInterceptor {
    @Override
    public Object invoke(MethodInvocation invocation) throws Throwable {
        PerformanceMonitor.begin();
        Object o = invocation.proceed();
        PerformanceMonitor.end();
```

```
            return o;
        }
    }
```

可以看到，环绕增强类的编写方式与前面三种增强有所区别。需要重写的 invoke()方法的参数类型是 MethodInvocation，它是对连接点方法调用的抽象。在方法内，首先，编写环绕增强的前半部分代码，也就是在连接点方法调用之前要执行的操作。然后，需要调用方法入参 invocation 的 proceed()方法，该方法的作用是执行连接点方法，返回值为连接点方法执行之后的返回值。最后，编写环绕增强的后半部分代码，也就是在连接点方法调用之后要执行的操作。

将环绕增强添加到代理工厂仍然使用 addAdvice()方法，因为 MethodInterceptor 也是 Advice 的子接口：

```
pf.addAdvice(new PerformanceMonitorInterceptor());
```

再次执行测试代码，得到类似下面的输出：

```
Begin monitoring.
Forum 青年大学习 is created.
End monitoring.
Begin monitoring.
Topic 20 is removed.
End monitoring.
```

可见，环绕增强的作用相当于同时应用了前置增强和后置增强。

#### 5. 引介增强

引介增强的作用是让目标对象实现一个它原本没有实现的接口。下面通过一个案例来说明引介增强的作用和用法。这个案例的目标是给性能监控设置一个开关，以便根据需要开启或关闭性能监控。原本的 PerformanceMonitor 类是没有这个功能的，使用引介增强，可以让 PerformanceMonitor 类实现一个具有开关功能的接口，以实现本案例的需求。

首先，定义具有开关功能的接口：

```
public interface Activatable {
    void activate();
    void deactivate();
}
```

然后，定义引介增强类。引介增强类需要继承 DelegatingIntroductionInterceptor 类，同时要实现定义好的 Activatable 接口：

```
public class ActivatablePerformanceMonitorInterceptor
            extends DelegatingIntroductionInterceptor
            implements Activatable {
    private ThreadLocal<Boolean> isActive = new ThreadLocal<>();
    @Override
    public void activate() {
        this.isActive.set(true);
    }
```

```
    @Override
    public void deactivate() {
        this.isActive.set(false);
    }
    public Object invoke(MethodInvocation invocation) throws Throwable {
        Object o;
        if(this.isActive.get() != null && this.isActive.get()) {
            PerformanceMonitor.begin();
            o = super.invoke(invocation);
            PerformanceMonitor.end();
        } else {
            o = super.invoke(invocation);
        }
        return o;
    }
}
```

该类重写了接口方法 activate()和 deactivate()，通过设置 isActive 属性的值指示当前是否开启性能监控。该类还重写了 invoke()方法，该方法的实现与环绕增强中的 invoke()方法类似，只是需要根据 isActive 属性的值决定是否进行性能监控。需要注意的是，属性 isActive 的类型是 ThreadLocal<>类型，这是将 isActive 声明为线程共享变量，实现成员变量的线程内共享和线程间隔离。

测试代码如下：

```
public class Main {
    public static void main(String[] args) {
        ApplicationContext ctx = new ClassPathXmlApplicationContext("beans.xml");
        ForumService target = ctx.getBean("forumServiceImpl", ForumService.class);

        ProxyFactory pf = new ProxyFactory();
        pf.setTarget(target);
        pf.addAdvice(new ActivatablePerformanceMonitorInterceptor());
        pf.setProxyTargetClass(true);

        ForumService service = (ForumService) pf.getProxy();
        service.createForum("青年大学习");
        service.removeTopic(20);

        Activatable activatable = (Activatable) service;
        activatable.activate();
        service.createForum("青年大学习");
        service.removeTopic(20);
    }
}
```

在上面的代码中，除了向代理工厂中添加引介增强，还需要通过调用代理工厂的 setProxyTargetClass()方法使用 CGLib 动态代理技术。运行上述测试代码，得到类似下面的输出：

```
Forum  青年大学习  is created.
Topic 20 is removed.
Begin monitoring.
Forum  青年大学习  is created.
End monitoring.
Begin monitoring.
Topic 20 is removed.
End monitoring.
```

观察程序输出，发现没有开启性能监控时，增强代码不会织入（实际上此时 isActive 属性的值为 null）。通过将 service 对象强制类型转换为 Activatable 接口类型，可以调用 activate()方法开启性能监控，此时便会织入增强代码，就实现了性能监控的开关功能。

视频 6-2

### 6.2.2 切面

增强定义了在拦截连接点后要执行的代码，这里的连接点就是方法。但我们会发现，目标对象的所有方法均被拦截了，有时这并不是我们希望的，我们希望更精确地控制连接点的位置，这就需要引入切入点的概念。在 Spring AOP 中，切入点被抽象为 PointCut 接口，同时，表示切面的接口 Advisor 依赖表示增强的接口 Advice 和表示切入点的接口 Pointcut，如图 6-3 所示。这也与之前提到的切面是切入点和增强的结合的概念一致。本节重点介绍四种类型的切面：静态方法名匹配切面、静态正则表达式方法名匹配切面、动态切面、引介切面，这些切面之间的关系如图 6-3 所示。

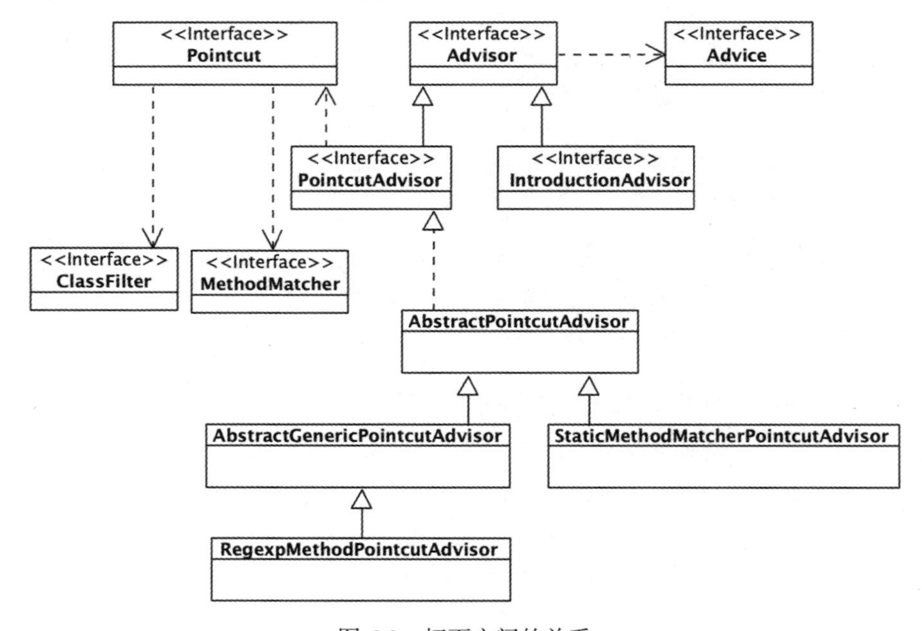


图 6-3 切面之间的关系

### 1. 静态方法名匹配切面

静态方法名匹配切面通过类名和方法名确定切入点，在定义静态方法名匹配切面时，需要继承 StaticMethodMatcherPointcutAdvisor 类，并重写 matches()方法。以下代码就是一个静态方法名匹配切面：

```
public class PerformanceMonitorAdvisor extends StaticMethodMatcherPointcutAdvisor {
    public PerformanceMonitorAdvisor(Advice advice) {
        super(advice);
    }
    @Override
    public boolean matches(Method method, Class<?> targetClass) {
        if(targetClass.getSimpleName().equals("ForumServiceImpl") &&
            method.getName().equals("removeTopic")) {
            return true;
        } else {
            return false;
        }
    }
}
```

matches()方法有以下两个参数。

（1）method：连接点方法，其类型是 Method。

（2）targetClass：目标对象的类型，其类型为 Class<?>，表示任意类型。

在方法内，可以根据目标对象的类型和连接点方法确定是否需要织入增强代码。matches()的返回值为 boolean 类型，当返回 true 时，表示要拦截连接点方法，也就是需要织入增强代码，否则表示不拦截连接点方法。上述代码表示拦截 ForumService 类的 removeTopic()方法，并织入相应的增强代码。当然，可以使用 Java 语言的字符串函数对方法名做更多的操作和限制。上述代码还重载了带参数的构造函数，方便后续通过给构造函数传递增强来初始化切面。

在使用时，只需要给静态方法名匹配切面的构造函数传递预先定义好的增强实例来初始化切面，并使用代理工厂的 addAdvisor()方法添加切面即可。如下列代码所示，将前面定义的环绕增强关联到静态方法名匹配切面上，并添加进代理工厂：

```
ProxyFactory pf = new ProxyFactory();
pf.setTarget(forumService);
pf.addAdvisor(new PerformanceMonitorAdvisor(new PerformanceMonitorInterceptor()));
```

### 2. 静态正则表达式方法名匹配切面

静态正则表达式方法名匹配切面通过正则表达式匹配方法名，它比静态方法名匹配切面更灵活。使用静态正则表达式方法名匹配切面不需要自定义切面类，直接使用 Spring 提供的 RegexpMethodPointcutAdvisor 类即可。如下列代码所示：

```
ProxyFactory pf = new ProxyFactory();
pf.setTarget(forumService);
RegexpMethodPointcutAdvisor advisor =
```

```
new RegexpMethodPointcutAdvisor(".*\\..*Forum", new PerformanceMonitorInterceptor());
pf.addAdvisor(advisor);
```

使用带两个参数的构造函数初始化静态正则表达式方法名匹配切面类。第一个参数是字符串，代表的就是正则表达式；第二个参数是要关联到切面的增强实例。

在上面的正则表达式（.*\\..*Forum）中，“.”表示任意字符，“*”表示它前面的字符可以重复任意次。在 Java 语言中，用于分割包名和类名的字符是“.”，但是在正则表达式中“.”已经表示特定含义了，因此使用“\.”。在 Java 字符串中，“\”本身用于引导转义字符，因此在正则表达式中使用“\\”。上面的正则表达式表示匹配所有包下所有类中以“Forum”结尾的方法。又如：

```
".*\\.remove.+|.*\\..*Forum"
```

表示匹配所有包下所有类中以“remove”开头且后面至少有一个字符的方法，或者所有包下所有类中以“Forum”结尾的方法。其中，“+”表示它前面的字符可以重复一次或多次，“|”表示“或者”的含义。

正则表达式能表示非常丰富的语义，实现非常灵活的切入点匹配。关于正则表达式，此处不再做详细讨论。

### 3. *动态切面*

在静态切面中，切入点是在编写代码时就确定好的，有时需要根据参数值确定是否织入增强代码。也就是说，需要在程序运行时动态地确定切入点。Spring AOP 中的这种切入点被称为动态切入点，相应的切面被称为动态切面。

使用动态切面需要使用 Spring 提供的类 DefaultPointcutAdvisor，但需要自定义切入点类。定义切入点类需要继承 DynamicMethodMatcherPointcut 类，并重写 matches()方法。下面的代码就是一个切入点类：

```
public class MyDynamicPointcut extends DynamicMethodMatcherPointcut {
    @Override
    public boolean matches(Method method, Class<?> targetClass, Object... args) {
        if(targetClass.getSimpleName().equals("forumServiceImpl") &&
        method.getName().equals("createForum")) {
            if(args[0].toString().equals("青年大学习")) {
                return true;
            }
        }
        return false;
    }
}
```

matches()方法有以下三个参数。

（1）method：连接点方法。

（2）targetClass：目标对象。

（3）args：连接点方法的入参值，为 Object 类型的可变参数。

在方法内可以根据连接点方法的入参值确定是否织入增强代码。matches()方法返回

boolean 类型值，返回 true 时，表示拦截连接点方法，否则不拦截。上面的代码首先根据类名和方法名确定连接点方法，当连接点方法的第一个入参值为“青年大学习”时，织入增强代码。

在使用动态切面时，需要给 DefaultPointcutAdvisor 类的构造函数传入切入点实例和增强实例来初始化动态切面：

```
ProxyFactory pf = new ProxyFactory();
pf.setTarget(forumService);
DefaultPointcutAdvisor advisor = new DefaultPointcutAdvisor(new MyDynamicPointcut(),
new PerformanceMonitorInterceptor());
pf.addAdvisor(advisor);
```

运行测试代码发现，如果传递给 createForum()方法的参数为“青年大学习”，就织入增强代码，否则不织入。

#### 4. 引介切面

由于引介增强只能作用于类，不能作用于方法，因此引介切面不需要指定切入点。要使用引介切面，需要使用 Spring 提供的类 DefaultIntroductionAdvisor，通过给构造函数传递引介增强来初始化引介切面：

```
public class Main {
    public static void main(String[] args) {
        ApplicationContext ctx = new ClassPathXmlApplicationContext("beans.xml");
        ForumService target = ctx.getBean("forumServiceImpl", ForumService.class);
        ProxyFactory pf = new ProxyFactory();
        pf.setTarget(target);
        pf.setProxyTargetClass(true);
        DefaultIntroductionAdvisor advisor =
        new DefaultIntroductionAdvisor(new ActivatablePerformanceMonitorInterceptor());
        pf.addAdvisor(advisor);

        ForumService service = (ForumService) pf.getProxy();
        service.createForum("青年大学习");
        service.removeTopic(20);
        Activatable activatable = (Activatable) service;
        activatable.activate();
        service.createForum("青年大学习");
        service.removeTopic(20);
    }
}
```

上面的代码通过将前面定义的引介增强实例传递给引介切面类的构造函数来实例化引介切面。另外需要注意，与使用引介增强一样，需要通过调用代理工厂的 setProxyTargetClass()方法使用 CGLib 动态代理才能使引介切面起作用。

视频 6-3

## 6.3 Spring AOP——声明式

结合 Spring IoC，可以将 Spring AOP 中的增强、切入点、切面等对象交给 Spring IoC 容器管理，不需要烦琐的编码就可以使用 Spring AOP 功能，这就是声明式 Spring AOP。

### 6.3.1 配置增强

下面的代码配置了目标对象、增强和代理对象：

```
<!-- 目标对象 -->
<bean id="target" class="com.example.forum.service.ForumServiceImpl">
    <constructor-arg name="forumDao">
        <bean class="com.example.forum.dao.ForumDaoImpl" />
    </constructor-arg>
    <constructor-arg name="topicDao">
        <bean class="com.example.forum.dao.TopicDaoImpl" />
    </constructor-arg>
</bean>
<!-- 增强 -->
<bean id="performanceMonitorBeforeAdvice"
      class="com.example.forum.advice.PerformanceMonitorBeforeAdvice" />
<bean id="performanceMonitorAfterAdvice"
      class="com.example.forum.advice.PerformanceMonitorAfterAdvice" />
<bean id="performanceMonitorInterceptor"
      class="com.example.forum.advice.PerformanceMonitorInterceptor" />
<bean id="exceptionAdvice"
      class="com.example.forum.advice.ExceptionAdvice" />
<bean id="activatablePerformanceMonitorInterceptor"
      class="com.example.forum.advice.ActivatablePerformanceMonitorInterceptor" />
<!-- 代理对象 -->
<bean id="forumService" class="org.springframework.aop.framework.ProxyFactoryBean">
    <property name="target" ref="target" />
    <property name="interceptorNames">
        <list>
            <idref bean="performanceMonitorBeforeAdvice" />
            <idref bean="performanceMonitorAfterAdvice" />
            <idref bean="performanceMonitorInterceptor" />
            <idref bean="throwsAdvice" />
        </list>
    </property>
</bean>
```

代理对象 forumService 的类型是 ProxyFactoryBean，它是 FactoryBean 接口的实现类，作用是为其他对象创建一个代理对象的 Bean，其内部也是通过 ProxyFactory 实现的。可以通过属性注入的方式对其进行配置。

（1）target：对象类型，注入目标对象，作用相当于编程式中 ProxyFactory 类的 setTarget()方法。

（2）interceptorNames：注入增强或切面，作用相当于编程式中 ProxyFactory 类的 addAdvice()或 addAdvisor()方法。其类型是字符串或字符串集合，而非对象类型。使用<idref>标签来引用其他 Bean 的名字，使用<value>标签也可以，使用<idref>标签的好处是能够确保引用的 Bean 是存在的。

配置好目标对象、增强、代理对象后，使用时直接从容器中获取代理对象即可：

```
ApplicationContext ctx = new ClassPathXmlApplicationContext("beans.xml");
ForumService service = ctx.getBean("forumService", ForumService.class);
service.createForum("青年大学习");
service.removeTopic(20);
```

配置引介增强时，代理对象的配置稍有不同：

```
<!-- 省略其他代码 -->
<!-- 代理对象 -->
<bean id="forumService" class="org.springframework.aop.framework.ProxyFactoryBean">
    <property name="target" ref="target" />
    <property name="proxyTargetClass" value="true" />
    <property name="interfaces" value="com.example.forum.util.Activatable" />
    <property name="interceptorNames">
        <list>
            <idref bean="activatablePerformanceMonitorInterceptor" />
        </list>
    </property>
</bean>
```

为代理对象另外注入了两个属性。

（1）proxyTargetClass：通过注入 boolean 类型的值设置是否使用 CGLib 动态代理，作用相当于编程式中 ProxyFactory 类的 setProxyTargetClass()方法。

（2）interfaces：设置目标对象实现的接口，作用相当于编程式中 ProxyFactory 类的 setInterfaces()方法。其类型是字符串或字符串集合。

测试代码如下：

```
public static void main(String[] args) {
    ApplicationContext ctx = new ClassPathXmlApplicationContext("beans.xml");
    ForumService service = ctx.getBean("forumService", ForumService.class);
    service.createForum("青年大学习");
    service.removeTopic(20);
    Activatable a = (Activatable) service;
    a.activate();
    service.createForum("青年大学习");
    service.removeTopic(20);
}
```

### 6.3.2 配置切面

通过配置式使用切面时与配置增强类似，只需事先声明切面类的 Bean。

#### 1. 静态方法名匹配切面

静态方法名匹配切面的配置如以下代码所示：

```
<bean name="staticMethodMatcherPointcutAdvisor"
        class="com.example.forum.advisor.PerformanceMonitorAdvisor">
    <constructor-arg name="advice" ref="performanceMonitorInterceptor" />
</bean>
```

由于已经在自定义的切面类中重载了带参数的构造函数用于配置增强，因此通过构造函数注入。

#### 2. 静态正则表达式方法名匹配切面

静态正则表达式方法名匹配切面的配置如以下代码所示：

```
<bean name="regexpPerformanceMonitorAdvisor"
        class="org.springframework.aop.support.RegexpMethodPointcutAdvisor">
    <property name="advice" ref="performanceMonitorInterceptor" />
    <property name="pattern" value=".*\..*Forum" />
</bean>
```

此处通过 setter 注入 advice 和 pattern 两个属性，用于配置增强和正则表达式。

#### 3. 动态切面

配置动态切面需要先声明切入点的 Bean，再声明切面 Bean，如以下代码所示：

```
<bean id="pt"
        class="com.example.forum.pointcut.MyDynamicPointcut" />
<bean id="dynamicAdvisor"
        class="org.springframework.aop.support.DefaultPointcutAdvisor">
    <property name="pointcut" ref="pt" />
    <property name="advice" ref="performanceMonitorInterceptor" />
</bean>
```

此处通过 setter 为动态切面 Bean 注入 advice 和 pointcut 两个属性，用于配置动态切面的增强和切入点。

为代理对象配置切面的方法与为代理对象配置增强是相同的，如以下代码所示：

```
<bean id="forumService" class="org.springframework.aop.framework.ProxyFactoryBean">
    <property name="target" ref="target" />
    <property name="interceptorNames"> <!-- 增强或切面，字面值 -->
        <list>
            <idref bean="staticMethodMatcherPointcutAdvisor" />
            <idref bean="regexpPerformanceMonitorAdvisor" />
            <idref bean="dynamicAdvisor" />
        </list>
    </property>
```

```
</bean>
```

配置好后，使用时直接从容器中获取代理对象即可：

```
ApplicationContext ctx = new ClassPathXmlApplicationContext("beans.xml");
ForumService service = ctx.getBean("forumService", ForumService.class);
service.createForum("青年大学习");
service.removeTopic(20);
```

4. 引介切面

配置引介切面时，需要通过 advice 属性注入对应的引介增强：

```
<bean id="activatablePerformanceInterceptor"
        class="org.springframework.aop.support.DefaultIntroductionAdvisor">
    <constructor-arg name="advice" ref="activatablePerformanceMonitorInterceptor" />
</bean>
```

使用引介切面时，代理对象的配置与使用引介增强时类似，需要声明目标对象要实现的接口，并配置使用 CGLib 动态代理，如以下代码所示：

```
<bean id="forumService" class="org.springframework.aop.framework.ProxyFactoryBean">
    <property name="target" ref="target" />
    <property name="proxyTargetClass" value="true" />
    <property name="interfaces" value="com.example.forum.util.Activatable" />
    <property name="interceptorNames">
        <list>
            <idref bean="activatablePerformanceInterceptor" />
        </list>
    </property>
</bean>
```

测试代码如下：

```
public static void main(String[] args) {
    ApplicationContext ctx = new ClassPathXmlApplicationContext("beans.xml");
    ForumService service = ctx.getBean("forumService", ForumService.class);
    service.createForum("青年大学习");
    service.removeTopic(20);
    Activatable a = (Activatable) service;
    a.activate();
    service.createForum("青年大学习");
    service.removeTopic(20);
}
```

视频 6-4

## 6.4 Spring AOP——AspectJ

Spring AOP 只是 AOP 的一种实现框架，其实，AOP 的实现框架还有很多，如 AspectJ、JBoss AOP、AspectWerkz 等。其中，AspectJ 是功能最强大、应用范围最广的 AOP 框架之一。相比于 Spring AOP，AspectJ 具有以下优势。

（1）无论是注解还是配置文件，配置 AspectJ 都更直观、紧凑，配置过程比 Spring AOP 更友好。

（2）AspectJ 支持编译期织入。而 Spring AOP 只支持运行期织入，增强代码织入的位置受限，如无法织入具有特定注解的方法。

（3）AspectJ 定义了一套完整的切入点表达式，对切入点的表达更丰富、更灵活。

（4）AspectJ 定义切面不需要继承框架提供的类或实现框架提供的接口，侵入性更小。

Spring 框架引入了 AspectJ，并对其进行了一定封装，使其使用风格与 Spring 框架更接近，便于 Spring 开发者使用。本节简要介绍基于 AspectJ 的 Spring AOP 用法。

要使用 AspectJ，需要在 pom.xml 中配置相关依赖项：

```
<dependency>
    <groupId>org.aspectj</groupId>
    <artifactId>aspectjrt</artifactId>
    <version>1.9.8</version>
</dependency>
<dependency>
    <groupId>org.aspectj</groupId>
    <artifactId>aspectjweaver</artifactId>
    <version>1.9.8</version>
</dependency>
```

可以通过基于注解和基于配置两种方式使用基于 AspectJ 的 Spring AOP。

## 6.4.1 基于注解

### 1. 定义切面

在 AspectJ 中，可以通过注解标记切面和增强，主要注解包括以下几个。

（1）@Aspect：标记一个切面类。

（2）@Pointcut：标记切入点。

（3）@Before：标记前置增强方法。

（4）@AfterReturning：标记后置增强方法。

（5）@After：标记最终增强方法，最终增强可以被视为后置增强和异常增强的结合，即不论目标方法是否抛出异常，最终增强代码都会执行。需要注意的是，最终增强无法获取目标方法的返回值，要获取返回值，需要使用后置增强。

（6）@AfterThrowing：标记异常增强方法。

（7）@Around：标记环绕增强方法。

（8）@DeclareParents：标记引介增强。

以下代码所示为一个 AspectJ 切面类：

```
@Aspect
public class PerformanceMonitorAspect {
    @Before("execution(* *Forum(..))")
    public void doBefore() {
```

```
        PerformanceMonitor.begin();
    }
    @AfterReturning("execution(* *Forum(..))")
    public void doAfterReturning() {
        PerformanceMonitor.end();
    }
    @Around("execution(* *Forum(..))")
    public Object doAround(ProceedingJoinPoint pjp) {
        Object o = null;
        PerformanceMonitor.begin();
        try {
            o = pjp.proceed();
        } catch(Throwable ex) {
            ex.printStackTrace();
        } finally {
            PerformanceMonitor.end();
        }
        return o;
    }
    @AfterThrowing(value="execution(* *Forum(..))", throwing="ex")
    public void doThrows(Exception ex) {
        System.out.println("Exception throws: " + ex.getMessage());
    }

    @After("execution(* *Forum(..))")
    public void doAfter() {
        System.out.println("Resources released.");
    }
}
```

在以上代码中，各注解内的成员就是切入点表达式。关于切入点表达式后面会详细讨论，此处使用的切入点表达式（execution(* *Forum(..))）的含义是将增强代码织入所有以"Forum"结尾的任意返回值类型且带任意参数的方法。

在切面类中，可以使用@Pointcut 定义一个独立的切入点，这样可以在定义增强方法时直接使用，如：

```
@Pointcut("execution(* *Forum(..))")
public void pointcut() {}
```

之后可以以下方式使用：

```
@Before("pointcut()")
public void doBefore() {
    PerformanceMonitor.begin();
}
```

使用时可以通过 AspectJProxyFactory 代理工厂来生成代理对象：

```
public static void main(String[] args) {
    ApplicationContext ctx = new ClassPathXmlApplicationContext("beans.xml");
```

```
        ForumService target = ctx.getBean("forumServiceImpl", ForumService.class);

        AspectJProxyFactory pf = new AspectJProxyFactory();
        pf.setTarget(forumService);
        pf.addAspect(PerformanceMonitorAspect.class);

        ForumServiceInterface service = pf.getProxy();
        service.createForum("青年大学习");
        service.removeTopic(20);
    }
```

需要注意的是，AspectJProxyFactory 的 getProxy()方法的返回值是泛型，因此不需要进行强制类型转换。

2. 切入点表达式

上述代码中每个定义增强方法的注解都有一个字符串类型的成员，这就是切入点表达式，它描述了增强代码要织入的位置。AspectJ 中的切入点表达式包含两部分信息：函数（关键字）和参数，在参数中还可以使用通配符和逻辑运算符。

Spring 支持的 AspectJ 切入点表达式函数有四类，共九个。

（1）方法切入点函数：execution()、@annotation()。

（2）方法入参切入点函数：args()、@args()。

（3）目标类切入点函数：within()、target()、@within()和@target()。

（4）代理类切入点函数：this()。

切入点表达式还支持使用通配符，通配符共有三个。

（1）*：匹配任意字符，但只能匹配上下文中的一个元素。

（2）..：匹配任意字符，可以匹配上下文中的多个元素，表示类时必须与*联合使用，表示入参时单独使用。

（3）+：表示匹配指定类的所有子类或指定接口的所有实现类，必须跟在类名或接口名后面。

在切入点表达式中还可以使用逻辑运算符，逻辑运算符共有三个。

（1）&&（and）。

（2）||（or）。

（3）!（not）。

括号中的是逻辑运算符的别名，在使用配置式时需要使用它。

关于切入点表达式本章不做更详细的介绍，下面通过 16 个切入点表达式的例子使读者了解其使用方法。

（1）execution(public * *(..)) ：表示匹配所有 public 方法。

（2）execution(* *Topic(..))：表示匹配所有以 Topic 结尾的方法。

（3）execution(* com.example.forum.ForumService*(..)) ：表示匹配 ForumService 类（或接口）中的所有方法。

（4）execution(* com.example.forum.ForumService+.*(..))：表示匹配 ForumService 类及其子类（或接口及其实现类）中的所有方法。

（5）execution(* com.example.forum.*(..))：表示匹配 com.example.forum 包下所有类的所有方法。

（6）execution(* com.example..*(..))：表示匹配 com.example 包及其子包下所有类的所有方法。

（7）execution(* com.example..*.*Service.create*(..))：表示匹配以 com.example 开头的所有包下以 Service 结尾的类的所有以 create 开头的方法。

（8）execution(* foo(String, int))：表示匹配所有参数为 String、int 类型的 foo()方法。

（9）execution(* foo(String, *))：表示匹配所有具有两个参数，且第一个参数为 String 类型的 foo()方法。

（10）execution(* foo(String, ..))：表示匹配所有第一个参数为 String 类型的 foo()方法。

（11）execution(* foo(Object+))：表示匹配所有具有一个参数，且类型为 Object 或其子类的 foo()方法。

（12）args(java.lang.String)：表示匹配所有具有一个 String 类型入参的方法。

（13）within(com.example.*)：表示匹配 com.example 包中所有类的所有方法。

（14）target(com.example.forum.ForumService)：表示匹配 ForumService 及其子类（或实现类）中的所有方法。

（15）@args(com.example.forum.SomeAnnotation)：表示匹配使用@SomeAnnotation 标注了入参的方法。

（16）@Before("within(com.example.*) && args(java.lang.String)")：表示匹配同时满足两个表达式的方法。

### 6.4.2　基于配置

可以通过配置文件对 AspectJ 的切面进行配置，相比于基于注解的方式，基于配置的方式使切面类成为一个 POJO，侵入性更小。

定义切面类：

```
public class PerformanceMonitorAspect {
    public void doBefore() {
        PerformanceMonitor.begin();
    }
    public void doAfterReturning() {
        PerformanceMonitor.end();
    }
    public Object doAround(ProceedingJoinPoint pjp) {
        Object o = null;
        PerformanceMonitor.begin();
        try {
```

```
                o = pjp.proceed();
            } catch(Throwable ex) {
                ex.printStackTrace();
            } finally {
                PerformanceMonitor.end();
            }
            return o;
        }
        public void doThrows(Exception ex) {
            System.out.println("Exception throws: " + ex.getMessage());
        }

        public void doAfter() {
            System.out.println("Resources released.");
        }
}
```

此切面类与 6.4.1 节中的切面类是基本相同的，只是去除了所有注解，成为一个 POJO。

要通过配置文件配置 AspectJ，需要使用 aop 命名空间中的标签和属性，因此需要先在配置文件中声明 aop 命名空间：

```
<beans xmlns="http://www.springframework.org/schema/beans"
        xmlns:xsi="http://www.w3.org/2001/XMLSchema-instance"
        xmlns:context="http://www.springframework.org/schema/context"
        xmlns:aop="http://www.springframework.org/schema/aop"
        xsi:schemaLocation="http://www.springframework.org/schema/beans
         https://www.springframework.org/schema/beans/spring-beans.xsd
         http://www.springframework.org/schema/context
         https://www.springframework.org/schema/context/spring-context.xsd
         http://www.springframework.org/schema/aop
         https://www.springframework.org/schema/aop/spring-aop.xsd">
```

然后，使用 aop 命名空间中的标签配置切面：

```
<!--声明切面类-->
<bean name="performanceMonitorAspect"
       class="com.example.forum.aspect.PerformanceMonitorAspect" />

<!--配置切面-->
<aop:config proxy-target-class="false"> <!--默认是 false-->
    <!--配置切入点，可选-->
    <aop:pointcut id="pt" expression="execution(* *(..))" />
    <!--配置切面类-->
    <aop:aspect ref="performanceMonitorAspect">
        <!--每项是一个增强方法-->
        <aop:before method="doBefore" pointcut="execution(* *(..))" />
        <aop:after-returning method="doAfterReturning" pointcut-ref="pt" />
        <aop:after-throwing method="doThrows" pointcut-ref="pt" throwing="ex" />
        <aop:around method="doAround" pointcut-ref="pt" />
```

```
            <aop:after method="doAfter" pointcut-ref="pt" />
        </aop:aspect>
    </aop:config>
```

上面的代码使用<aop:config>标签配置一个切面，在一个配置文件中可以配置多个切面。<aop:config>标签的 proxy-target-class 属性指明了是否使用 CGLib 动态代理技术，如果取值为 true，则表明要使用 CGLib 动态代理技术，默认值是 false。标签<aop:pointcut>用来配置一个独立的切入点，expression 属性指明了切入点表达式，在配置增强时可以引用这个切入点。<aop:aspect>标签用于配置切面类，ref 属性指明了切面类的 Bean，每个子标签用于配置一个增强方法。如<aop:before>用于配置前置增强方法，method 属性指明切面类中增强方法的方法名，pointcut 属性则指明切入点表达式，如果引用已经配置好的切入点，则使用 pointcut-ref 属性。

测试代码如下：

```
public static void main(String[] args) {
    ApplicationContext ctx = new ClassPathXmlApplicationContext("beans.xml");
    ForumService service = ctx.getBean("target", ForumService.class);
    service.createForum("青年大学习");
    service.removeTopic(20);
}
```

这段测试代码虽然没有显式地获取代理对象，但是增强代码被织入了相应的切入点。这是由于启用了 Spring 的自动代理（Auto Proxy）机制。所谓自动代理，是指 Spring 会在一定条件下自动为容器中符合条件的 Bean 创建代理对象，而此时从容器中获取的 Bean 就已经是代理对象了。自动创建代理这一过程是在容器中的 Bean 被创建完毕之后完成的，这是 Spring 的 Bean 后处理（Bean Post Processing）机制的一部分。

视频 6-5

AspectJ 是一个成熟且功能强大的 AOP 框架。Spring 框架引入了 AspectJ，增强了 Spring 框架的功能，方便开发者通过 Spring 框架使用 AOP 功能。

在完成日常工作时，我们也避免不了借鉴他人的观点、方法、工具等，合理的借鉴和巧妙的运用不是抄袭，而是一种正确的解决问题的思维方式。在难以解决的问题面前，一味蛮干不可取，要合理、合法地运用已有的解决方案，很可能原来无法克服的困难就轻而易举地解决了。正所谓“他山之石，可以攻玉”。要借鉴，不但要有开阔的视野和足够的知识储备，还要有开明的思想和活跃的思路，善于联想，从而快速有效地找到解决方案。

## 思考与练习

1．请简述最终增强（After Advice）的概念和作用。

2．请简述 Spring 中的编程式 AOP 和声明式 AOP 的区别。

3．查找资料，理解 Spring AOP 中的流程切入点（Control Flow Pointcut）和复合切入点（Composable Pointcut）的概念和使用场合。

4．查找资料，学习 AspectJ 中的引介增强的用法，并编写程序进行验证。

5．请对比 Spring AOP 和 AspectJ 的使用方法，简述 AspectJ 的主要优点。

# 第 7 章 Spring MVC 基础

MVC 模式是现代 Web 应用的流行架构，Spring 也提供了 MVC 框架——Spring MVC，它已经成为当前使用最广泛的 MVC 开发框架之一。本章首先介绍 MVC 模式的概念，然后介绍 Spring MVC 的设计思想和运行原理，并详细介绍使用 Spring MVC 开发 Web 应用的方法。

## 7.1 MVC 的概念

MVC 模式最初由挪威计算机科学家 Trygve Reenskaug 提出，用于解决图形用户界面应用中的关注点分离问题。

在图形用户界面应用发展的最初阶段，应用程序的业务逻辑代码、用户界面的逻辑代码和用户界面的代码是混杂在一起的，这显然会导致代码维护难度增加，也会导致代码难以重用。MVC 模式按照职责的不同，将一个应用程序从逻辑上划分为模型、视图和控制器三部分，从而提高应用程序的可维护性、可重用性和可测试性。这三部分各自的关注点不同，并通过定义好的接口相互协作，实现应用程序的功能。具体来说，这三部分各自的职责如下。

（1）模型：对应用状态和业务功能的封装，接受控制器的请求并完成相应的业务处理，在应用状态改变时向视图发出通知。

（2）视图：呈现应用程序的界面，捕捉用户输入。

（3）控制器：接收视图捕捉的用户输入，如果有业务逻辑调用，则调用模型的相应功能，并根据需要选择向用户呈现的视图。

一个基于 MVC 模式的应用程序的结构可以使用图 7-1 表示。其中，视图会接收用户输入，如果有业务逻辑调用，则将调用派发给控制器，控制器向模型请求业务逻辑调用，同时根据需要选择视图返回给用户。当模型执行完业务逻辑调用请求后，会将数据状态变化直接返回给视图，也会直接向模型查询数据状态变化情况。

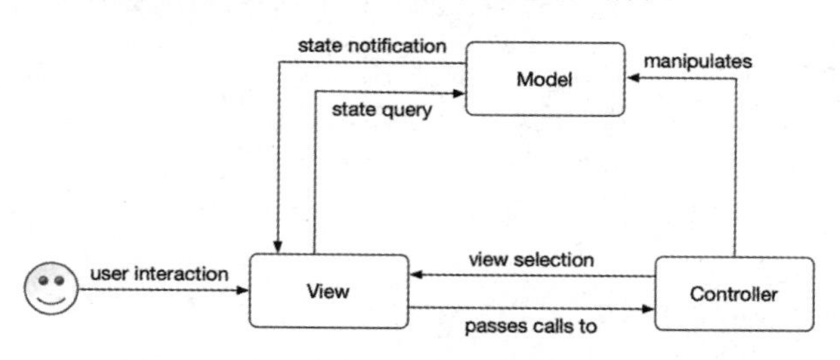


图 7-1 基于 MVC 模式的应用程序的结构

需要注意的是，MVC 模式仅仅是一个基本的指导方针，是一个宽泛的概念。在具体应用时，应根据开发环境的特点，对模型、视图和控制器的界限做明确限定，对它们之间的交互进行严格规范。迄今为止，已经提出了多种 MVC 模式的变体，如 MVP（Model-View-Presenter，模型-视图-管理者）、MVVM（Model-View-ViewModel，模型-视图-视图模型）等。它们根据具体的应用场景，对 MVC 模式中的三个组成部分和接口进行进一步的限定，解决了 MVC 模式中存在的三部分解耦不彻底、职责划分不均衡等问题。

视频 7-1

## 7.2 Spring MVC 概述

### 7.2.1 Spring MVC 的结构和运行原理

Spring MVC 由五个主要模块构成，分别为前端控制器、处理器映射器、处理器适配器、视图解析器和处理器。前端控制器是 Spring MVC 的主控组件，它会协调其他各组件的运作。处理器是开发人员使用 Spring MVC 时的主要工作目标，他们的主要工作就是编写处理器代码。

Spring MVC 的运行过程如图 7-2 所示。当客户端向服务器发起一个 HTTP 请求后，这个请求首先被前端控制器拦截，前端控制器将请求路径交给处理器映射器进行解析。解析后的请求路径会被传递给处理器适配器，处理器适配器定义了处理器方法的调用规则，包括如何确定处理器方法、如何传递请求参数、如何处理返回值等。确定了处理器方法的调用规则后，相应的处理器方法会被调用，并返回一个 ModelAndView 类型的对象，它是数据和逻辑视图的封装。前端控制器会根据逻辑视图调用相应的视图解析器对逻辑视图进行解析，调用相应的视图渲染方法对视图进行渲染，进而生成物理视图文件，并返给客户端。

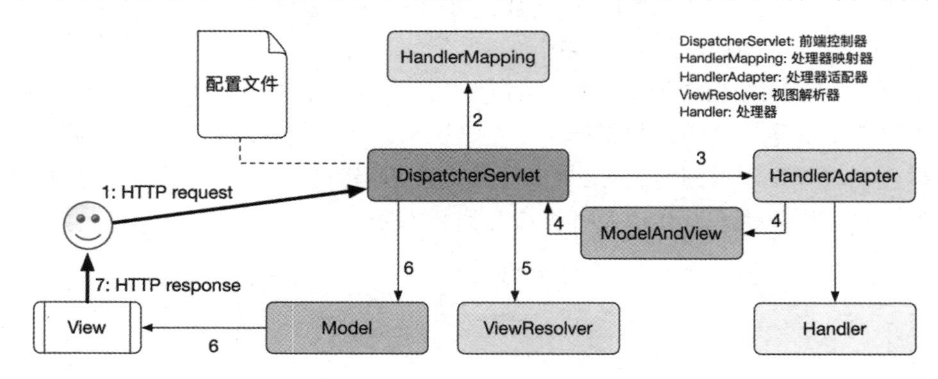


图 7-2　Spring MVC 的运行过程

### 7.2.2 第一个 Spring MVC 应用程序

本章的后续部分将通过一个“学员信息管理系统”应用介绍 Spring MVC 的使用方

法，因此，我们的第一个 Spring MVC 应用程序就将“学员信息管理系统”的框架搭建起来。关于系统的分析与设计及完整实现，在后续章节中会有详细介绍。

Spring MVC 应用归根结底是一个 Java Web 应用，因此，要使用 Spring MVC，首先要建立一个 Web 项目。

打开 IntelliJ IDEA，新建一个项目，项目名称为 DriverSchoolMIS，先选择保存路径，再选择 Maven 项目管理工具和要使用的 JDK，单击 Create 按钮。新建项目界面如图 7-3 所示。

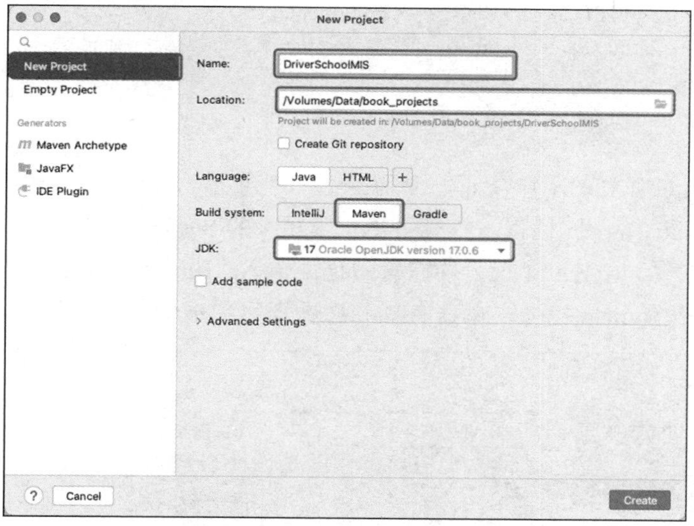

图 7-3 新建项目界面

由于要创建的是 Web 项目，因此需要添加一些必要文件和路径。在 src/main 路径下新建 webapp 路径，作为 Web 应用的根路径；在 webapp 路径下新建 Web-INF 路径，作为 Web 安全路径；在 Web-INF 路径下新建 web.xml 文件，作为 Servlet 配置文件，文件内容如下：

```
<web-app xmlns="https://jakarta.ee/xml/ns/jakartaee"
         xmlns:xsi="http://www.w3.org/2001/XMLSchema-instance"
         xsi:schemaLocation="
             https://jakarta.ee/xml/ns/jakartaee
             https://jakarta.ee/xml/ns/jakartaee/web-app_5_0.xsd"
         version="5.0">

</web-app>
```

还需要配置 Maven 的打包方式。打开 pom.xml 文件，使用<packaging>标签声明打包方式，完整的 pom.xml 文件内容如下：

```
<?xml version="1.0" encoding="UTF-8"?>
<project xmlns="http://maven.apache.org/POM/4.0.0"
         xmlns:xsi="http://www.w3.org/2001/XMLSchema-instance"
         xsi:schemaLocation="http://maven.apache.org/POM/4.0.0 http://maven.apache.org/xsd/maven-
4.0.0.xsd">
```

```
    <modelVersion>4.0.0</modelVersion>

    <groupId>org.example</groupId>
    <artifactId>DriverSchoolMIS</artifactId>
    <version>1.0-SNAPSHOT</version>
    <packaging>war</packaging>

    <properties>
        <maven.compiler.source>17</maven.compiler.source>
        <maven.compiler.target>17</maven.compiler.target>
        <project.build.sourceEncoding>UTF-8</project.build.sourceEncoding>
    </properties>

</project>
```

然后，在 IntelliJ IDEA 中配置一个 Tomcat 服务器，便于后期调试项目。在 IntelliJ IDEA 中安装 Smart Tomcat 插件。打开 IntelliJ IDEA 的 Settings 窗口，选择 Plugins，打开插件配置界面。选择 Marketplace，并在搜索框中输入“Smart Tomcat”，在插件市场中搜索，会找到 Smart Tomcat 插件，单击 Install 按钮即可完成安装，如图 7-4 所示。

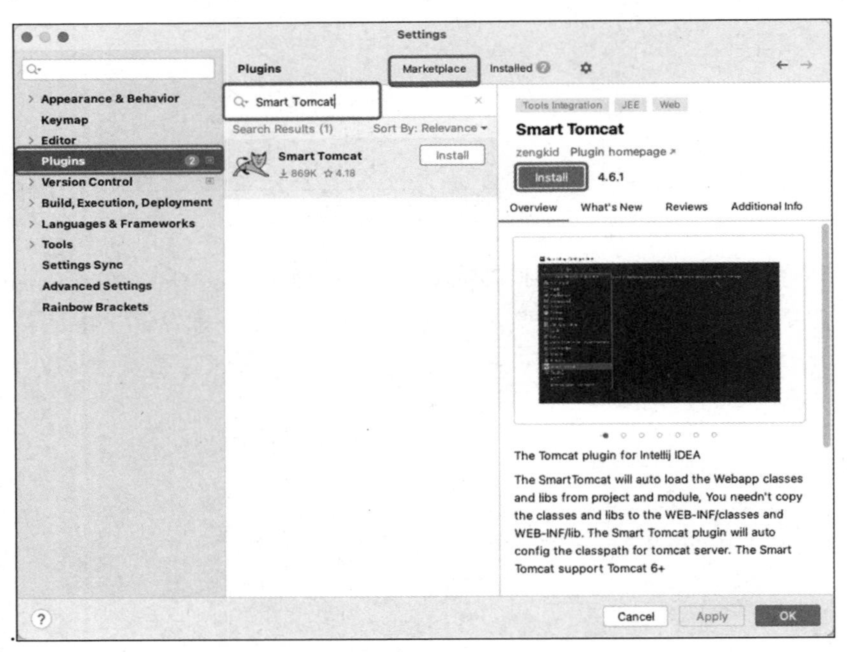


图 7-4　安装 Smart Tomcat 插件界面

Smart Tomcat 插件安装成功后，就可以配置 Tomcat 服务器了。在 Tomcat 官网下载 Tomcat 压缩包，并解压到任意路径下。单击 IntelliJ IDEA 的 Run 菜单项下的 Edit Configurations...，打开运行配置界面。单击“+”按钮添加一个配置，并选择 Smart Tomcat（见图 7-5），打开配置界面，如图 7-6 所示，输入任意名称，并选择 Tomcat 的解压路径，单击 OK 按钮即可完成配置。

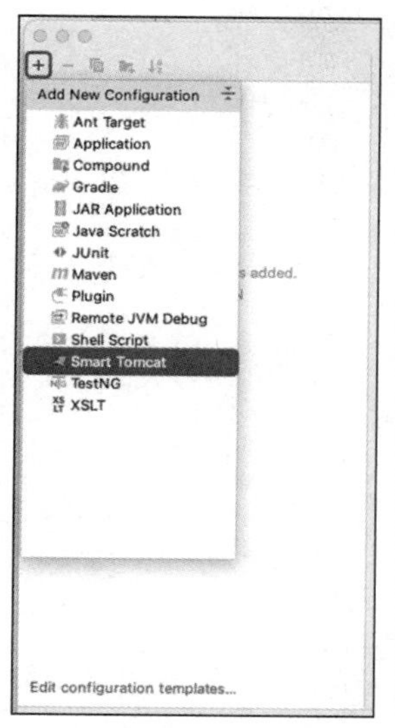


图 7-5　添加配置

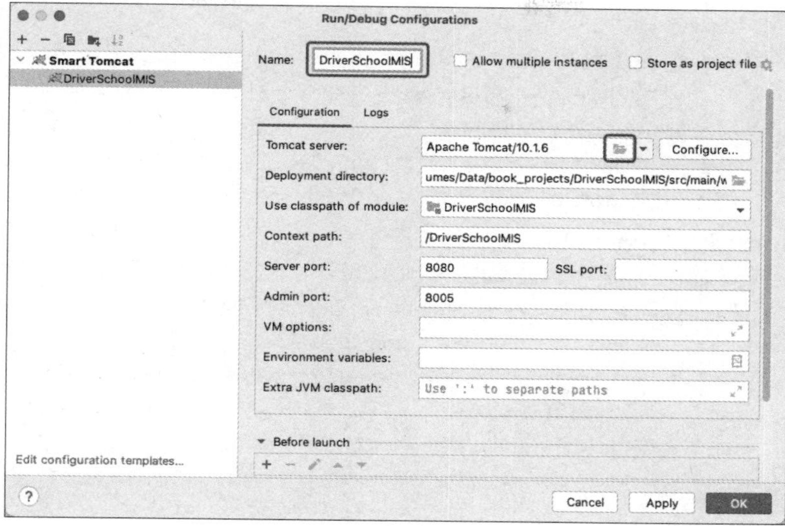


图 7-6　配置界面

需要说明的是，本章案例使用的是 IntelliJ IDEA 社区版，如果使用 IntelliJ IDEA 旗舰版，可以通过其内置的项目模板和插件简化项目建立过程，请读者自行尝试，此处不再赘述。

最后，配置 Spring MVC 框架。

（1）打开 pom.xml 配置依赖项。要编写 Spring MVC 应用程序，不仅需要 Spring 框架的依赖项，还需要与 Servlet 有关的依赖项。在后面的案例中还需要使用 jstl，因此还需要与 jstl 相关的依赖项。三个依赖项如下：

```
<dependency>
    <groupId>org.springframework</groupId>
    <artifactId>spring-webmvc</artifactId>
    <version>6.0.5</version>
</dependency>
<dependency>
  <groupId>jakarta.servlet</groupId>
  <artifactId>jakarta.servlet-api</artifactId>
  <version>6.0.0</version>
  <scope>provided</scope>
</dependency>
<dependency>
    <groupId>jakarta.servlet.jsp.jstl</groupId>
    <artifactId>jakarta.servlet.jsp.jstl-api</artifactId>
    <version>3.0.0</version>
</dependency>
```

（2）在 web.xml 中配置前端控制器的 Servlet 和 Servlet 映射：

```
<servlet>
    <servlet-name>dispatcher</servlet-name>
    <servlet-class>org.springframework.web.servlet.DispatcherServlet</servlet-class>
```

```
    </servlet>
    <servlet-mapping>
        <servlet-name>dispatcher</servlet-name>
        <url-pattern>/</url-pattern>
    </servlet-mapping>
```

（3）建立 Spring 配置文件。在 Web 安全路径，即 webapp/Web-INF 路径下新建文件 dispatcher-servlet.xml，其内容如下：

```
<?xml version="1.0" encoding="UTF-8"?>
<beans xmlns="http://www.springframework.org/schema/beans"
       xmlns:xsi="http://www.w3.org/2001/XMLSchema-instance"
       xmlns:context="http://www.springframework.org/schema/context"
       xsi:schemaLocation="
         http://www.springframework.org/schema/beans
         https://www.springframework.org/schema/beans/spring-beans.xsd
         http://www.springframework.org/schema/context
         https://www.springframework.org/schema/context/spring-context.xsd">

    <context:component-scan base-package="com.example.ssm"/>
</beans>
```

这里仅进行了一项配置，即使用<context:component-scan>标签配置了包扫描。

至此，Spring MVC 开发环境已经搭建好。下面我们就编写一些简单代码来验证 Spring MVC 的功能。

在包 com.example.ssm.controller 下新建 Java 类 StudentController，代表学员这一实体对应的控制器类，在这个类中定义一个方法 list()，用来模拟获取学员列表的处理器，代码如下：

```
@Controller
public class StudentController {
    @RequestMapping("/student-list")
    public ModelAndView list() {
        ModelAndView mv = new ModelAndView();
        mv.addObject("stuName", "John");
        mv.addObject("age", 30);
        mv.setViewName("/Web-INF/jsp/student-list.jsp");
        return mv;
    }
}
```

@Controller 注解用于将类标注为控制器的 Bean；@RequestMapping 注解用于标注处理器方法，该方法返回 ModelAndView 类的对象。视图是一个 jsp 文件，存储位置为/Web-INF/jsp/student-list.jsp，内容如下：

```
<%@ page contentType="text/html;charset=UTF-8" language="java" %>
<html>
<head>
    <title>student list</title>
```

```
</head>
<body>
    <h1>姓名：${stuName}</h1>
    <h1>电话：${age}</h1>
</body>
</html>
```

在视图文件中，使用 EL 表达式读取 stuName 和 age 两个变量的值并显示在页面上。

编写好以上代码后，首先单击 IntelliJ IDEA 的运行按钮或调试按钮，Maven 会编译和打包项目。然后启动 Tomcat 服务器，并将打包好的项目部署到服务器上。如果没有发生错误，就会在 IntelliJ IDEA 的输出窗口（见图 7-7）看到 Tomcat 的启动过程，并返回一个网址链接，这就是应用程序的根路径地址。使用浏览器进入这个网址，并在这个网址后面添加/student-list，即可看到运行结果。第一个 Spring MVC 应用程序就运行成功了，效果如图 7-8 所示。

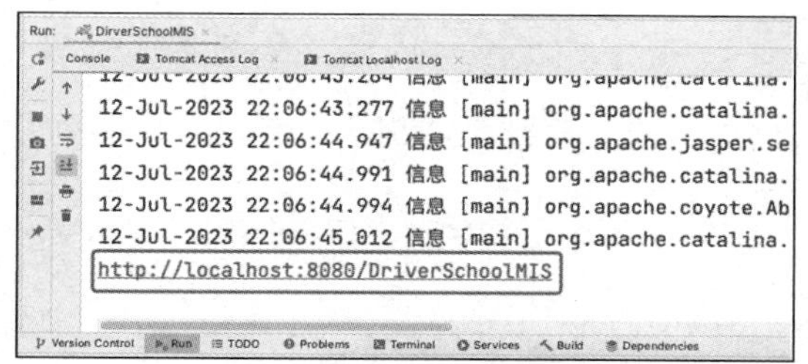


图 7-7　IntelliJ IDEA 的输出窗口

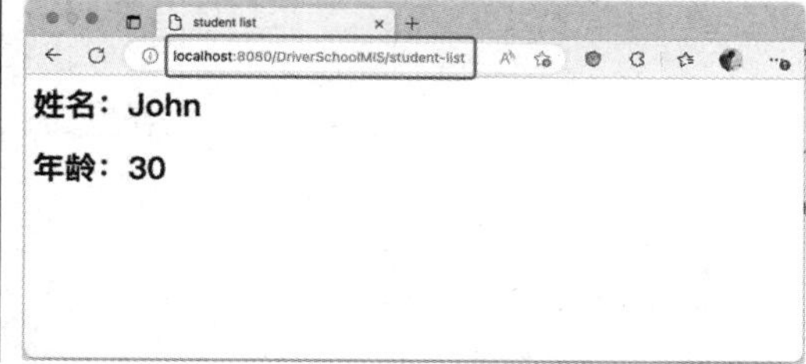


图 7-8　第一个 Spring MVC 应用程序的运行效果

在后续章节中，会详细介绍 Spring MVC 响应请求过程中的各种细节，以及如何让处理器选择一个恰当的视图。

视频 7-2

## 7.3　请求的响应

以上一节的应用程序为例，看一下我们是如何让一个处理器方法响应请求的。让一个函数（本例中是 list()函数）响应 HTTP 请求，我们做了以下事情。

首先，在类上应用@Controller 注解，将类标注为控制器的 Bean，这是我们在 Spring IoC 部分学习过的。

其次，在方法上应用@RequestMapping 注解，将方法标注为处理器，用来响应 HTTP 请求。注解中的成员，显然是请求这个处理器的 URL（Uniform Resource Locator，统一资源定位系统）的一部分。

最后，让方法返回一个 ModelAndView 类的对象，ModelAndView 是 Spring MVC 对 Model 和 View 的封装，Spring MVC 中的处理器可以返回多种类型的值，但最后都会被封装在一个 ModelAndView 类的对象中。在本例中，我们把数据（一个 String 类型的变量，一个数值类型的变量）封装在 ModelAndView 类的对象里，并通过它选择了一个视图。同时，在视图文件里，通过 EL 表达式取出了 ModelAndView 类中的数据并显示在页面上。

在上述过程中，可以看出@RequestMapping 注解和 ModelAndView 类起了关键作用，它们分别决定了如何让一个方法响应请求，以及如何封装数据并选择视图。下面将详细讨论这两部分内容。本节讨论在 Spring MVC 中请求的响应和与之相关的设置，关于处理器的返回值和视图将在后续章节中讨论。

### 7.3.1 @RequestMapping 注解

@RequestMapping 注解可以用在方法上，作用是将一个方法标注为处理器，它的默认成员就是表示请求路径的字符串，如：

```
@RequestMapping("/student-list")
ModelAndView list(){
    ...
}
```

在这种情况下，处理器 list 的请求路径是：

```
[应用程序根路径]/student-list
```

这个注解也可以用在类上，作用是为这个类内的所有处理器提供一个统一的请求父路径，如：

```
@Controller
@RequestMapping("/student")
public class StudentController{
    @RequestMapping("/list")
    ModelAndView list(){
        ...
    }
}
```

在这种情况下，处理器 list 的请求路径是：

```
[应用程序根路径]/student/list
```

可见，最终的请求路径是两部分拼接的结果。后一种用法是更经常使用的，可以让用户清晰地看到当前的请求是对哪个实体的操作。

### 7.3.2 @RequestMapping 注解的成员

@RequestMapping 注解还有很多其他成员，这些成员的取值影响处理器响应请求时的行为，如表 7-1 所示。

表 7-1 @RequestMapping 注解的成员

| 成 员 | 类 型 | 含 义 |
| --- | --- | --- |
| value | String | 请求路径 |
| path | String | value 的别名 |
| name | String | 处理器的名称 |

续表

| 成　员 | 类　型 | 含　义 |
|---|---|---|
| method | RequestMethod<br>RequestMethod[] | 指定处理器可以响应的请求方式 |
| params | String、String[] | 指定处理器只能响应包含特定参数及值的请求 |
| headers | String、String[] | 指定处理器只能响应请求头中包含特定域的请求 |
| consumes | String、String[] | 指定处理器只能响应特定内容类型（Content-Type）的请求 |
| produces | String、String[] | 指定处理器返回的响应体的类型 |

1. method 成员

method 成员用于指明处理器可以响应哪些方式的请求。请求方式也称为 HTTP 动词，是 HTTP 规定的。HTTP/0.9 版本仅支持 GET 一种请求方式，HTTP/1.0 版本支持 GET、POST、HEAD 三种请求方式。HTTP/1.1 版本是目前应用最广泛的版本，增加了 PUT、DELETE 等请求方式。Spring MVC 6.0.5 支持八种 HTTP 请求方式，如表 7-2 所示。

表 7-2　Spring MVC 6.0.5 支持的 HTTP 请求方式

| 方法名 | 含　义 |
|---|---|
| GET | 向指定资源发出请求，数据包含在请求路径中 |
| POST | 向指定资源提交数据并处理请求，数据包含在请求体中。POST 请求可能导致新资源的建立和/或已有资源的修改 |
| HEAD | 向服务器索取与 GET 请求一致的响应，只不过响应体不会被返回 |
| PUT | 在指定资源位置上传新数据 |
| DELETE | 请求删除指定位置上的资源 |
| PATCH | 局部更新指定位置上的资源 |
| OPTIONS | 返回服务器针对指定资源所支持的 HTTP 请求方法 |
| TRACE | 回显服务器收到的请求，主要用于测试或诊断 |

使用@RequestMapping 注解的 method 成员可以指定当前处理器只响应哪个或哪些方式的 HTTP 请求。想让一个处理器只响应 GET 请求，可以通过以下方式实现：

```
@RequestMapping(value="/list", method=RequestMethod.GET)
ModelAndView list(){
    ...
}
```

需要注意的是，此时@RequestMapping 有两个成员，因此 value 成员的“value=”不可以省略。当然，也可以使用 value 的别名 path，写为“path=”。此时，在浏览器中输入网址“[应用程序根路径]/student/list”是可以访问的，原因在于在浏览器的地址栏中提交的请求是 GET 请求。如果将处理器改为：

```
@RequestMapping(value="/list", method=RequestMethod.POST)
ModelAndView list(){
    ...
}
```

在浏览器中发送请求就会得到以下信息：

```
HTTP 状态 405 - Method Not Allowed
```

在 HTTP 中，当对客户端的请求出现错误时，为了让客户端更好地了解产生错误的原因，服务器会返回一个状态码和状态描述。状态码是错误信息的一个代号，状态描述是对错误信息的简要说明。上述信息的状态码是 405，状态描述是“Method Not Allowed”，表示 GET 请求方式不被允许。换句话说，服务器不会响应这种请求方式。

HTTP/1.1 版本有以下几类常见的 HTTP 状态码。

（1）1×：信息，服务器收到请求，需要请求者继续执行操作。

（2）2×：成功，操作被成功接收并处理。

（3）3×：重定向，需要进一步的操作来完成请求。

（4）4×：客户端错误，请求包含语法错误或无法完成请求。

（5）5×：服务器错误，服务器在处理请求的过程中发生了错误。

使用 Spring MVC 时经常会见到的 HTTP 状态码如表 7-3 所示，了解这些状态码有助于我们快速排查程序中的问题。

表 7-3　常见的 HTTP 状态码

| 状态码 | 状态描述 | 含　义 |
| --- | --- | --- |
| 200 | OK | 请求成功（一般性的成功） |
| 201 | Created | 请求成功并创建了资源，用于 POST 请求 |
| 204 | No Content | 请求成功但未返回内容，一般用于 DELETE 请求 |
| 400 | Bad Request | 请求的语法错误，服务器无法理解 |
| 401 | Unauthorized | 要求用户身份认证 |
| 403 | Forbidden | 服务器理解此请求，但拒绝执行此请求 |
| 404 | Not Found | 请求的资源无法找到 |
| 405 | Method Not Allowed | 请求方法被禁止 |
| 406 | Not Acceptable | 服务器无法根据客户端请求的内容特性完成请求 |
| 415 | Unsupported Media Type | 服务器无法处理请求附带的媒体格式，即服务器程序不会处理请求体中的数据格式 |
| 500 | Internal Server Error | 服务器内部错误，后台代码出错就会返回这个状态码 |

可以发现，4×的错误意味着不是服务器端程序有问题，是客户端请求的行为不对，如 401 表示请求的人没有权限，404 表示请求的地址不正确，405 表示请求方法不被支持；而 5×的错误意味着服务器端程序出错。因此，掌握常见的 HTTP 状态码有助于我们快速定位错误。

在 HTML 中，通过网页表单的 method 属性只能提交 GET 请求和 POST 请求，那么其他请求应该如何提交呢？下面介绍一种使用比较多的方法，需要使用 Spring MVC 提供的过滤器 HiddenHttpMethodFilter。这个过滤器会获取客户端提交的名为_method 的隐藏域的值，这个值就作为请求方式，HiddenHttpMethodFilter 根据这个请求方式重新向处理器发送请求。过滤器的配置如下：

```
<filter>
    <filter-name>hiddenHttpMethodFilter</filter-name>
    <filter-class>org.springframework.web.filter.HiddenHttpMethodFilter</filter-class>
</filter>
<filter-mapping>
    <filter-name>hiddenHttpMethodFilter</filter-name>
    <url-pattern>/*</url-pattern>
</filter-mapping>
```

需要注意的是，这个过滤器的配置需要放在前端控制器配置之前。

客户端浏览器需要借助表单的隐藏域<input type="hidden">来发送请求。下面通过发送一个 DELETE 请求来模拟一个删除学员信息的功能。

首先，建立提交删除请求的页面 delete.jsp，主要代码如下：

```
<body>
    <form action="student/delete" method="post">
        <input type="hidden" name="_method" value="delete" />
        <input type="submit" value="删除" />
    </form>
</body>
```

这里设置了一个隐藏域，name 值为_method，value 值为 delete，HiddenHttpMethodFilter 过滤器将此请求转换为 DELETE 请求。

处理器则可以使用以下形式的注解进行标注：

```
@RequestMapping(path="/delete", method = RequestMethod.DELETE)
public ModelAndView delete() {
    ModelAndView mv = new ModelAndView();
    mv.addObject("stuName", "John");
    mv.setViewName("/Web-INF/jsp/student-delete.jsp");
    return mv;
}
```

student-delete.jsp 是模拟删除成功的页面，主要代码如下：

```
<%@page contentType="text/html;charset=UTF-8" %>
<html>
<head>
    <title>student delete</title>
</head>
<body>
    <h1>学员${stuName}已删除！</h1>
</body>
</html>
```

如果使用的服务器是 Tomcat 8 以上的版本，这样做依然会收到一个 405 消息，并显示“JSP 只允许 GET、POST 或 HEAD。Jasper 还允许 OPTIONS”。这是由于 Tomcat 8 及以上版本限制了客户端提交请求的方式，原因在于它不认为客户端会通过表单提交一个 DELETE 请求。要想正常显示页面，只需在 student-delete.jsp 的页面指令中加入 isErrorPage="true" 即可：

```
<%@page contentType="text/html;charset=UTF-8" isErrorPage="true" %>
```

但这并不是从根本上解决问题，只是把 student-delete.jsp 当作错误处理页面对待，相当于把 Bug 隐藏起来了。

其实，除了 GET 和 POST 的其他请求方式，更多时候是应用在 RESTful 中的。在 RESTful 中，一般不会通过页面表单提交数据，服务器的响应也是 JSON、XML 等纯数据，而不是一个 jsp 页面。因此，上面出现的情况在实际应用中是比较少见的。

@RequestMapping 注解的 method 成员值还可以是 RequestMethod 枚举的数组，表示可以响应多种类型的请求，如：

```
@RequestMapping(path="/delete",method={RequestMethod.DELETE,RequestMethod.GET})
```

表示处理器可以响应 DELETE 和 GET 请求，假如此时通过浏览器地址栏请求“[应用程序根路径]/student/delete”也是可以响应的。如果不设置 method 成员值，其默认值为空，可以响应任何类型的请求。

由于 method 成员比较常用，因此 Spring MVC 提供了另外几个注解，它们的作用一目了然。

（1）@GetMapping：标记响应 GET 请求的处理器。

（2）@PostMapping：标记响应 POST 请求的处理器。

（3）@DeleteMapping：标记响应 DELETE 请求的处理器。

（4）@PutMapping：标记响应 PUT 请求的处理器。

（5）@PatchMapping：标记响应 PATCH 请求的处理器

使用方法如下：

```
@GetMapping("/list")
public ModelAndView list() {
    ...
}
```

视频 7-3

2. params 成员

params 成员用于指明请求中必须包含的参数和参数值，参数指的是请求地址“?”后面带的参数。params 成员常见的使用格式有以下几种。

（1）params="id" 表示请求中必须包含名为 id 的参数，合法的请求格式为 xxx/xxx?id=xx。

（2）params="id=1"表示请求中必须包含名为 id 的参数，且值必须为 1，合法的请求格式为 xxx/xxx?id=1。

（3）params={"id=1", "name"}表示请求中必须包含名为 id 和 name 的两个参数，且 id 的值必须为 1，合法的请求格式为 xxx/xxx?id=1&name=xx。

例如，要删除指定姓名的学员，可以将姓名通过 stuName 参数传递给处理器。修改一下 delete 处理器代码：

```
@RequestMapping(path="/delete",
                method={RequestMethod.DELETE, RequestMethod.GET},
```

```
                    params="stuName")
public ModelAndView delete(String stuName) {
    ModelAndView mv = new ModelAndView();
    mv.addObject("stuName", stuName);
    mv.setViewName("/Web-INF/jsp/student-delete.jsp");
    return mv;
}
```

这里给处理器函数添加了一个名为 stuName 的入参，通过它可以获取请求地址中的同名 stuName 参数，这个过程称为请求参数的绑定，关于这部分内容后续章节会做详细介绍。如果请求中不包含 stuName 参数，就会得到一个 400 错误（错误的请求）。其实，当请求中的参数处理器不能够识别时，就会返回 400 错误（错误的请求）。当请求参数中包含名为 stuName 的参数时，则处理器可以正常响应。

如果将 params 成员的值修改为：

```
@RequestMapping(path="/delete",
                method={RequestMethod.DELETE, RequestMethod.GET},
                params="stuName=John")
```

则请求中必须包含名为 stuName 的参数，且值必须为 John 时才能正常响应。

3. headers 成员

headers 成员用于指明请求头中必须包含的内容，也就是说，请求头中必须包含 headers 成员指定的内容，处理器才会响应。

一个 HTTP 请求包含请求行、请求头和请求体，在某些情况下不包含请求体，只有请求行和请求头。请求头以若干 key:value 的形式声明了请求的各种特性。如前面向 list 处理器发送请求时，可以在浏览器的开发人员工具中看到发送的请求数据和收到的响应数据。请求头数据类似于：

```
GET /DriverSchoolMIS/student/list HTTP/1.1
Accept:
text/html,application/xhtml+xml,application/xml;q=0.9,image/webp,image/apng,*/*;q=0.8,application/signed-exchange;v=b3;q=0.9
Accept-Encoding: gzip, deflate, br
Accept-Language: zh-CN,zh;q=0.9,en;q=0.8,en-GB;q=0.7,en-US;q=0.6
Cache-Control: max-age=0
Connection: keep-alive
Cookie: JSESSIONID=351D009155684EBDCBD747D08E59DB6E
Host: localhost:8080
Sec-Fetch-Dest: document
Sec-Fetch-Mode: navigate
Sec-Fetch-Site: none
Sec-Fetch-User: ?1
Upgrade-Insecure-Requests: 1
User-Agent: Mozilla/5.0 (Macintosh; Intel Mac OS X 10_15_7) AppleWebKit/537.36 (KHTML, like Gecko) Chrome/107.0.0.0 Safari/537.36 Edg/107.0.1418.42
```

```
sec-ch-ua: "Microsoft Edge";v="107", "Chromium";v="107", "Not=A?Brand";v="24"
sec-ch-ua-mobile: ?0
sec-ch-ua-platform: "macOS"
```

headers 成员表示请求头中包含特定字段和/或字段值才响应。如：

```
@GetMapping(path="/list", headers="New-Key")
```

表示请求头中包含名为“New-Key”的字段才响应。假如此时直接在地址栏中使用“[应用程序根路径]/student/list”地址访问，会得到一个 404 错误（无法找到），原因在于此时请求头中并没有名为 New-Key 的字段。要在请求头中添加字段，可以借助 Postman 工具。通过 Postman 工具在请求头中增加一个字段 New-Key，可以看到处理器正确地响应了请求，如图 7-9 所示。

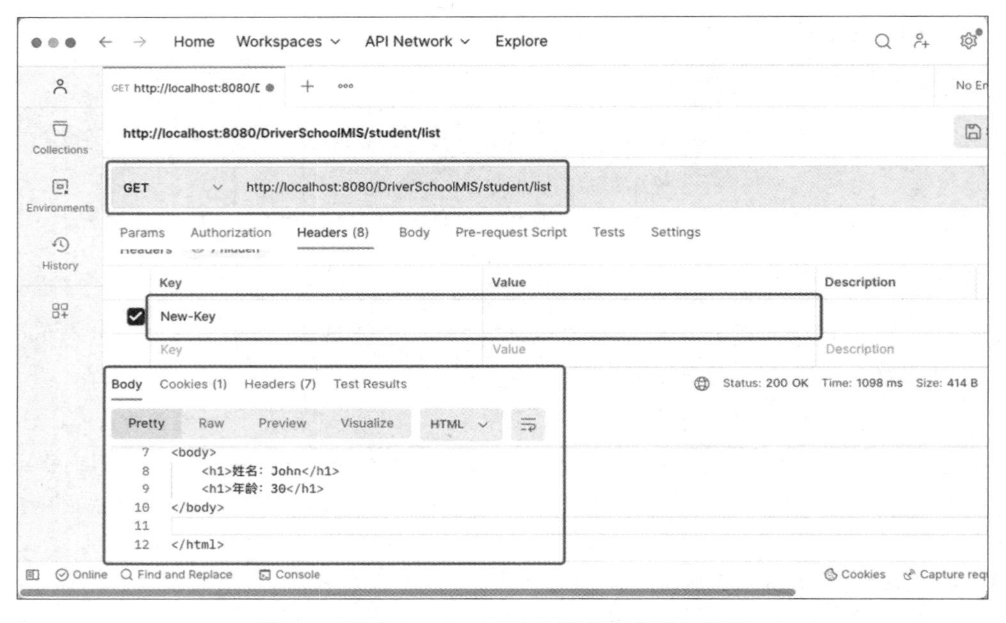


图 7-9　通过 Postman 工具在请求头中添加字段

上面使用 headers 成员时，只是声明了必须包含的字段名，对于字段值没有要求，因此字段值为空也是可以的。使用 headers 成员也可以同时声明字段的取值，如：

```
@GetMapping(path="/list", headers="New-Key=abc")
```

表示请求头中必须包含名为 New-Key 的字段，且值必须为 abc。另外，headers 成员的值也可以是字符串数组，数组元素表示的字段名和/或字段值必须同时包含在请求头中，处理器才会响应。如：

```
headers={"Key1=abc", "Key2"}
```

表示请求头中必须包含名为 Key1 和 Key2 两个字段，且 Key1 的值必须为 abc，处理器才会响应。

视频 7-4

4. consumes 成员

consumes 成员指明只响应具有特定内容类型的请求。Content-Type 是请求头的一个字段，声明的是请求体的数据格式，以便服务器处理。如：

```
Content-Type: text/html;charset=UTF-8
```

为了验证 consumes 成员的作用，我们设计了一个模拟学员登录的页面 login.jsp，通过表单以 POST 方式提交学员姓名。主要代码如下：

```
<%@page contentType="text/html;charset=UTF-8" %>
<html>
<head>
    <meta charset="UTF-8">
    <title>student login</title>
</head>
<body>
    <form action="student/login" method="post">
        姓名：<input type="text" name="stuName" /><br />
        <input type="submit" value="登录" />
    </form>
</body>
</html>
```

login 是模拟学员登录的处理器：

```
@PostMapping(path="/login")
public ModelAndView login(String stuName) {
    ModelAndView mv = new ModelAndView();
    mv.addObject("stuName", stuName);
    mv.addObject("age", 30);
    mv.setViewName("/Web-INF/jsp/student-list.jsp");
    return mv;
}
```

这里使用了@PostMapping 注解，使其只响应 POST 请求。在 login.jsp 的表单中输入学员的姓名和电话，并单击“登录”按钮后，可以观察到请求头存在 Content-Type 字段：

```
Content-Type: application/x-www-form-urlencoded
```

“application/x-www-form-urlencoded”是通过网页的表单提交数据的默认格式，其请求体是经编码的“key:value”格式的数据。例如，当输入“John”并提交时，请求体的内容是：

```
stuName=John
```

此时提交表单数据，处理器是可以响应的。但如果将处理器改为：

```
@PostMapping(path="/login", consumes="application/json")
public ModelAndView login(String stuName) {
    ...
}
```

再次通过 login.jsp 提交数据，会得到一个 415 错误（不支持的媒体类型），并提示“Content-Type 'application/x-www-form-urlencoded' is not supported.”。这是因为通过 consumes 成员声明了该处理器只响应 Content-Type 为 application/json 的请求。可以通过 Postman 工具构造一个 JSON 格式的请求体：

```
{
    "stuName": "Tom",
}
```

同时，在 Postman 工具中将请求头中的“Content-Type”修改为“application/json”，并提交请求，则处理器可以正常响应，如图 7-10 所示。

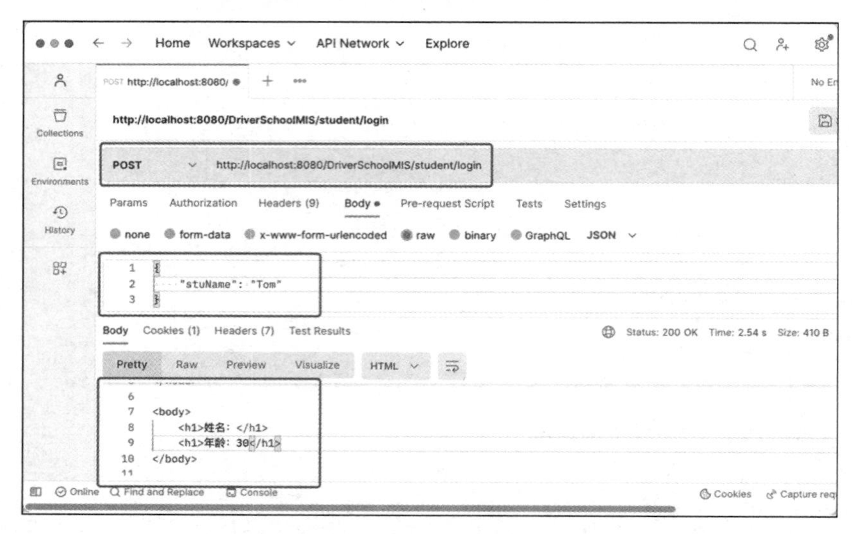


图 7-10　在 Postman 工具中的响应结果

需要注意的是，此时处理器虽然可以正常响应请求，但是在响应结果中看不到提交的姓名，原因在于此时的处理器还不会处理 JSON 格式的数据。如何使处理器能够解析客户端提交的 JSON 格式的数据，会在后续章节中介绍。

consumes 成员也可以是字符串数组，表示请求头的 Content-Type 字段值为其中任意一个时，处理器都可以响应，如：

```
@PostMapping(path="/login",
                consumes={"application/json", "application/xml"})
public ModelAndView login(String stuName) {
    ...
}
```

此时，通过 Postman 工具提交以下格式的数据也可以正常响应，虽然响应结果中也没有提交的姓名。

```
<stuName>Tom</stuName>
```

视频 7-5

5. produces 成员

produces 成员用于指明处理器只响应请求头中包含特定 Accept 字段的请求。请求头中的 Accept 字段用于指明该请求所期望的响应体数据格式，produces 成员的作用相当于声明处理器能返回的响应体数据格式。因此，当请求头中的 Accept 字段与 produces 成员的值不一致时，就意味着处理器不会给出客户端期望的响应体数据格式，也就不会响应请求。

为了验证 produces 成员的作用，将用于模拟学员登录的处理器代码修改为：

```
@PostMapping(path="/login", produces="application/json")
public ModelAndView login(String stuName) {
    ...
}
```

表示这个处理器只响应 Accept 字段是“application/json”的请求。重新提交请求，依然会得到正确的响应，看起来 produces 成员并没有起作用。这是为什么呢？观察提交模拟学员登录信息时的请求头，会发现请求头中包含的 Accept 字段为：

```
Accept: text/html,application/xhtml+xml,application/xml;q=0.9,image/webp,image/apng,*/*;q=0.8, application/signed-exchange;v=b3;q=0.9
```

“*/*”表示可以接收任何类型的响应体格式，当然也可以接收“application/json”格式，因此处理器仍然可以正常响应。现在，我们使用 Postman 工具新增一个 Accept 字段，将其值设置为“text/html”，覆盖自动生成的 Accept 字段。重新发送请求，便会得到一个 406 错误（不可接受），并提示“Acceptable representations: [application/json].”，如图 7-11 所示。

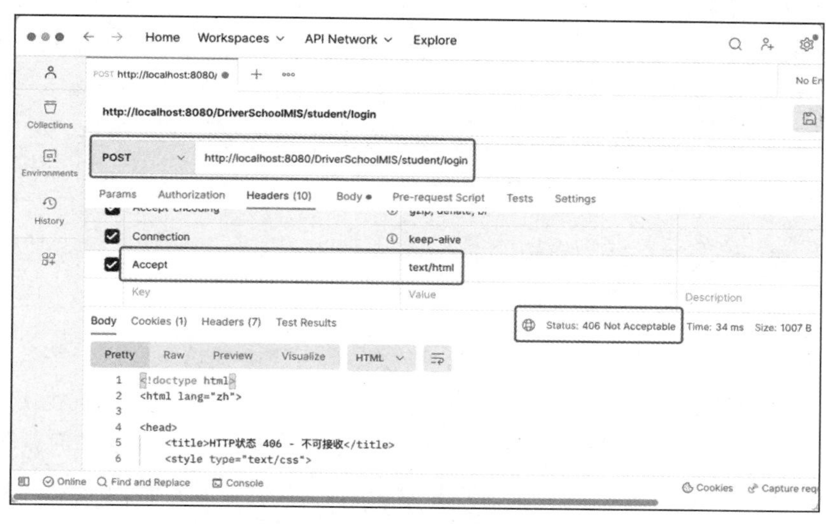


图 7-11　Postman 工具中的 406 错误

这说明处理器没有响应这一请求。再将 Accept 字段的值修改为“application/json”，重新提交请求会得到响应结果。需要注意的是，此时的响应结果并不是 JSON 格式，仍然是 HTML 格式，原因在于处理器还不知道如何返回 JSON 格式的数据。如何让处理器返回 JSON 格式的数据，会在后续章节中介绍。

produces 成员也可以取字符串数组，表示请求头的 Accept 字段值为其中任意一个时，处理器都可以响应，如：

```
@PostMapping(path="/login",
             produces={"application/json", "text/html"})
public ModelAndView login(String stuName) {
    ...
```

```
}
```

实际上，method、headers、consumes 和 produces 成员都相当于设置一种契约，只有客户端的请求满足相应的契约，服务器才响应它。

视频 7-6

通过前面的学习可以看到，@RequestMapping 注解的各个成员的作用无外乎对处理器规定一套请求的规则。当客户端发起请求时，只有符合这套规则，处理器才会响应。对这套规则掌握得越清楚，在客户端请求的过程中就越不容易发生错误。

在平常的工作和生活中，我们做事情也要符合规则。按规律办事，小则关系到个人成就，大则关系到民族、国家的发展。比如，早睡早起才能精力充沛，这是自然规律；使用身份证等才能从银行柜台取钱，这是人为制定的规则，也是需要遵循的规律。

中国共产党一直都坚持理论联系实际，一切从实际出发，按照事物发展规律和实际情况科学决策，尊重客观规律，避免主观臆断。经过一个世纪的砥砺前行，中国共产党带领中国人民创造了人类发展史上的奇迹。中国共产党为什么能取得成功？原因之一就是在科学的理论指导下，遵循客观规律，从中国的实际出发，从人民群众的需要和根本利益出发，做出科学正确的决策，不断探索符合中国国情的发展道路。

## 7.4 请求参数的绑定

当客户端向服务器发送 HTTP 请求时，在很多情况下会随请求发送一些数据。这些数据可能包含在请求体中，也可能是请求地址“?”后面附带的参数，我们统称这些数据为请求参数。请求参数的绑定解决的是客户端随请求发送的数据在服务器端如何获取的问题。

在 Spring MVC 中，完成这项工作的核心是 DataBinder 接口的实现类，它会将随请求发送的参数绑定到处理器函数的入参上。下面按照数据类型介绍常用请求参数的绑定方法。

### 7.4.1 字面值参数的绑定

对于字面值，Spring MVC 可以直接将请求参数绑定到处理器的同名入参上，并自动完成相应的数据类型解析。下面以模拟登录功能为例：

```
<form action="student/login" method="post">
    姓名：<input type="text" name="stuName" /><br />
    <input type="submit" value="登录" />
</form>
```

表单输入域的 name 属性值将作为请求参数名，如果其与处理器入参同名，可以自动完成绑定。例如：

```
@PostMapping(path="/login")
public ModelAndView login(String stuName) {
    ...
}
```

这段代码是通过表单以 POST 方式提交的数据，通过 GET 方式提交请求参数也是可以的，如：

```
[网站根路径]/student/login?stuName=John
```

在多数情况下，保持请求参数和处理器入参同名是容易做到的。但在某些情况下，请求参数和处理器入参不同名，此时要想实现请求参数的绑定，需要使用@RequestParam 注解。@RequestParam 注解用于标注处理器入参，作用是把请求中指定名称的参数绑定到其标注的处理器入参上。这个注解有两个成员。

（1）name：指明请求参数名。

（2）require：指明参数是否必需。当其值为 true 时，表示标注的处理器入参对应的请求参数必须提供，且必须为 name 成员指定的值，否则会返回一个 400 错误（错误的请求）。该成员的默认值为 true。

将上面的代码进行修改，看一下@RequestParam 注解的作用。首先，将登录页面中的表单修改为：

```
<input type="text" name="name" />
```

请求参数名为“name”，则在对应的处理器中可以这样绑定：

```
@RequestMapping(path="/login")
public ModelAndView login(@RequestParam(name="name") String stuName) {
    ...
}
```

### 7.4.2　对象类型参数的绑定

有时，会把多个请求参数封装在一个实体对象中，便于处理器处理。此时，Spring MVC 会自动将请求参数绑定到实体对象的同名属性上。

比如，首先把 stuName 和 age 封装到 Student 实体类中：

```
public class Student {
    private String stuName;
    private int age;
    public String getStuName() {
        return stuName;
    }
    public void setStuName(String stuName) {
        this.stuName = stuName;
    }
    public int getAge() {
        return age;
    }
```

```
        public void setAge(int age) {
                this.age = age;
        }
}
```

然后将处理器修改为：

```
@RequestMapping(path="/login")
public ModelAndView login(Student student) {
        ModelAndView mv = new ModelAndView();
        mv.addObject("stuName", student.getStuName());
        mv.addObject("age", student.getAge());
        mv.setViewName("/Web-INF/jsp/student-list.jsp");
        return mv;
}
```

最后修改 login.jsp，增加一个文本框，用于输入年龄，主要代码如下：

```
<form action="student/login" method="post">
        姓名：<input type="text" name="stuName" /><br />
        年龄：<input type="text" name="age" /><br />
        <input type="submit" value="登录" />
</form>
```

运行程序，可以看到输入的姓名和年龄可以成功绑定到处理器入参 student 对象的 stuName 和 age 两个属性上。

### 7.4.3 数组类型参数的绑定

在项目开发过程中，经常会遇到这样一种应用场景：在页面上勾选多个选项后，将所有勾选的数据提交到服务器，如图 7-12 所示。

图 7-12　在页面中进行批量处理

在这种情况下，请求体中的数据就是一个数组。下面讲解如何将一个数组类型的请求参数绑定到处理器入参上。

首先，模拟一个批量删除学员的页面 batch-delete.jsp，主要代码如下：

```
<%@ taglib prefix="c" uri="jakarta.tags.core" %>
<form action="student/batch-delete" method="post">
    <table>
        <tr>
            <td></td>
            <td>姓名</td>
        </tr>
        <c:forEach var="i" begin="1" end="10" step="1">
            <tr>
                <td><input type="checkbox" name="ids" value="${i}"></td>
                <td>学员${i}</td>
            </tr>
        </c:forEach>
    </table>
    <input type="submit" value="删除" />
</form>
```

这里使用 JSTL 的标签<c:forEach>循环显示一组复选框。需要注意的是，要使用 JSTL，需要在 pom.xml 中添加 JSTL 的 API 和相应实现的依赖项：

```
<dependency>
    <groupId>jakarta.servlet.jsp.jstl</groupId>
    <artifactId>jakarta.servlet.jsp.jstl-api</artifactId>
    <version>3.0.0</version>
</dependency>
<dependency>
    <groupId>org.glassfish.web</groupId>
    <artifactId>jakarta.servlet.jsp.jstl</artifactId>
    <version>3.0.1</version>
</dependency>
```

在页面上选择多个学员后，单击“删除”按钮，如果此时查看请求体数据，则可以看到以下格式的数据：

```
ids=1&ids=2&ids=3&ids=4 （选择了几个选项就有几个 ids=）
```

然后，定义用于批量删除的处理器方法：

```
@PostMapping(path="/batch-delete")
public ModelAndView delete(int[] ids) {
    ModelAndView mv = new ModelAndView();
    mv.addObject("ids", ids);
    mv.setViewName("/Web-INF/jsp/student-batch-delete.jsp");
    return mv;
}
```

需要注意的是，处理器入参的数据类型是 int[]，Spring MVC 会对数组元素进行类型解析。上述代码中的视图文件名“student-batch-delete.jsp”对应的是模拟批量删除的结果页面，主要代码如下：

```
<%@ taglib prefix="c" uri="jakarta.tags.core" %>
<body>
    <c:forEach items="${ids}" var="id">
        <h1>学员${id}已删除！</h1>
    </c:forEach>
</body>
```

视频 7-7

### 7.4.4 路径变量

在 Spring MVC 中，还可以把参数作为请求地址的一部分（注意，不是请求地址中“？”后面带的参数），将其称为路径变量。如“[应用程序根路径]/student/list/John”，请求地址最后的“John”就是路径变量。

要使用路径变量，有两件事要做：

（1）在定义处理器请求路径时，把要当作路径变量解析的部分放在{}中。

（2）在处理器入参中，使用@PathVariable 注解对路径变量对应的入参进行标记。

比如，使用路径变量模拟按姓名查询学员信息的处理器：

```
@GetMapping(path="/list/{stuName}")
public ModelAndView list(@PathVariable String stuName) {
    ModelAndView mv = new ModelAndView();
    mv.addObject("stuName", stuName);
    mv.addObject("age", 30);
    mv.setViewName("/Web-INF/jsp/student-list.jsp");
    return mv;
}
```

此时在浏览器中请求“[应用程序根路径]/student/list/John”，就会得到与之前相同的结果。

在使用路径变量时，Spring MVC 也会自动进行类型解析，因此需要注意防止出现类型解析错误。另外，如果声明了路径变量，在请求路径中就一定要使用，否则会返回 404 错误（无法找到），相当于请求路径不正确。

Spring MVC 也允许路径变量与处理器入参不同名，只需要使用@PathVariable 注解的 value 或 name 成员（二者互为对方的别名）指明即可，如：

```
@GetMapping(path="/list/{name}")
public ModelAndView list(@PathVariable(name="name") String stuName) {
    ...
}
```

@PathVariable 注解还有一个成员 required，用于指明其所标注的处理器入参是否必须出现在路径变量中，如果将其设置为 false，@PathVariable 标注的处理器入参就可以不在路径变量中。上面讲解过，声明了路径变量在请求路径中就必须使用，那么这里怎么又允许不使用了呢？这是因为 Spring MVC 允许给一个处理器声明多个请求路径。比如，现在有这样一个需求：如果提供了路径变量，就按照路径变量指明的姓名查询学员信息，否则查询所有学员信息。此时，处理器可以这样定义：

```
@GetMapping(path={"/list/{name}", "/list"})
public ModelAndView list(@PathVariable(name="name", required=false) String stuName) {
    if(stuName == null || stuName.trim().length == 0) {
        // query all students
    } else {
        // query student by stuName
    }
}
```

这段代码为处理器声明了两个请求路径，并且在第二个请求路径中不包含路径变量，这样就需要将处理器入参注解中的 required 设置为 false，否则直接请求“[应用程序根目录]/student/list”会出现错误。但是如果不提供路径变量，那么路径变量对应的处理器入参将是 null。因此，需要在处理器内部进行判断，以防处理器运行出错。

视频 7-8

路径变量使用最多的场景是 RESTful 应用，后续章节会对 RESTful 应用做详细讨论。

### 7.4.5　请求参数绑定时的数据校验

任何服务器端应用程序都有必要对客户端提交的数据进行校验，以避免非法数据对服务器可能造成的破坏。JSR-303 提供了一组用于实体数据校验的注解，通过在实体类的属性上使用这些注解，对要注入的属性值进行限制。这些注解主要包括以下内容。

（1）@Null：检查对象是否为 null。

（2）@NotNull：检查对象是否不为 null。

（3）@AssertTrue：检查 Boolean 值是否为 true。

（4）@AssertFalse：检查 Boolean 值是否为 false。

（5）@Min(value)：检查数值是否大于或等于给定值。

（6）@Max(value)：检查数值是否小于或等于给定值。

（7）@DecimalMin(value)：检查 BigDecimal 是否大于或等于给定值。

（8）@DecimalMax(value)：检查 BigDecimal 是否小于或等于给定值。

（9）@Size(max, min)：检查集合的大小是否在给定范围内。

（10）@Digits(integer, fraction)：检查字符串是否符合指定的数值格式。

（11）@Past：检查日期时间类型值是否在当前时间之前。

（12）@Future：检查日期时间类型值是否在当前时间之后。

Hibernate Validator 是 JSR-303 的一个实现，它还提供了其他注解，常用的注解包括以下内容。

（1）@Length(min, max)：检查字符串长度是否在给定范围内。

（2）@NotBlank：检查字符串是否为 null，以及是否为空白。

（3）@NotEmpty：检查字符串是否为 null，以及是否为 empty。

（4）@URL：检查字符串是否为 URL 格式。

（5）@Range(min, max)：检查数值是否在给定范围内。

（6）@UniqueElements：检查集合中的元素是否重复。

（7）@Email：检查字符串是否为 email 格式。

Spring 也有一套自己的数据校验框架，支持自定义数据校验，可以灵活地对实体类的属性进行检查。

下面通过对 Student 类中的属性进行校验，简要说明请求参数绑定时的数据校验方法。

要使用数据校验注解，需要引入相关依赖项。这里引入 Hibernate Validator 依赖项，并且对其进行了扩展。首先，在 pom.xml 中添加以下依赖项：

```
<dependency>
    <groupId>org.hibernate.validator</groupId>
    <artifactId>hibernate-validator</artifactId>
    <version>8.0.0.Final</version>
</dependency>
```

修改 Student 类，使用注解对各属性进行校验：

```
public class Student {
    @NotBlank(message="姓名不能为空")
    private String stuName;
    @Range(min=18, max=70,message="年龄必须在 18～70 岁")
    private int age;


    ...


}
```

需要注意的是，判断姓名是否为空需要使用注解@NotBlank。因为@NotBlank 会先去除字符串的前导空格和后继空格，再判断长度是否为 0，而@NotEmpty 直接判断字符串长度是否为 0。

然后，定义一个模拟学员注册的控制器：

```
@RequestMapping(path="/register")
public ModelAndView register(@Valid Student student,
                             BindingResult bindingResult) {
    ModelAndView mv = new ModelAndView();
    if(bindingResult.hasErrors()) {
        List<ObjectError> errors = bindingResult.getAllErrors();
        mv.addObject("errors", errors);
        mv.setViewName("/Web-INF/jsp/validation-error.jsp");
    } else {
        mv.addObject("stuName", student.getStuName());
        mv.addObject("age", student.getAge());
        mv.setViewName("/Web-INF/jsp/student-list.jsp");
```

```
        }
        return mv;
    }
```

在以上代码中，在需要校验的实体对象前使用@Valid 注解，表示对该对象中的属性进行校验。BindingResult 类是 Spring 框架提供的，它会封装校验结果信息。需要注意的是，使用@Valid 注解标记的入参和 BindingResult 类的入参是一一对应的，如果有多个@Valid 注解，那么每个@Valid 注解后面跟着的 BindingResult 类就是这个@Valid 注解的验证结果。如果此时去掉实体对象后面的 BindingResult 类，并且校验未通过，就会抛出 BindException 异常，需要在全局异常处理器中捕获并统一处理。

最后，还需要一个模拟学员注册的页面 register.jsp，主要代码如下：

```
<%@page contentType="text/html;charset=UTF-8" %>
<html>
<head>
    <meta charset="UTF-8">
    <title>student register</title>
</head>
<body>
    <form action="student/register" method="post">
        姓名：<input type="text" name="stuName" /><br />
        年龄：<input type="text" name="age" /><br />
        <input type="submit" value="注册" />
    </form>
</body>
</html>
```

如果此时通过 register.jsp 页面提交不满足校验规则的数据，如将姓名留空，就会发现依然可以成功发送请求，也就是说，校验并没有起作用。这是因为漏掉了一个步骤，要使@Valid 注解起作用，需要在 Spring 配置文件中配置 Spring MVC 注解驱动：

```
<mvc:annotation-driven />
```

这一标签的作用是向容器中注册一系列 Bean，其中就包含 LocalValidatorFactoryBean 类的 Bean，而它正是实现数据校验所必需的。

下面代码中的“validation-error.jsp”对应的是数据校验失败页面：

```
<%@ page contentType="text/html;charset=UTF-8"%>
<%@ taglib prefix="c" uri="jakarta.tags.core" %>
<html>
<head>
    <title>validation error</title>
</head>
<body>
    <h1>数据校验错误</h1>
    <c:forEach items="${errors}" var="e">
        ${e} <br />
    </c:forEach>
```

```
</body>
</html>
```

这里循环显示 errors 集合中的每条错误，每条错误是一个 ObjectError 对象，当然也可以通过相应的成员得到具体的错误信息。

运行程序，如果在表单中填写的数据不能满足校验规则，则会在错误页面显示校验失败信息。例如，输入的姓名为空，会得到：

```
Field error in object 'student' on field 'stuName': rejected value []; codes [NotBlank.student.stuName, NotBlank.name,NotBlank.java.lang.String,NotBlank]; arguments [org.springframework.context.support. DefaultMessageSourceResolvable: codes [student.stuName,name]; arguments []; default message [name]]; default message [姓名不能为空]
```

视频 7-9

数据校验还有很多用法，可以对校验进行分组，还可以自定义校验规则等，此处不再详述。

# 7.5 视图与视图的选择

## 7.5.1 视图与视图解析器

在前面的例子中，处理器的返回值类型都是 ModelAndView，它是 Spring MVC 对数据和视图的抽象和封装。在 Spring MVC 中，处理器的返回值可以是多种类型，但最终都会被封装成 ModelAndView。视图类是 View 接口的实现类，每个视图类都对应一种视图。这些视图可能是 jsp 文件，可能是基于模板技术的视图文件（如 FreeMarker 等），可能是 XML、JSON 等交换数据格式，还可能是 PDF、Excel 等格式。

Spring MVC 支持的主要视图类型和对应的视图实现类如表 7-4 所示。

表 7-4　Spring MVC 支持的主要视图类型和对应的视图实现类

| 视图实现类 | 视图类型 |
| --- | --- |
| InternalResourceView | 封装服务器内部资源，该资源通过 URL 定位 |
| AbstractExcelView | Excel 文档视图的抽象类，可以基于它实现自己的 Excel 文档视图 |
| AbstractPdfView | PDF 文档视图的抽象类，可以基于它实现自己的 PDF 文档视图 |
| FreeMarkerView | 使用 FreeMarker 模板引擎的视图 |
| VelocityView | 使用 Velocity 模板引擎的视图 |

处理器把逻辑视图名返回后，就不再关心视图如何渲染，Spring MVC 通过视图解析器解析逻辑视图名，并生成视图对象。解析不同类型的视图需要不同的视图解析器，常用的视图解析器类如表 7-5 所示。

表 7-5　Spring MVC 中的常用视图解析器类

| 视图解析器类别 | 视图解析器实现类 | 作　用 |
| --- | --- | --- |
| Bean 名解析器 | BeanNameViewResolver | 将逻辑视图名解析为 Bean 的名称，用于解析文档视图或其他自定义视图 |
| URL 解析器 | InternalResourceViewResolver | 将逻辑视图名解析为一个 URL |

续表

| 视图解析器类别 | 视图解析器实现类 | 作　用 |
| --- | --- | --- |
| 模板文件解析器 | FreeMarkerViewResolver | 解析为基于 FreeMarker 模板引擎的模板文件 |
| | VelocityViewResolver | 解析为基于 Velocity 模板引擎的模板文件 |

在一个 Spring MVC 应用程序中可以配置多个视图解析器，并设置它们的优先级。Spring MVC 会按照优先级对处理器返回的逻辑视图名进行解析，直到解析成功并得到视图对象为止。

### 7.5.2　视图的选择

控制器的一个重要职责就是选择视图。在 Spring MVC 中，通过处理器的返回值达到选择视图的目的。处理器的返回值中包含了逻辑视图名，逻辑视图名通过视图解析器的解析得到不同的视图对象，再进一步进行渲染。Spring MVC 中的处理器可以有多种不同类型的返回值，下面我们将讨论不同类型的返回值是如何选择视图的。

1. 返回 ModelAndView

ModelAndView 是模型和视图的结合，使用 ModelAndView 类型的返回值时，通过 setViewName()方法设置逻辑视图名。

在前面涉及的用于显示学员列表的处理器中：

```
@RequestMapping("/list")
public ModelAndView list() {
    ModelAndView mv = new ModelAndView();
    mv.addObject("stuName", "John");
    mv.addObject("age", 30);
    mv.setViewName("/Web-INF/jsp/student-list.jsp");
    return mv;
}
```

我们并没有配置视图解析器，但是 Spring MVC 选择了正确的视图，并且生成了视图对象。这是因为 Spring MVC 会维护一个默认的视图解析器，默认它是 InternalResourceViewResolver 类型，用于解析 InternalResourceView 类的视图，而上述代码中使用的视图是 jsp 文件，正属于 InternalResourceView 类的视图。

这里的逻辑视图名使用的是 jsp 文件的完整路径，我们可以对视图解析器进行配置，以控制它的行为。例如，通过显式配置 InternalResourceViewResolver 视图解析器可以简化逻辑视图名的写法。在 Spring 配置文件中，通过注入相应属性对视图解析器进行配置：

```
<bean class="org.springframework.web.servlet.view.InternalResourceViewResolver">
    <property name="prefix" value="/Web-INF/jsp/" />
    <property name="suffix" value=".jsp" />
</bean>
```

以上代码为 InternalResourceViewResolver 类型的 Bean 注入了 prefix 和 suffix 两个属性，分别用来配置视图文件名的前缀和后缀。经过配置后，在控制器中可以这样写：

```
mv.setViewName("student-list");
```

最终的逻辑视图名为“prefix 属性的值+setViewName()方法的参数值+suffix 属性的值”。

视图文件 student-list.jsp 的位置在 Web-INF 下，而 Web-INF 下的文件是无法直接被客户端请求的，那么视图文件为什么可以正常显示呢？这是因为 Spring MVC 跳转到视图页面的默认方式为转发（forward），也可以通过为逻辑视图名添加关键字的方式显式声明跳转方式。声明跳转方式为转发可以写为：

```
mv.setViewName("forward:/Web-INF/jsp/student-list.jsp");
```

声明跳转方式为重定向可以写为：

```
mv.setViewName("redirect:/login.jsp");
```

需要注意的是，如果使用 forward 或 redirect 关键字，Spring MVC 就会将其后的字符串看作 URL，在视图解析器中配置的前缀和后缀将失效，因此要使用视图文件的完整路径。

### 2. 返回 String

如果不需要数据，则可以直接让处理器返回一个代表逻辑视图名的字符串，使代码简化。前面用于显示学员列表的处理器也可以用以下代码实现：

```
@RequestMapping("/list")
public String list(Model model) {
    model.addAttribute("stuName", "John");
    model.addAttribute("age", 30);
    return "student-list";
}
```

处理器返回 String 后，Spring MVC 会将返回值封装进 ModelAndView 中，并通过相应的视图解析器进行解析。如果在处理器中使用模型，则可以为处理器提供一个入参，其类型为 Model 接口。在处理器中可以使用 Model 的 addAttribute()方法添加数据，随后这个 Model 类型的变量会被封装进 ModelAndView 中。处理器返回 String 时，默认跳转方式是转发，也可以使用关键字显式声明跳转方式，如：

```
return "forward:/Web-INF/jsp/student-list.jsp";
```

或：

```
return "redirect:/login.jsp";
```

### 3. 返回 void

处理器还可以什么都不返回，认为这是返回字符串的特殊情况，Spring MVC 会赋予处理器一个默认的逻辑视图名。规则如下。

（1）默认逻辑视图名是“视图处理器的 prefix+请求路径名+视图处理器的 suffix”。

（2）如果请求路径有多层，则对应的视图文件路径也应该有多层。

例如：

```
@Controller
@RequestMapping("/student")
public class StudentController {
```

```
    @RequestMapping("/list")
    public void list(Model model) {
        model.addAttribute("stuName", "John");
        model.addAttribute("age", 30);
    }
}
```

视频 7-10

由于处理器的请求路径是“[网站根路径]/student/list”，因此视图文件的位置应该是“/Web-INF/jsp/student/list.jsp”。

### 7.5.3　配置多个视图解析器

前面只配置了一个视图解析器 InternalResourceViewResolver，也只使用了一种视图——jsp 页面。Spring MVC 允许开发人员同时配置多个视图解析器，并配置它们的优先顺序。下面以 InternalResourceViewResolver 和 FreeMarkerViewResolver 为例，讲解如何同时配置两个视图解析器。

FreeMarker 是一种模板引擎，是基于模板和要改变的数据生成输出文本（如 HTML 网页、电子邮件、配置文件、源代码等）的通用工具。模板内一般包含不需要改变的静态内容部分，以及通过模板语言编写的占位符，占位符将被渲染为动态数据。FreeMarkerViewResolver 就是用于解析 FreeMarker 模板视图的视图解析器。FreeMarker 的语法不是本书讲解的重点，不做过多讨论，仅给出一例：

```
<html>
<head>
    <title>student list</title>
</head>
<body>
    <h1>FreeMarker</h1>
    <h1>姓名：${stuName}</h1>
    <h1>年龄：${age}</h1>
</body>
</html>
```

这里的${}并不是 EL 表达式，而是 FreeMarker 的插值表达式。这个页面的效果非常好，就是把 stuName、age 两个变量的值显示在页面中。将上面的文件保存为/Web-INF/ftl/student-list.ftl。

要使用 FreeMarker 模板引擎，需要添加相应的依赖项。另外，配置 FreeMarker ViewResolver 的时候，还需要 Spring 框架的另一个依赖项 spring-context-support。在 pom.xml 中配置以下依赖项：

```
<dependency>
    <groupId>org.springframework</groupId>
    <artifactId>spring-context-support</artifactId>
    <version>6.0.5</version>
</dependency>
<dependency>
```

```
    <groupId>org.freemarker</groupId>
    <artifactId>freemarker</artifactId>
    <version>2.3.32</version>
</dependency>
```

下面就可以配置视图解析器了，代码如下：

```
<bean class="org.springframework.web.servlet.view.InternalResourceViewResolver">
    <property name="prefix" value="/Web-INF/jsp/" />
    <property name="suffix" value=".jsp" />
    <property name="order" value="50" />
</bean>
<bean class="org.springframework.web.servlet.view.freemarker.FreeMarkerViewResolver">
    <property name="suffix" value=".ftl" />
    <property name="contentType" value="text/html;charset=utf-8" />
    <property name="order" value="10" />
</bean>
<bean class="org.springframework.web.servlet.view.freemarker.FreeMarkerConfigurer">
    <property name="templateLoaderPath" value="/Web-INF/ftl/" />
    <property name="defaultEncoding" value="utf-8" />
</bean>
```

第一个 Bean 用于配置 InternalResourceViewResolver，解析 jsp 视图。注意，这里注入了一个新属性 order，它表示视图解析器的启用顺序，Spring MVC 会尝试按 order 值由小到大地使用视图解析器对处理器返回的逻辑视图名进行解析。第二个 Bean 用于配置 FreeMarkerViewResolver，contentType 属性用于指明模板被渲染完成后的 MIME 类型，即前面章节中提到的内容类型。第三个 Bean 用于声明一个 FreeMarkerConfigurer，对 FreeMarker 模板引擎进行配置，这里仅配置了模板文件的路径和默认编码。

如果使用“student-list”作为返回的逻辑视图名，即：

```
mv.setViewName("student-list");
```

运行程序，就会发现得到的页面是 FreeMarker 模板渲染的结果。这是因为 FreeMarkerViewResolver 的优先级更高。将其 order 值改为 100，重新运行程序，会发现得到的页面变成了 jsp 渲染的结果。

视频 7-11

通过前面内容的学习我们了解了如何同时配置多个视图，控制器会选择其中一个视图渲染出来呈现给客户端。但不论呈现出来的是哪个视图，其实质——数据都是相同的。我们应该理解视图只是一个系统的“表象”，数据才是一个系统的“本质”。不论做什么事情，都应该透过现象看本质，正所谓“莫看江面平如镜，要看水底万丈深”。

透过现象看本质是中国共产党一贯倡导的科学认识方法，也是中国共产党取得伟大成就的重要经验总结。习近平总书记在 2020 年秋季学期中央党校（国家行政学院）

中青年干部培训班开班式上强调："要能够透过现象看本质，做到眼睛亮、见事早、行动快。"习总书记这一重要论述告诉我们，只有善于透过现象看本质，善于抓住事物的根本和关键，才能更好地推进工作。当前，面对世界百年未有之大变局，以习近平同志为核心的党中央，洞察我国发展环境面临的深刻复杂变化，做出我国发展仍然处于重要战略机遇期，我们正处于大有可为的新时代的重要论断，为全国人民矢志奋斗鼓足了劲、加满了油。实践表明，只有善于透过现象看本质，才能科学认识事物的客观规律，准确把握时代的发展大势，从而正确地指导实践。

## 思考与练习

1．简述 Spring MVC 框架的主要组成部分和工作过程。

2．列举常见的 HTTP 状态码，并简述其含义（至少五个）。

3．列举@RequestMapping 注解的成员和作用。

4．简述 MVC 设计模式在 Spring 框架应用中有什么优点。

5．简述@RequestMapping 注解的使用方法，并查阅相关资料，在针对 GET、POST 等不同请求类型时的简化使用形式。

# 第 8 章　Spring MVC 高级功能

第 7 章介绍了使用 Spring MVC 如何响应请求，以及如何选择视图，这是 MVC 框架具备的基本功能。本章将在第 7 章的基础上讨论 Spring MVC 提供的高级功能，这些功能在进行 Web 开发时也是常用的。本章主要介绍拦截器、异常处理、文件上传下载、静态资源访问和 JSON 数据交换等。

## 8.1　拦截器

### 8.1.1　拦截器的概念

拦截器（HandlerInterceptor）是 Spring MVC 中具有特殊作用的一种对象，可以拦截对处理器的调用，在处理器执行之前和（或）执行之后执行一些特定操作。其概念和作用与 Spring 中的增强或切面类似。多个拦截器可以依次起作用，将处理器层层包裹起来，形成拦截器链。

Spring MVC 的前端控制器 DispatcherServlet 接收 HTTP 请求后，会将请求转发给处理器映射器 HandlerMapper，以获取对处理器的调用信息。HandlerMapper 则会返回一个 HandlerExecutionChain 对象，处理器和包裹它的拦截器链就封装在这个对象中。从作用来看，Spring MVC 的拦截器与 Servlet 的过滤器有相似之处，区别主要体现在过滤器会拦截<url-pattern>中配置的所有请求资源，拦截器只拦截对处理器的调用。显然，过滤器的执行在前，拦截器的执行在后。

### 8.1.2　使用拦截器

前面实现了一个模拟学员登录功能，这个登录功能过于简陋，即便登录了，学员依然可以随意访问应用程序的其他页面，并不能真正起到身份验证的作用。拦截器会拦截对处理器的调用，因此在拦截器中可以通过代码实现权限控制。下面就以学员登录为例，介绍在 Spring MVC 中如何配置拦截器。

先改写用于学员登录的控制器，登录成功后，将学员信息写入 Session 中，以便在应用程序的其他页面可以通过 Session 中的学员信息判断登录状态。主要代码如下：

```
@RequestMapping(path="/login")
public ModelAndView login(Student student, HttpSession session) {
    ModelAndView mv = new ModelAndView();
    if(student.getStuName().equals("John")) {
```

```
            session.setAttribute("stuName", student.getStuName());
            session.setAttribute("age", 30);
            mv.setViewName("student-list");
        } else {
            mv.setViewName("redirect:/login.jsp");
        }
        return mv;
    }
```

上面的代码用于获取客户端提交的姓名，如果姓名正确，就将学员的姓名和年龄存入 Session 中，并转发至显示学员列表的处理器中，否则重定向至登录页面。这里采用直接暴露 Servlet API 的方式使用 Session，将 HttpSession 对象作为入参传入处理器方法就可以直接使用。

回忆第 7 章案例中 student-list.jsp 视图文件的内容：

```
<%@ page contentType="text/html;charset=UTF-8" language="java" %>
<html>
<head>
    <title>student list</title>
</head>
<body>
    <h1>姓名：${stuName}</h1>
    <h1>电话：${age}</h1>
</body>
</html>
```

通过 EL 表达式取出了 Model 中的数据 stuName 和 age，但是在上面的代码中，stuName 和 age 是保存在 Session 中的，使用 EL 表达式也能取出 Session 中的数据吗？答案是肯定的。JSP 有四大内置对象：Page、Request、Session、Application，它们对应四种作用范围，EL 表达式会根据变量名，按照作用范围从小到大地查找变量，而 Model 中的数据是会被加入 Request 对象的（在处理器执行完毕，渲染视图之前）。因此，如果 Model 中没有某个变量，EL 表达式自然就去 Session 中查找。

至此，模拟学员登录功能比第 7 章更完善了，但登录功能依然是不起作用的。虽然已经在登录成功的情况下把登录信息存入 Session 中，但是并没有在页面中判断学员是否登录。下面就使用 Spring MVC 的拦截器来完成这个功能。

1. 拦截器类的实现

定义拦截器类需要实现 HandlerInterceptor 接口，并重写接口中的方法 preHandle()、postHandle()和 afterCompletion()。这三种方法的执行顺序如图 8-1 所示。

（1）preHandle()：在处理器代码执行之前执行。参数中的 handler 代表被拦截的处理器方法，类型是 HandlerMethod。方法的返回值是布尔类型，返回 true 表示放行，即执行处理器代码；返回 false 表示拦截，即不执行后面的处理器代码。preHandle()方法适用于进行权限验证等操作。

（2）postHandle()：在处理器执行完毕，解析视图之前执行。由于该方法在解析视图之前执行，因此可以在这里对 ModelAndView 进行操作，其 ModelAndView 类型入参是处理器返回的 ModelAndView。postHandle()方法适用于进行在 Model 中追加统一数据等操作。

（3）afterCompletion()：在渲染视图完毕，响应给客户端之前执行。afterCompletion()方法适用于进行资源释放、日志记录、异常处理等操作。

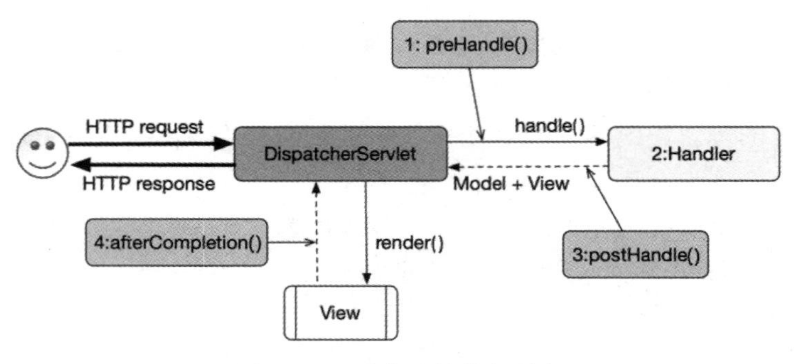


图 8-1　三种方法的执行顺序

下面就实现一个用于进行登录验证的拦截器。在包 com.example.ssm.interceptor 下创建 LoginInterceptor 类，主要代码如下：

```
public class LoginInterceptor implements HandlerInterceptor {
    @Override
    public boolean preHandle(HttpServletRequest request,
                             HttpServletResponse response,
                             Object handler) throws Exception {
        HttpSession session = request.getSession();
        if(session.getAttribute("stuName") != null) {
            return true; //放行
        } else {
            response.sendRedirect(request.getContextPath() + "/login.jsp");
            return false; //不放行
        }
    }

    @Override
    public void postHandle(HttpServletRequest request,
                           HttpServletResponse response,
                           Object handler,
                           ModelAndView modelAndView) throws Exception {

    }

    @Override
```

```
    public void afterCompletion(HttpServletRequest request,
                                HttpServletResponse response,
                                Object handler,
                                Exception ex) throws Exception {

    }
}
```

在上面的代码中，简单地通过判断 Session 中的 stuName 是否为空来确定是否登录。如果已登录，就让 preHandle()方法返回 true，继续执行后续代码；否则返回 false，阻止后续代码执行，并且在返回 false 之前将页面重定向至登录页面。注意，这里需要使用 HttpServletRequest 的 getContextPath()方法获取当前 Web 应用根路径名。

2. 配置拦截器

虽然拦截器有了，但是它还不起作用，需要对它进行声明和配置。在 Spring 配置文件中对拦截器进行以下配置：

```
<mvc:interceptors>
    <mvc:interceptor>
        <!--拦截的请求路径，此处拦截所有请求，**代表多层路径，*代表单层路径-->
        <mvc:mapping path="/**" />
        <!--不拦截的请求路径，不能拦截 login 本身-->
        <mvc:exclude-mapping path="/student/login" />
        <bean class="com.example.ssm.interceptor.LoginInterceptor" />
    </mvc:interceptor>
</mvc:interceptors>
```

这里使用<mvc:interceptors>标签来声明和配置拦截器，每个<mvc:interceptor>子标签配置一个拦截器，需要配置以下三个标签。

（1）<mvc:mapping>标签指定拦截的处理器，即这个拦截器将作用在哪个处理器。这里可以使用通配符*或**，它们可以代表任意路径，*通配符只能代表单层路径，**通配符可以代表多层路径。上面的代码中需要使用**通配符，原因在于这里要拦截的是路径形如“/student/xxx”的处理器。

（2）<mvc:exclude-mapping>标签指定不拦截的处理器，也就是在<mvc:mapping>中配置的需要拦截的处理器的例外情况。如在上面的代码中不能拦截“/student/login”处理器，原因在于如果将用于登录的处理器本身拦截了，就无法进行登录了。

（3）<bean>标签用于声明拦截器类的 Bean。

需要注意的是，在声明和配置拦截器时，以上三个标签的顺序不可以颠倒，而且至少要有一个<mvc:mapping>标签。此时运行程序，如果在不登录的情况下直接在地址栏中访问“[应用程序根路径]/student/list”，就会自动跳转到登录页面，说明拦截器起作用了。

Spring MVC 允许同时在一个处理器上配置多个拦截器，作用在一个处理器上的多个拦截器就形成了拦截器链，各个拦截器方法的执行顺序如图 8-2 所示。

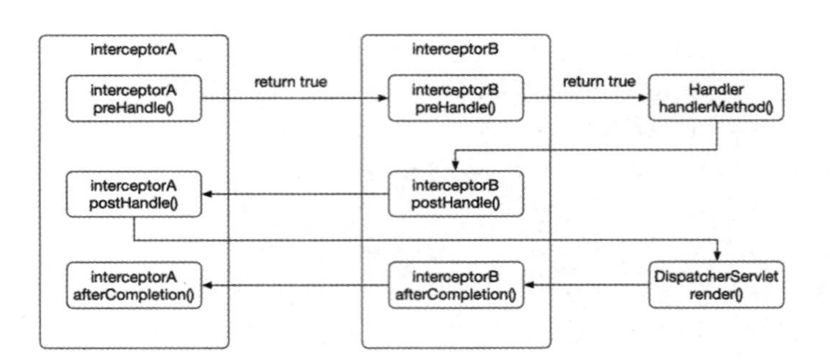


图 8-2 拦截器链中各个拦截器方法的执行顺序

视频 8-1

在配置拦截器链时，只需在<mvc:interceptors></mvc:interceptors>标签中使用多个<mvc:interceptor></mvc:interceptor>子标签进行配置即可。

## 8.2 异常处理

### 8.2.1 异常处理概述

我们希望一个应用程序有一个统一的异常处理手段，这样不仅可以使程序员专注于业务逻辑，而且可以提供一个相对友好的出错界面。Spring MVC 提供了一系列异常处理机制，它们基于统一的接口 HandlerExceptionResolver，这个接口有多个实现类，以不同的方式处理不同的异常。如前面涉及的当处理器无法响应客户端请求时，会返回特定的 HTTP 状态码，这就是其实现类 DefaultHandlerExceptionResolver 的作用。

本节主要介绍在实际应用中经常使用的一种统一处理异常的方法——自定义全局异常处理器。

### 8.2.2 自定义全局异常处理器

下面通过构建自定义全局异常处理器，实现全局自定义异常和运行时异常的处理。回忆第 7 章编写的学员注册控制器：

```
@RequestMapping(path="/register")
public ModelAndView register(@Valid Student student,
                             BindingResult bindingResult) {
    ModelAndView mv = new ModelAndView();
    if(bindingResult.hasErrors()) {
        List<ObjectError> errors = bindingResult.getAllErrors();
        mv.addObject("errors", errors);
        mv.setViewName("validation-error");
    } else {
        mv.addObject("stuName", student.getStuName());
        mv.addObject("age", student.getAge());
```

```
            mv.setViewName("student-list");
        }
        return mv;
    }
```

此处为 Student 类的成员添加了数据校验，并在处理器中判断校验结果。如果存在数据校验错误，就将错误信息写入 Model 中，并导航到数据校验错误页面。这部分代码显然会在每个需要数据校验的处理器方法中出现，因此可以考虑将数据校验错误处理过程放到统一的全局异常处理中，便于程序员专注于业务逻辑。

首先，定义一个表示数据校验错误的异常类 CustomValidationException，主要代码如下：

```
public class CustomValidationException extends Exception {
    private List<ObjectError> errors;
    public CustomValidationException(List<ObjectError> errors) {
        this.errors = errors;
    }
    public List<ObjectError> getErrors() {
        return errors;
    }
    public List<String> getMessages() {
        List<String> messages = new ArrayList<>();
        for(ObjectError e : this.errors) {
            messages.add(e.getDefaultMessage());
        }
        return messages;
    }
}
```

然后，自定义异常处理类，它需要实现 HandlerExceptionResolver 接口，并重写 resolveException()方法。在包 com.example.ssm.util 下建立 CustomGlobalExceptionResolver 类，主要代码如下：

```
public class CustomGlobalExceptionResolver implements HandlerExceptionResolver {
    @Override
    public ModelAndView resolveException(HttpServletRequest request,
                                         HttpServletResponse response,
                                         Object handler,
                                         Exception ex) {
        ModelAndView mv = new ModelAndView();
        if(ex instanceof ValidationException) {
            mv.addObject("messages", ((ValidationException)ex).getMessages());
            mv.setViewName("validation-error");
        } else if(ex instanceof RuntimeException) {
            mv.addObject("message", ex.getMessage());
            mv.addObject("handler", ((HandlerMethod)handler).getMethod().getName());
            mv.setViewName("runtime-error");
        } else {
            mv.addObject("message", ex.getMessage());
```

```
                mv.setViewName("unknown-error");
            }
            return mv;
        }
}
```

这里重写了 resolveException()方法，方法的 Exception 类入参是需要处理的异常，Object 类入参是触发异常的处理器，其具体类型是 HandlerMethod。在此方法中，可以根据不同类型的异常进行有针对性的处理，上述代码分别处理了 ValidationException 和 RuntimeException。该方法返回 ModelAndView 类，它的对象会代替产生异常的处理器返回的 ModelAndView 类对象，并返回给前端控制器。也就是说，可以在这里指定产生异常时需要渲染给客户端的视图。如上述代码分别针对不同的异常类型设置了不同的异常信息和视图：“validation-error”、“runtime-error”和“unknown-error”。

validation-error 视图文件的主要代码如下：

```
<%@ page contentType="text/html;charset=UTF-8"%>
<%@ taglib prefix="c" uri="jakarta.tags.core" %>
<html>
<head>
    <title>validation error</title>
</head>
<body>
    <h1>数据校验错误</h1>
    <c:forEach items="${messages}" var="m">
        ${m} <br />
    </c:forEach>
</body>
</html>
```

runtime-error 视图文件的主要代码如下：

```
<%@ page contentType="text/html;charset=UTF-8"%>
<%@ taglib prefix="c" uri="jakarta.tags.core" %>
<html>
<head>
    <title>runtime error</title>
</head>
<body>
    <h1>友好错误</h1>
    <h1>${message}</h1>
    <h1>${handler}</h1>
</body>
</html>
```

unknown-error 视图文件的主要代码如下：

```
<%@ page contentType="text/html;charset=UTF-8"%>
<%@ taglib prefix="c" uri="jakarta.tags.core" %>
<html>
```

```
<head>
    <title>unknown error</title>
</head>
<body>
    <h1>未知错误</h1>
    <h1>${message}</h1>
</body>
</html>
```

定义异常处理类后，需要在 Spring 配置文件中装配该异常处理类：

```
<bean class="com.example.ssm.util.GlobalExceptionResolver" />
```

至此，全局异常处理器定义完成，如果处理器执行过程中发生异常，就会被前端控制器捕获，统一交给全局异常处理器处理，客户端浏览器便会看到自定义异常页面。修改之前的 register 处理器代码如下：

```
@RequestMapping(path="/register")
public ModelAndView register(@Valid Student student,
                             BindingResult bindingResult) {
    ModelAndView mv = new ModelAndView();
    if(bindingResult.hasErrors()) {
        throw new ValidationException(bindingResult.getAllErrors());
    } else {
        mv.addObject("stuName", student.getStuName());
        mv.addObject("age", student.getAge());
        mv.setViewName("student-list");
    }
    return mv;
}
```

在发生数据校验错误时，处理器不再处理，直接将异常抛出。同时，如果发生服务器内部错误，即运行时异常，如 int a = 1/0;，客户端就会看到自定义异常页面。

视频 8-2

## 8.3　文件的上传和下载

文件的上传和下载是开发 Web 应用程序时常用的一种功能，JSP 和很多第三方组件都实现了该功能，Spring MVC 也对其提供了支持，简化了编码工作。

### 8.3.1　文件上传

Spring MVC 提供了 MultipartResolver 接口，专门用于文件上传。

当收到请求时，前端控制器的 checkMultipart()方法调用 MultipartResolver 的 isMultipart()方法判断请求中是否包含文件。如果请求数据中包含文件，就调用 MultipartResolver 的 resolveMultipart()方法对请求的数据进行解析。同时，将 HttpServletRequest 类对象封装为

MultipartHttpServletRequest 类对象，将文件数据封装到 MultipartFile 类对象中，并传递给处理器。这就是 Spring MVC 进行文件上传的大致流程。

在 Spring 6.0 版本以前，MultipartResolver 有以下两个实现类，它们基于不同的组件实现文件上传。

（1）StandardServletMultipartResolver：基于 Servlet 实现文件上传，不需要额外的依赖项，但对容器支持的 Servlet 版本有要求（Servlet 3.0 版本以上），在 web.xml 中配置相关信息。

（2）CommonsMultipartResolver：基于 Apache Commons FileUpload 组件，需要额外的依赖项，在 Spring 配置文件中配置相关信息。

从 Spring 6.0 版本开始，不再支持使用 CommonsMultipartResolver，应该使用基于 Servlet 5.0+的 StandardServletMultipartResolver。

### 1. 基本单文件上传

首先，建立一个提交文件的 jsp 文件：

```
<%@ page contentType="text/html;charset=UTF-8" %>
<html>
<head>
    <meta charset="UTF-8">
    <title>file upload</title>
</head>
<body>
    <form action="file/upload" method="post" enctype="multipart/form-data">
        <input type="file" name="file" />
        <input type="submit" value="上传" />
    </form>
</body>
</html>
```

关于提交上传文件的表单，有两点需要注意：首先，请求方式必须为 POST；其次，form 的 enctype 属性必须是 multipart/form-data。这样浏览器才会把提交的表单数据以二进制流的方式提交给服务器，服务器才会把通过 form 提交的数据识别为文件。

然后，在服务端使用 StandardServletMultipartResolver 进行文件上传。要使用 StandardServletMultipartResolver，需要完成以下两项工作。

（1）在 Spring 配置文件中对 StandardServletMultipartResolver 进行配置：

```
<bean id="multipartResolver"
      class="org.springframework.web.multipart.support.StandardServletMultipartResolver" />
```

这里需要注意的是<bean>标签的 id 必须是 multipartResolver，否则绑定的 MultipartFile 为 null。

（2）在 web.xml 中配置前端控制器时配置 multipart：

```
<servlet>
    <servlet-name>dispatcher</servlet-name>
```

```
        <servlet-class>org.springframework.web.servlet.DispatcherServlet</servlet-class>
        <multipart-config />
    </servlet>
```

<multipart-config>标签的作用相当于声明 dispatcher 这个 Servlet 处理 multipart 类型的数据。

最后，进行文件上传。下面构造用于获取文件的处理器，在包 com.example. ssm.controller 下创建类 FileController，主要代码如下：

```
@Controller
public class FileController {
    @RequestMapping("/upload")
    public String upload(MultipartFile file, HttpServletRequest request) {
        if(!file.isEmpty() && file.getSize()>0) {
            //获取原始文件名
            String originalFileName = file.getOriginalFilename();
            //设置保存路径
            String savePath = request.getServletContext().getRealPath("/upload/");
            String saveFileName = savePath + UUID.randomUUID() + "_" + originalFileName;
            File saveFile = new File(saveFileName);
            //判断保存路径是否存在
            if(!saveFile.getParentFile().exists()) {
                saveFile.getParentFile().mkdirs();
            }
            try {
                file.transferTo(saveFile);
            } catch (Exception ex) {
                return "upload-error";
            }
            return "upload-success";
        } else {
            return "upload-error";
        }
    }
}
```

处理器的第一个入参类型是 MultipartFile，参数名 file 要与表单中 file 表单域的 name 属性相同，与普通的请求参数绑定方法相同。处理器的第二个入参类型是 HttpServletRequest，是为了在处理器中获取保存文件的物理路径。MultipartFile 的 getOriginalFilename()方法的作用是获取上传文件的原始文件名，transferTo()方法用于将 MultipartFile 中的文件数据转移到 File 对象中，这种方法声明抛出异常，因此必须要捕捉异常。另外，构造保存文件名时使用了 UUID 类的 randomUUID()方法，作用是生产一个通用唯一识别码（Universally Unique Identifier），防止文件重名。upload-error 和 upload-success 两个视图分别在上传发生错误和上传成功时渲染。

运行程序，通过文件上传域选择上传文件，单击“上传”按钮后，如果没有错误发生，就会跳转到上传成功页面。此时在网站根路径（本例中为 webapp 目录）下可以发现新建的 upload 文件夹，打开文件夹可以看到保存的上传文件。

除了 getOriginalFilename()方法和 transferTo()方法，MultipartFile 接口的其他常用方法有以下几种。

（1）isEmpty()：判断文件是否为空。

（2）getSize()：获取文件大小。

（3）getName()：获取 file 表单域的 name 属性值。

（4）getBytes()：获取上传文件的字节数组。

（5）getInputStream()：获取上传文件的流对象。

在上面的例子中，没有对 Multipart 进行任何配置，因此所有配置项均取默认值。可以在<multipart-config>标签中对 Multipart 进行配置，可用的配置项如下。

（1）<location>：临时文件的存放位置，路径必须是绝对路径。

（2）<file-size-threshold>：文件起始值，只有大于该值，文件才会被临时保存。单位是字节。

（3）<max-file-size>：单个文件的最大值，无论上传几个文件，只要有一个文件的大小超过该值，就会抛出 IllegalStateException。单位是字节。

（4）<max-request-size>：文件上传请求的最大值，主要作用是在上传多个文件时配置整个请求的大小，当超出该值时抛出 IllegalStateException。单位是字节。

2. 多域文件上传

Multipart 格式的数据的一个特点是，在上传文件的同时可以提交普通表单数据，下面通过一个实例进行演示。首先，修改页面表单，添加一个文本域：

```
<form action="/upload" method="post" enctype="multipart/form-data">
    <p />上传人：<input type="text" name="stuName" />
    <p /><input type="file" name="file" />
    <input type="submit" value="上传" />
</form>
```

然后，为处理器增加一个入参，用于绑定提交的文本域参数，入参中的 Model 类型入参用于向页面传递数据。修改后的代码如下：

```
@RequestMapping("/upload")
public String upload(MultipartFile file,
                     String stuName,
                     Model model,
                     HttpServletRequest request) {
    ...
        try {
            file.transferTo(saveFile);
            model.addAttribute("stuName", stuName);
        } catch (Exception ex) {
            return "upload-error";
```

```
        }
        ...
}
```

这样就可以在上传成功页面中获取通过表单提交的文本数据。

3. 多文件上传

使用 MultipartFile 还可以方便地实现多文件上传。修改上传页面，在表单中添加一个文件上传域：

```
<form action="/upload" method="post" enctype="multipart/form-data">
    <p />上传人：<input type="text" name="stuName" />
    <p /><input type="file" name="files" />
    <p /><input type="file" name="files" />
    <input type="submit" value="上传" />
</form>
```

表单中有两个 name 属性相同的文件上传域，通过此表单提交数据后，Spring MVC 会将多个文件封装到一个 MultipartFile 类型的集合里。修改相应的控制器代码：

```
@RequestMapping("/upload")
public String upload(List<MultipartFile> files,
                     String stuName,
                     Model model,
                     HttpServletRequest request) {
    if(files.size() == 0) {
        return "upload_error";
    }
    for(MultipartFile file : files) {
        if(!file.isEmpty() && file.getSize()>0) {
            //获取原始文件名
            String originalFileName = file.getOriginalFilename();
            //设置保存路径
            String savePath = request.getServletContext().getRealPath("/upload/");
            String saveFileName = savePath + UUID.randomUUID() + "_" + originalFileName;
            File saveFile = new File(saveFileName);
            //判断保存路径是否存在
            if (!saveFile.getParentFile().exists()) {
                saveFile.getParentFile().mkdirs();
            }
            try {
                file.transferTo(saveFile);
            } catch (Exception ex) {
                return "upload_error";
            }
        } else {
            return "upload_error";
        }
    }
```

```
        //保存其他请求参数
        model.addAttribute("stuName", stuName);
        model.addAttribute("fileCount", files.size());
        return "upload_success";
    }
```

这样就可以同时保存多个文件了，在上传成功页面中还可以获取通过表单提交的文本数据及文件数量。

### 8.3.2 文件下载

直观来看，文件下载好像很简单，直接提供指向文件的链接，用户单击链接就可以下载。但这样做有很多缺点：首先，没办法获取下载状态，如下载的文件大小是多少、传输了多少、传输是否出错等；其次，没办法控制下载过程，如在下载前不能判断用户是否有下载权限等。因此，在 Web 应用程序中常用的文件下载策略是，通过文件系统先从磁盘上把文件读取进缓冲区，再通过程序发送给客户端，这样就可以控制整个下载过程。

使用 Spring MVC 提供的 ResponseEntity<>类，可以方便地让处理器返回字节流，并设置响应头，便于客户端解析。当处理器返回 ResponseEntity<>对象时，Spring MVC 不再调用视图解析器对返回值进行解析，而直接将其转换为特定格式写入响应体。

下面的代码就是使用 ResponseEntity<>类实现用于文件下载的处理器：

```
@RequestMapping("/download")
public ResponseEntity<byte[]> download(String fileName, HttpServletRequest request) {
    String filePath = request.getServletContext().getRealPath("/upload/");
    String downloadFileName = filePath + fileName;
    File downloadFile = new File(downloadFileName);
    HttpHeaders headers = new HttpHeaders();
    byte[] bytes = null;
    try {
        headers.setContentType(MediaType.APPLICATION_OCTET_STREAM);
        headers.setContentDispositionFormData("attachment", URLEncoder.encode(fileName, "utf-8"));

        InputStream stream = new FileInputStream(downloadFile);
        bytes = new byte[stream.available()];
        stream.read(bytes);
    } catch (Exception ex) { }
    return new ResponseEntity<>(bytes, headers, HttpStatus.OK);
}
```

返回类型 ResponseEntity<>的泛型为 byte[]，文件的字节流会被直接写入响应体中。HttpHeaders 类对象 headers 的 setContentType()方法的参数是枚举类型 MediaType.APPLICATION_OCTET_STREAM，它能将响应头中的 ContentType 设置为 application/octet-stream。这种类型的 ContentType 只允许传输二进制格式的数据，且只包含一个文件。setContentDispositionFormData("attachment", URLEncoder.encode(fileName, "utf-8"))方法的作用是将响应头中的 ContentDisposition 设置为“attachment;filename=xxx:”。

使用浏览器下载文件，如果能使用浏览器打开文件，就自动打开，如 html、txt、jpg 等，ContentDisposition 的作用就是让浏览器弹出一个对话框，让用户选择是打开文件，还是保存文件。如果用户选择保存文件，就输入设置好的文件名。这里使用 UTF-8 对文件名进行编码，防止中文文件名显示乱码。封装下载数据时设置了 HTTP 状态码 200（OK）。encode()方法、FileInputStream 类的构造函数、available()方法、read()方法都声明抛出异常，因此需要处理异常。

运行程序，先上传一个文件，并记录服务器端保存的文件名，然后在浏览器地址栏中请求“[应用程序根路径]/download?fileName=[文件名]”就可以下载文件了。

视频 8-3

## 8.4　静态资源访问

下面为 Student 类添加一个 portrait 属性，代表学员头像：

```
public class Student {

    ... ...

    private String portrait;
    public String getPortrait() {
        return portrait;
    }
    public void setPortrait(String portrait) {
        this.portrait = portrait;
    }
}
```

在 StudentController 类中创建显示学员详情的处理器 detail：

```
@RequestMapping(path="/detail")
public ModelAndView detail(String stuName, HttpServletRequest request) {
    ModelAndView mv = new ModelAndView();
    Student s = new Student();
    s.setStuName(stuName);
    s.setAge(30);
    s.setPortrait(request.getContextPath() + "/static/assets/img/portrait.jpg");
    mv.addObject("student", s);
    mv.setViewName("student-detail");
    return mv;
}
```

在处理器 detail 中，将 Student 实体对象的 portrait 属性设置为图片路径，使用 HttpServletRequest 的 getContextPath()方法获取 Web 应用根路径，再拼接上头像图片所在的路径。

创建对应的视图页面 student-detail.jsp，主要代码如下：

```
<%@page contentType="text/html;charset=UTF-8"%>
<html>
<head>
    <title>student detail</title>
</head>
<body>
    <h1>姓名：${student.stuName}</h1>
    <h1>年龄：${student.age}</h1>
    <h1>头像：</h1>
    <img src="${student.portrait}">
</body>
</html>
```

在视图页面中，使用<img>标签显示图片，其 src 属性指明图片路径，使用 EL 表达式读取保存在 portrait 属性中的图片路径。

运行程序，请求“[应用程序根路径]/student/detail?stuName=John”，就会发现页面中并没有显示表示头像的图片。如果在浏览器地址栏中直接请求“[应用程序根路径]/static/assets/img/portrait.jpg”，就会得到一个 404 错误（无法找到）。这表示请求的文件 portrait.jpg 不存在，但设置的图片路径明明是正确的。

回想在 web.xml 中的配置：

```
<servlet-mapping>
    <servlet-name>dispatcher</servlet-name>
    <url-pattern>/</url-pattern>
</servlet-mapping>
```

这一配置的含义是将对网站的所有请求交给叫作 dispatcher 的 Servlet 处理，Servlet 就是 Spring MVC 的前端控制器。通过前面的章节我们已经知道，前端控制器 DispatcherServlet 会拦截对网站的所有请求，调用处理器映射器对请求路径进行解析，并最终映射为对处理器方法的调用。在这一过程中，对静态资源，如图片、html 页面、css 文件、js 文件等的请求也会进行映射，这显然是找不到对应的处理器方法的，因此会返回 404 错误（无法找到）。解决这个问题有很多种方法，本节将介绍在 Spring MVC 中常用的三种方法。

### 8.4.1 配置默认 Servlet

这种方法是在网站的 web.xml 中配置名为 default 的 Servlet 映射：

```
<servlet-mapping>
    <servlet-name>default</servlet-name>
    <url-pattern>/static/*</url-pattern>
</servlet-mapping>
```

当请求以“/static/”开头的路径时，会交给 Web 容器的默认 Servlet（名为 default 的 Servlet）处理，而非由 Spring MVC 的前端控制器处理。只要我们将静态资源全部保存到网站根路径的“/static”路径下，就能保证正常访问。

### 8.4.2 注册 DefaultServletHttpRequestHandler

在 Spring 配置文件中进行以下配置会得到相同的结果：

```
<mvc:default-servlet-handler />
```

这一配置是注册一个 DefaultServletHttpRequestHandler，它是 Spring MVC 预定义的一个处理器，作用是将所有请求转发到 Web 容器的默认 Servlet 去处理。由于它具有最低的映射优先级，因此不会影响 DispatcherServlet。

### 8.4.3 配置资源映射

最推荐的一种方法是在 Spring 配置文件中配置资源映射。配置资源映射使用<mvc:resources>标签，如针对上面实例的资源映射可以这样配置：

```
<mvc:resources mapping="/img/**" location="/static/assets/img/" />
```

其中，location 属性指明静态文件的实际路径；mapping 属性指明静态文件的映射路径，其含义是将以"/img"开头的路径的请求视为对静态文件的请求，并将其映射到"/static/assets/img/"路径下，不再交给处理器映射器进行处理。显然，此时页面中的静态文件路径需要使用映射后的路径，如上面的头像图片路径需要这样写：

视频 8-4

```
s.setPortrait(request.getContextPath() + "/img/portrait.jpg");
```

通过前面内容的学习，我们知道如果不进行静态资源访问的相关配置，就访问不到静态资源。导致这一问题的根本原因是在配置前端控制器的映射时，拦截了所有对服务器的请求。这是典型的过犹不及。

在 Spring MVC 中，我们有机会更正这种过度索取所造成的负面影响。在生活中，我们也经常遇到这种取与舍的两难问题。

我们在生活中面临取舍时，总是希望使取与舍达到完美平衡，取的都是好的、自己需要的东西，舍的都是坏的、对自己没有价值的东西。但是，这显然是不合理的。我们只能依靠自身努力尽可能地达到目标，很难百分之百做到。同时，要想取与舍更完美，付出的代价就更高，需要我们在结果和代价之间寻求一个可以接受的平衡点。

## 8.5 JSON 数据交换和 RESTful 应用

在前面的实例中，我们基于 Spring MVC 实现了视图、控制器及模型的分离，但是整个系统的前后端仍然存在耦合，因为必须在视图页面中使用后端技术（JSTL、EL 等）获取数据。这种耦合虽然不大，但在有些情况下也会影响系统的扩展性。比如，一个应用程序的前端不想使用 Web 页面，想开发成基于 Windows 窗体的应用程序或 Android App，但是后台程序还想继续使用。这时前后台的一点点耦合都会带来很大影响。另外，某些应用不需要明确的前台，也就是用户界面，如当前流行的开放平台、开放 API 等。

可见，理想的情况应该是前后端完全解耦，只交换数据（在软件设计中称为数据耦合，是程度最低的耦合），这样的后端程序也称为 Web API。数据交换涉及的重要问题是数据格式，数据需要有规范格式，如 XML 格式、JSON 格式等，确保多数后台和前台技术都能解析。

本节将主要介绍如何让 Spring MVC 的处理器解析 JSON 格式的数据，并且返回 JSON 格式的数据，实现 Web 应用的前后端分离。

### 8.5.1 JSON 数据格式

JSON（JavaScript Object Notation，JavaScript 对象标记）是一种轻量级的数据交换格式，是 JavaScript Programming Language, Standard ECMA-262 3rd Edition 的一部分。JSON 数据格式最初是专为 JavaScript 设计的，用于以字符串的形式序列化 JavaScript 对象。它以纯文本来存储和表示数据，易于阅读和编写，也易于程序解析和生成。相比于 XML 数据格式，JSON 数据格式占用更少的存储空间，解析速度更快，渐渐发展为独立于编程语言的一种数据交换格式。

JSON 有对象结构和数组结构两种数据结构。

对象结构以“{”开始，以“}”结束，中间是 key:value 形式的数据。其中，key 必须为字符串，value 可以是对象、数组、数字、字符串或三个字面值（false、null、true）中的一个。多个 key:value 之间使用逗号（,）分割。

数组结构以“[”开始，以“]”结束，中间是值的列表，使用逗号（,）分割，其中的元素可以是任意类型。需要注意的是，如果使用 JSON 存储单个数据，就要使用数组结构，不能使用对象结构，因为对象结构要有 key。

例 8-1：基本对象结构。

```
{
    "name" : "John",
    "age" : 31
}
```

例 8-2：对象嵌套。

```
{
    "name" : "John",
    "age" : 31,
    "address" : {
        "province" : "Heilongjiang",
        "city" : "Harbin"
    }
}
```

例 8-3：在对象中嵌套数组。

```
{
    "name" : "John",
    "age" : 31,
    "address" : {
        "province" : "Heilongjiang",
        "city" : "Harbin"
    },
    "hobbies" : ["篮球", "羽毛球", "游泳"]
}
```

### 8.5.2　Spring MVC 中的 JSON 数据交换

Spring MVC 提供了比较便捷的方式解析客户端提交的 JSON 数据，以及生成响应给客户端的 JSON 数据。

1. 处理器返回 JSON 数据

Spring MVC 需要借助第三方序列化工具完成其他类型数据和 JSON 数据之间的转换，最常用的就是 Jackson 序列化工具。因此，需要先在 pom.xml 中配置 Jackson 库的依赖项：

```
<dependency>
    <groupId>com.fasterxml.jackson.core</groupId>
    <artifactId>jackson-databind</artifactId>
    <version>2.15.0</version>
</dependency>
```

在前面的章节中使用过 ResponseBody<>类，处理器返回 ResponseBody<>类对象时不再进行视图渲染，直接将 ResponseBody<>类对象中封装的数据写入响应体中。如果在返回 ResponseBody<>类对象时直接将实体对象封装进去，Spring MVC 就会调用相应的序列化方法，将实体对象序列化为 JSON 数据，并写入响应体中，这样就实现了处理器返回 JSON 数据。

下面修改一下 list 处理器：

```
@Controller
@RequestMapping("/api/student")
public class StudentApiController {
    @GetMapping(path="/list", produces="application/json")
    public ResponseEntity<Student> list() {
        Student s = new Student();
        s.setStuName("John");
        s.setAge(30);
        HttpHeaders headers = new HttpHeaders();
        headers.setContentType(MediaType.APPLICATION_JSON);
        return new ResponseEntity<>(s, headers, HttpStatus.OK);
    }
}
```

上面的代码使用了 HttpHeaders 类，通过它可以设置响应头信息，这里将响应头的 Content Type 字段设置为“application/json”。通过实体对象、HttpHeaders 对象及 HTTP 状态码实例化 ResponseEntity<>实例后返回。通过浏览器或 Postman 请求“[应用程序根路径]/api/student/list”，会得到响应：

```
{
    "name" : "John",
    "mobilePhone" : 30,
    "portrait" : null
}
```

除了使用 ResponseBody<>类，还可以使用@ResponseBody 注解。@ResponseBody 注解使用在处理器方法上时，使用它标记的处理器方法可以直接返回一个实体对象，Spring MVC 使用合适的序列化方法将其序列化后直接写入响应体中。上面的代码可以改写为：

```
@GetMapping(path="/list", produces="application/json")
@ResponseBody
public Student list() {
    Student s = new Student();
    s.setStuName("John");
    s.setAge(30);
    return s;
}
```

这样会得到相同的响应结果。可以看出，使用@ResponseBody 注解比使用 ResponseEntity<>类的代码简化了许多。需要注意的是，要使用@ResponseBody 注解，需要在 Spring 配置文件中配置 Spring MVC 的注解驱动。

Spring MVC 还提供了@RestController 注解来完成以上任务，可以方便地使一个控制器类中的所有处理器返回 JSON 数据。上面的代码可以改写为：

```
@RestController
@RequestMapping("/api/student")
public class StudentApiController {
    @GetMapping(path="/list", produces="application/json")
    public Student list() {
        ... ...
    }
}
```

这样就不需要每个处理器都使用@ResponseBody 注解来标记了。

2. 序列化为 XML 数据

Jackson 库除了可以将实体对象序列化为 JSON 数据，还可以将其序列化为 XML 数据。首先，需要在 pom.xml 中配置序列化为 XML 的依赖项：

```
<dependency>
    <groupId>com.fasterxml.jackson.dataformat</groupId>
    <artifactId>jackson-dataformat-xml</artifactId>
    <version>2.15.0</version>
```

```
</dependency>
```

然后，设置响应体的 ContentType，可以通过@RequestMapping 注解的 produces 成员设置：

```
@GetMapping(path="/list", produces="application/xml")
@ResponseBody
public Student list() {
    ... ...
}
```

此时，通过浏览器或 Postman 请求“[应用程序根路径]/api/student/list”，会得到响应：

```
<Student>
    <stuName>John</ stuName >
    <age>30</age>
    <portrait></portrait>
</ Student >
```

像这种在有多个格式可用时，为请求选择特定格式的数据进行响应的过程，在 Web API 中称为内容协商。

最后，需要注意的是，如果使用了@ResponseBody 或 ResponseEntity<>类，前端控制器就不再请求视图解析器解析逻辑视图名，也不再渲染视图，而直接从 HandlerAdapter 中调取结果，并将处理器返回的数据写入响应体中。因此，使用了这两个注解的处理器，作用于其上的拦截器中的 postHandle()和 afterCompletion()方法将没有机会执行。

3. 处理器解析 JSON 数据

下面讲解处理器如何解析客户端提交的 JSON 数据。与返回 JSON 数据类似，解析 JSON 数据也有两种方式。

第一种方式是使用 RequestEntity<>类。与 ResponseEntity<>类类似，RequestEntity<>类封装了整个请求，可以通过它的 getBody()方法获取请求体数据。在这个过程中，Spring MVC 会调用反序列化工具对请求体中的数据进行反序列化，因此获取到的请求体数据是经过反序列化的对象。

修改前面章节中的 register 处理器：

```
@PostMapping(path="/register", produces="application/xml", consumes="application/json")
@ResponseBody
public Student register(RequestEntity<Student> student) {
    Student s = student.getBody();

    // operate with s
    // ...

    return s;
}
```

为简洁起见，此处删除了数据校验的相关代码，直接将获取的数据返回客户端，以便观察结果。通过 Postman 发送请求，请求体为：

```
{
```

```
    "name" : "Tom",
    "age" : 30,
    "portrait" : ""
}
```

得到 XML 格式的响应：

```
<Student>
    <stuName>Tom</ stuName >
    <age>30</age>
    <portrait></portrait>
</ Student >
```

第二种方式是使用@RequestBody 注解。@RequestBody 注解用于标记处理器入参，从请求体中读取数据，并通过适当的 HttpMessageConverter 进行转换后注入其标记的实体对象内。上面的例子可以这样改写：

```
@PostMapping(path="/register", produces="application/xml", consumes="application/json")
@ResponseBody
public Student register(@RequestBody Student student) {
    // operate with student
    // ...

    return student;
}
```

效果与使用 RequestEntity<>类是相同的，如图 8-3 所示。

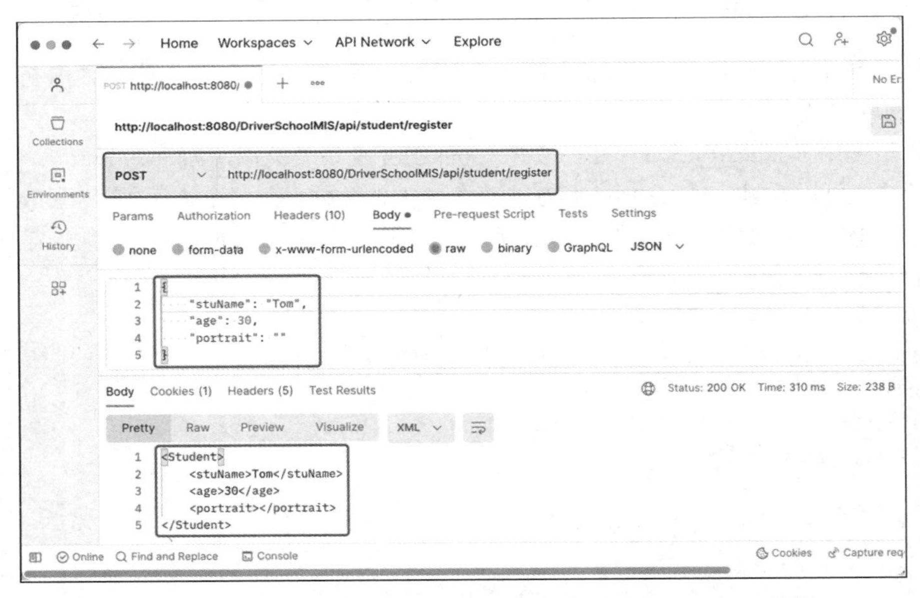

视频 8-5

图 8-3　处理器解析 JSON 数据并返回 XML 数据

### 8.5.3　REST 的概念

REST（Representational State Transfer，表现层状态转移）是 Roy Fielding（罗伊・菲

尔丁）在毕业论文 *Architectural Styles and the Design of Network-based Software Architectures*（架构风格与基于网络的软件架构设计）中描述的一种 Web 应用设计风格。REST 描述的是客户端和服务器的一种交互形式，核心思想是使用 URL 定位资源，使用 HTTP 动词描述操作。如果一个架构符合 REST 风格，就称它为 RESTful 架构，相应的应用就称为 RESTful 应用。

在 REST 中有以下几个比较重要的概念。

资源："表现层状态转移"省略了主语，"表现层"指的是"资源"的"表现层"。所谓资源，就是网络中的一个实体，如一段文本、一幅图片、一首歌曲、一种服务等。资源的位置可以用 URL 表示，要获取这个资源，访问它的 URL 就可以，因此 URL 相当于一个资源的识别符。客户端使用 Web 服务的功能，相当于通过 URL 与资源发生互动。

表现：资源可以有多种外在表现形式，我们把资源具体呈现出来的形式叫作它的"表现层"。比如，文本可以用 TXT 格式表现，也可以用 HTML 格式、XML 格式、JSON 格式表现；图片可以用 JPG 格式表现，也可以用 PNG 格式、BMP 格式表现。URL 只代表资源的实体，不代表它的形式，具体表现形式应该用 HTTP 请求头中的 Accept 和 ContentType 字段指定。

状态转移：请求一个 Web 服务，就相当于客户端和服务器发生了一次互动。在这个过程中，势必涉及数据和状态的变化，而这种变化是建立在表现层之上的，所以称为"表现层状态转移"。

### 8.5.4　编写 RESTful 应用

前面讨论了什么是 REST 和 RESTful 应用，但对于 REST 的解释较抽象。如果从 REST 的概念出发，想要构建一个 RESTful Web 服务该从何入手呢？Leonard Richardson 分析了百余种不同的 Web 服务，并根据它们与 REST 的兼容程度将它们分为四个等级，这被称为 Richardson 成熟度模型。Richardson 成熟度模型可以识别一个 Web 服务的成熟度等级，也为构建 RESTful Web 服务提供了切实可行的参考依据。

Richardson 成熟度模型的四个等级如下。

（1）Level 0：POX（Plain Old XML）。除了使用 XML 作为数据交换，其余跟传统的 Web 应用没有区别（一个 URL，一个 HTTP 请求方式，实现不同的功能）。

（2）Level 1：资源。使用 URL 表示资源的位置，但没有使用正确的 HTTP 动词。

（3）Level 2：动词。正确使用了 HTTP 动词和 HTTP 状态码。

（4）Level 3：超媒体。超媒体作为应用程序的状态引擎（HATEOAS，Hypermedia As The Engine Of Application State），包含一些可发现性的自包含文档，可以使协议拥有自描述（Self-documenting）能力，被称为驱动应用程序的超链接。例如查询数据后，除了返回数据，还包含更新和删除此资源的方式。

Level 3 等级描述的 HATEOAS 是 REST 中最成熟、最复杂的约束。HATEOAS 将客户端和服务器分离的方式使服务器功能能够独立演化，达到了以下三个目标。

（1）客户端不必知道服务或工作流中的不同步骤。

（2）客户端不必为不同的资源硬编码 URL。

（3）服务器可以在不破坏与客户端的交互的情况下更改 URL。

观察本章的案例可以发现，它仅仅达到了 Level 0 等级，下面一步一步地将其改造为更成熟的 RESTful Web 应用。

### 1. URL 名词化，使用 HTTP 动词表示操作

要编写一个 RESTful Web 应用，第一步就是正确使用 HTTP 动词，而 URL 仅表示要操作资源的位置。对照这一标准，我们以本章案例中的 list 处理器为例：

```
@GetMapping(path="/list", produces="application/json")
@ResponseBody
public Student list(...) {
    ... ...
}
```

list 处理器的请求地址（/student/list）显然不代表一个资源的位置，而是包含了对资源的操作（list），可以改写为：

```
@GetMapping(path="/", ...)
```

类似地，register 处理器可以改写为：

```
@PostMapping(path="/", ...)
```

delete 处理器可以改写为：

```
@DeleteMapping(path="/", ...)
```

这三个处理器的请求地址都相同（/student），它们都是对 Student 实体的操作，通过不同的 HTTP 动词表示操作类别。

假如还有一个根据姓名查询学员的处理器，那么它按照 RESTful 风格可以写为：

```
@GetMapping(path="/{stuName}", ...)
@ResponseBody
public Student getByName(@PathVariable String stuName) {
    ... ...
}
```

这里使用了路径变量，因此请求地址仍然是一个代表资源位置的名词。

### 2. 正确使用 HTTP 状态码

一般来说，Spring MVC 的异常处理机制在出错时会自动生成 HTTP 状态码，因此不需要关心，但是在某些情况下的状态码仍然需要处理。

如果使用@ResponseBody 注解，可以配合@ResponseStatus 注解设置状态码。一般来说，如果处理器正常返回，Spring MVC 就会默认返回 200（OK），@ResponseStatus 注解可以设置处理器返回的状态码。

在学员注册处理器代码中，在数据库中添加数据后，会返回状态码 200。如果希望状态码是 201（Created），则可以做以下修改：

```
@PostMapping(path="/", produces="application/json", consumes="application/xml")
@ResponseBody
@ResponseStatus(HttpStatus.CREATED)
public Student register(@RequestBody Student student) {
    // insert student into database

    return student;
}
```

此时再通过 Postman 发送请求，则会看到返回了 201（Created）状态码。如果使用 ResponseEntity<>类，就可以直接设置状态码：

```
@PostMapping(path="/", produces="application/json", consumes="application/xml")
public ResponseEntity<Student> register(@RequestBody Student student) {
    // insert student into database

    HttpHeaders headers = new HttpHeaders();
    headers.setContentType(MediaType.APPLICATION_JSON);

    return new ResponseEntity<>(student, headers, HttpStatus.CREATED);
}
```

通过上面两个步骤的改写，程序就达到了 Richardson 成熟度模型的 level 2 等级。

3. 使服务具有自描述能力

下面通过一个简单的例子来解释什么是自描述能力。假如某个处理器的响应是：

```
{
    "stuName" : "John",
    "age" : 30,
    "portrait" : ""
}
```

这样的响应数据是没有自描述能力的。具有自描述能力的响应应该如下：

```
{
    "stuName" : "John",
    "age" : 30,
    "portrait" : "",
    "links" : [
        {
            "rel" : "self",
            "href" : http://localhost:8080/DriverSchoolMIS/student/John,
            "method" : "GET"
        },
        {
```

```
                "rel" : "delete",
                "href" : http://localhost:8080/DriverSchoolMIS/student/John,
                "method" : "DELETE"
            }
        ]
}
```

这样获得响应数据的客户端就知道此资源还可以进行删除操作，以及进行删除操作的方式，这一信息是通过 links 属性实现的。

links 中的每个元素包含以下三部分信息。

（1）rel：链接与本资源的关系。

（2）href：用户可以检索资源，或者改变应用状态的 URL。

（3）method：此 URL 需要的 HTTP 方法。

可以通过手工方式为每条返回的信息添加 links 信息，但如果处理器的请求路径变化，links 信息就要重写，显然这不是一种好方法。目前有很多库可以帮助我们更便捷地实现服务的自描述能力，下面简要介绍 Spring HATEOAS 的使用方法。

首先，在 pom.xml 中添加依赖项：

```
<dependency>
    <groupId>org.springframework.hateoas</groupId>
    <artifactId>spring-hateoas</artifactId>
    <version>2.0.3</version>
</dependency>
```

在使用 Spring HATEOAS 时，实体类需要继承 RepresentationModel<>类：

```
public class Student extends RepresentationModel<Student> {

    ... ...

}
```

准备工作做好后，在 StudentController 类中定义方法 addLinksToResource()，用于向一个资源（实体对象）添加链接：

```
private void addLinksToResource(Student student) {
    student.add(linkTo(StudentController.class).slash(student.getName()).withSelfRel());
    try {
        Method m = StudentController.class.getMethod("delete", java.lang.String.class);
        student.add(linkTo(m, student.getName()).withRel("delete"));
    } catch (Exception ex) { }
}
```

add()方法用于向返回的实体对象中添加链接，链接的类型是 Link，它是 Spring HATEOAS 提供的类。构造 Link 类型的对象时，使用 WebMvcLinkBuilder 类的静态方法 linkTo()，参数类型可以是 Class，也可以是 Method，作用是通过控制器类或处理器方法对应的请求路径生成链接。slash()方法用于生成一个“/”符号，参数是“/”符号后面的内容，用于构造路径参数。withRel()方法和 withSelfRel()方法用于生成链接中的“rel”字段。上述方法生成的链接根据控制器类和处理器方法动态生成。这里向返回的 Student 对象中添加了两个 link，一个返回本条数据的链接本身，另一个删除本条数据的链接。

然后，在返回 Student 实体对象时添加链接：

```
@GetMapping(path="/{stuName}", produces="application/json")
public ResponseEntity<Student> getByName(@PathVariable String stuName) {
    Student s = new Student();
    s.setStuName(stuName);
    s.setAge(30);
    this.addLinksToResource(s);
    return ResponseEntity.ok(s);
}
```

此时如果请求“[应用程序根路径]/student/John”，就可以得到响应：

```
{
    "stuName": "John",
    "age": 30,
    "portrait": null,
    "links": [
        {
            "rel": "self",
            "href": "http://localhost:8080/DriverSchoolMIS/api/student/John"
        },
        {
            "rel": "delete",
            "href": "http://localhost:8080/DriverSchoolMIS/api/student/{stuName}"
        }
    ]
}
```

关于 RESTful 应用的更多内容，此处不做过多论述，请读者参阅相关资料。

视频 8-6

本章介绍的是 Spring MVC 的高级功能，相对于基本功能来说，它们是锦上添花的功能。也就是说，没有这些功能，Spring MVC 应用也可以正常运行，但是它们使应用更完善，使开发更便捷。

“锦上添花”指在有彩色花纹的丝织品上绣上花朵，比喻美上加美，喜上加喜。人们往往有一种帮人“心机”，这种“心机”就是锦上添花。但是，为人在世，“锦上添花”不如“雪中送炭”。雪中送炭，顾名思义，就是在下雪天给人送炭取暖，比喻在别人急需帮助的时候给予必要的帮助。在别人最困难的时候，对别人施以援手，是最有价值的。只有富有同情心和怜悯心，同他人共冷暖，做扶危解难的及时雨，一个人才能真正体现自身价值。锦上添花固然受人欢迎，雪中送炭更是弥足珍贵。

## 思考与练习

1．请简述拦截器的概念，以及使用时的注意事项。

2．请简述 Spring MVC 中的静态资源访问的三种方法。

3．请简述 REST 的概念和遵循 RESTful 编程的特点。

4．请简述文件下载有哪几种方法，以及各自的优缺点。

5．请简述全局异常和局部异常的联系和区别。

6．请简述使用 JSON 数据格式在前后端交互中的优缺点。

# 第 9 章　MyBatis 框架基础

在面向对象程序设计中，面对的是一个个的对象；在关系型数据库中，面对的是实体及实体之间的关系。在程序设计中经常面临的问题是，面向对象程序设计中的对象与关系型数据库中的实体之间的转换，这需要程序员编写大量的、重复的、与业务逻辑无关的代码。这种机械性的工作能不能被简化呢？答案是能。ORM 是解决这个问题的有效方法，MyBatis 框架就是一个常用的 ORM 框架。

## 9.1　MyBatis 概述

相信大家在学习、工作中都采用 JDBC（Java Database Connectivity，Java 数据库连接）的方式进行过关系型数据库的连接，在各种关系型数据库的使用过程中，我们编写的 SQL 语句也会有所不同，代码的可移植性、可扩展性、可维护性就会相对较差，也会影响项目的升级和运维。

### 9.1.1　传统 JDBC 的劣势

JDBC 是 SUN 公司（后被 Oracle 收购）针对不同数据库厂商提供的不同数据库访问方式而制定的一套统一的数据库访问规范（实际是一组接口），并提供连接数据库的访问协议标准，各个数据库厂商会遵循 SUN 公司的规范提供一套访问自己公司的数据库服务器的 API 实现。SUN 公司提供的规范被命名为 JDBC，各个厂商提供的遵循 JDBC 规范且可以访问自己公司的数据库的 API 被称为驱动，因此在 Java 程序中连接不同的数据库时需要下载不同的驱动包。

随着软件开发技术不断升级，以及软件开发工具不断进步，采用 JDBC 方式的弊端越来越明显，主要表现为以下四方面。

（1）SQL 语句在代码中硬编码，造成代码不易维护。而且使用 JDBC 编程时代码量较大，尤其是当数据表字段较多时，代码显得烦琐，并且使开发人员的工作量增加。同时，在实际应用的开发中，SQL 变化的可能性较大。在传统 JDBC 编程中，JDBC 对结果集解析存在硬编码（查询列名），SQL 变动需要修改 Java 代码，造成系统不易维护，违反了开闭原则。

（2）数据表之间存在各种关系，包括一对一、一对多、多对多、级联等。如果采用 JDBC 编程的方式维护数据表之间的关系，过程较复杂且容易出错。

（3）数据库连接创建、释放频繁，造成系统资源浪费，从而影响系统性能。在批量处理数据的时候，JDBC 编程存在效率低下的问题，程序向数据库发送大批量的同类 SQL 语句请求时，会明显浪费数据库资源，影响运行效率。

（4）虽然在 JDBC 中提供了预处理接口 PreparedStatement，但是使用它向占位符传参数存在硬编码。因为 SQL 语句的 where 条件不一定，可能有时多，可能有时少，修改 SQL 语句需要修改代码，造成系统不易维护。

### 9.1.2 ORM 简介

在典型软件设计模式中，我们介绍了 MVC 设计模式，模型包含复杂的业务逻辑和数据逻辑，以及数据存取机制（如 JDBC 连接、SQL 生成、Statement 创建、ResultSet 结果集读取）等。将这些复杂的业务逻辑和数据逻辑分离，将系统的紧耦合关系转化为松耦合关系（解耦合），是降低系统耦合度迫切需要的，也是引入持久化层的原因。

MVC 设计模式实现了表现层和数据处理层的解耦合，而持久化层的设计则实现数据处理层内部的业务逻辑和数据逻辑的解耦合。ORM 采用映射元数据来描述对象关系的映射，使 ORM 能在任何一个应用的业务逻辑层和数据库层之间充当桥梁，通过类和类对象就能操作它所对应的表格中的数据。在具体操作业务对象的时候，不需要和复杂的 SQL 语句打交道，只需要简单地操作对象的属性和方法即可。ORM 如图 9-1 所示。

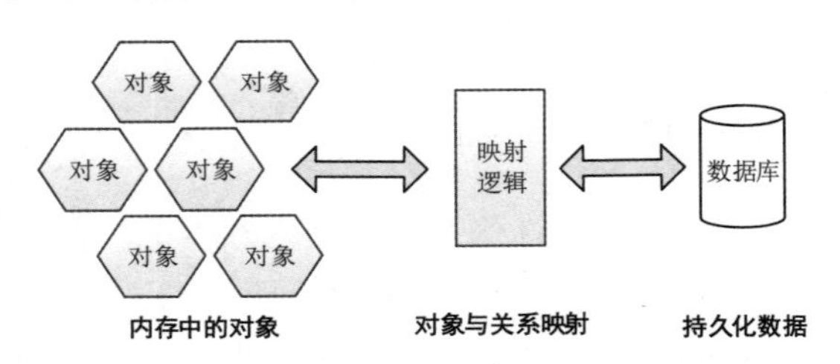


图 9-1　ORM

在 ORM 中，面向对象程序设计中的类映射成关系型数据库中的表（可能是一个表，可能是多个表，也可能是一个表的部分字段），一般采用 XML 文件的形式进行描述；一个个具体的对象则映射为数据库表中一条条的记录，对象的属性映射为数据库表中的字段，对应关系如表 9-1 所示。

表 9-1　对象与关系的概念映射

| 面向对象的概念 | 面向关系的概念 |
|---|---|
| 类 | 表（表结构） |
| 对象 | 表的行（记录） |
| 属性 | 表的列（字段） |

在当今的企业级应用开发当中，软件项目的规模大大提高，系统的业务逻辑和数据逻

辑都具有相当高的复杂度，降低业务逻辑和数据逻辑的耦合性对系统开发具有很大的帮助。引入 ORM 框架之后，开发人员既可以利用面向对象程序设计的简单易用性，又可以充分发挥关系数据库的优势，简单、灵活地实现对象与关系数据库中数据之间的转换。目前，在企业级开发中应用比较广泛的 ORM 框架是 Hibernate 和 MyBatis，下面对这两种框架做简单介绍。

1. Hibernate

Hibernate 是一种全自动的、开放源代码的 ORM 框架，它对 JDBC 进行了较轻量级的对象封装，将对象与数据库表建立映射关系。Hibernate 可以自动生成 SQL 语句，并自动执行，使 Java 程序员可以方便地使用面向对象编程思想来操作数据库，极大地提高了开发效率。Hibernate 可以应用在任何使用 JDBC 的场合。Hibernate 框架是非侵入式设计，应用程序不需要继承或实现框架中的类或接口，应用程序与 Hibernate 框架之间是松耦合关系，使系统具有较好的可移植性，使代码具有良好的可复用性。但是，由于全表映射的特性，Hibernate 也存在一些局限，例如，由于 SQL 语句的自动生成无法根据不同条件组装不同 SQL 语句，对多表关联和复杂 SQL 语句查询的支持较差，执行效率不如原生的 JDBC 高，特别是在进行批量数据处理的时候，不能有效地支持存储过程和 SQL 语句优化等。随着互联网行业的快速发展，Hibernate 已经失去了 ORM 框架应用领域市场占有率第一的位置，并且呈逐年下降的趋势。

2. MyBatis

MyBatis 是一种半自动化的 ORM 框架，和 Hibernate 不同，MyBatis 需要手动提供 POJO、SQL 语句，并匹配映射关系，因此它可以更加灵活地生成映射关系。MyBatis 充分允许开发人员利用数据库的各项功能，如存储过程、视图、复杂查询等，具有高度灵活、可优化、易维护等优点。与 Hibernate 相比，使用 MyBatis 的编码量较大，但这并不影响它在一些复杂的和需要优化性能的项目中使用。

### 9.1.3 MyBatis 简介

MyBatis 是一款 ORM 类型的数据持久化框架，将 JDBC 的手动注册驱动、建立连接、获取 SQL 执行对象、释放连接等操作进行了自动化装配，只需要进行简单的配置就可以实现自动注册驱动、建立连接、释放连接等操作。开发人员只需要关注 SQL 语句的编写就可以，不用过多关注数据库连接问题。MyBatis 支持自定义 SQL、存储过程及高级映射，可以通过 SQL 映射文件实现 SQL 语句的编写，支持动态 SQL，使用条件判断进行查询可以实现 SQL 复用。

在 MyBatis 中也采用工厂模式进行对象创建与管理，MyBatis 应用程序主要使用

SqlSessionFactory 实例，一个 SqlSessionFactory 实例可以通过 SqlSessionFactoryBuilder 获取。SqlSessionFactoryBuilder 可以从 XML 配置文件或一个预定义配置类的实例获取。

随着软件开发技术不断更新与迭代，MyBatis 在 Java 应用开发中的市场占有率不断攀升。2021 年，根据 TIBCO 的统计数据显示，MyBatis 在 ORM 应用领域已经占据第一的位置。MyBatis 的主要优点包括以下四方面。

（1）通过参数映射方式实现 SQL 语句和 Java 代码的分离，解除 SQL 语句与程序代码的耦合，可以将参数灵活地配置在 SQL 语句的 XML 配置文件中，避免在 Java 类中配置参数。

（2）通过输出映射机制将结果集的检索自动映射成相应的 Java 对象，避免对结果集手工检索。

（3）采用非侵入式设计，使用简单，没有任何第三方依赖，最简单的安装方式只需要两个 jar 文件及几个 SQL 映射文件，易学易用。通过文档和源代码，可以比较全面地掌握它的设计思路和实现。

（4）不会给应用程序或数据库的现有设计强加任何影响，SQL 语句写在 XML 配置文件中，便于统一管理和优化。通过 SQL 语句可以满足操作数据库的所有需求，通过 XML 配置文件对数据库连接进行管理。

MyBatis 的前身是 iBatis，iBatis 是 Clinton Begin 于 2001 年发起的一个开放源代码项目，目的是发展密码软件的解决方案。iBatis 项目的第一个产品是 Secrets，用于个人数据加密和签名工具。但是在新产品发布不久，iBatis 项目就陷入了困境，转而关注 Web 和 internet 相关的技术。2002 年，iBatis 项目发布了 JPetStore 产品，在软件项目的持久化层中能够快速完成 SQL Maps 和 DAO 的数据操作。2004 年，iBatis 发布了 2.0 版本，随后 Clinton Begin 将 iBatis 项目捐献给了 Apache 基金会。2010 年，iBatis 发布了 3.0 版本，开发团队决定将其迁移到谷歌托管，并更名为 MyBatis。MyBatis 团队在 2013 年又将项目迁移到了 GitHub。截至 2023 年 5 月 11 日，MyBatis 的最新官方版本为 3.5.13。

从 MyBatis 的发展历程可以看出，其发展过程并不是一帆风顺的，也经历了很多磨难和变迁，因此大家一定要清晰地认识到科研的过程中一定要经得起沉浮、耐得住寂寞、不怕失败、刻苦专研，总能守得日出见云开。

在软件项目开发中，使用 MyBatis 能够为程序员带来诸多便利，避免大量的重复代码编写，提高软件开发效率。软件从业人员一定要有高尚的情怀、无私的奉献精神，共同推动软件产业的发展，为我国的社会主义现代化建设贡献力量。

### 9.1.4　MyBatis 的功能架构

MyBatis 免除了几乎所有的 JDBC 代码，以及设置参数和获取结果集的工作。MyBatis 可以通过简单的 XML 或注解来配置和映射原始类型、接口和 POJO 为数据库中的记录。MyBatis 的功能架构如图 9-2 所示。

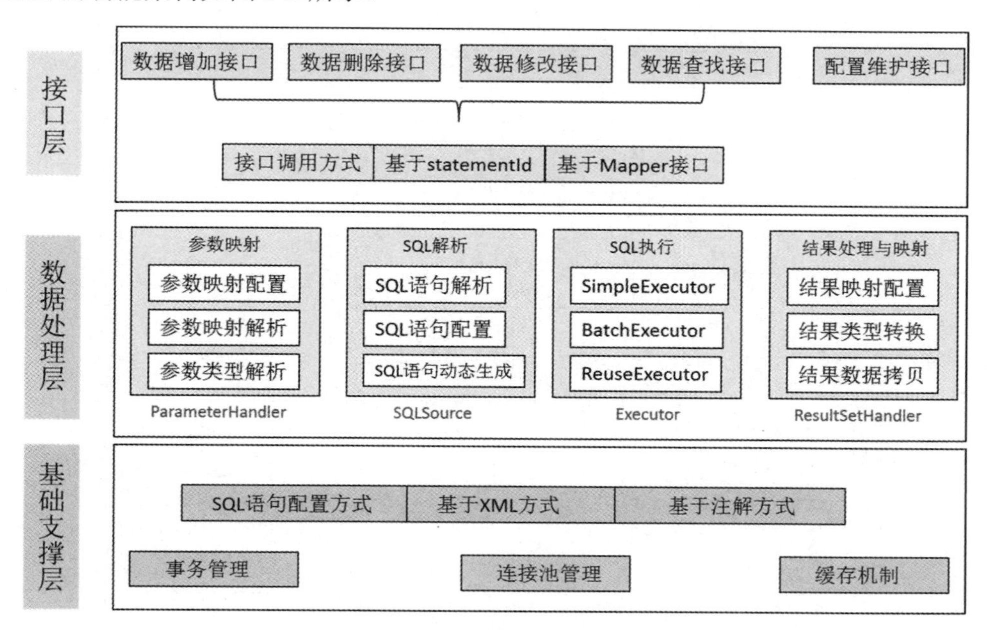


图 9-2　MyBatis 的功能架构

从图 9-2 可以看出 MyBatis 的功能架构由三层组成，包括接口层、数据处理层和基础支撑层。

接口层：主要和数据库交互，提供外部使用的应用程序编程接口。开发人员通过接口操控数据库，接口层一接收到调用请求就会调用数据处理层完成具体的数据处理。

数据处理层：MyBatis 的核心，负责具体的 SQL 查找、SQL 解析、SQL 执行和执行结果映射处理等，主要作用是根据调用的请求完成一次数据库操作。数据处理层主要完成以下两个功能。

（1）通过传入参数构建动态 SQL 语句。

（2）SQL 语句的执行及封装查询结果集。

基础支撑层：MyBatis 框架的基础，负责最基础的功能支撑，包括连接管理、事务管理、配置加载和缓存处理。这些都是共用的，将它们抽取出来作为最基础的组件，为上层的数据处理层提供最基础的支撑。

### 9.1.5　MyBatis 的工作流程

在理解了 MyBatis 的功能架构之后，我们探讨 MyBatis 的工作流程，如图 9-3 所示，这也是使用 MyBatis 框架的基础。

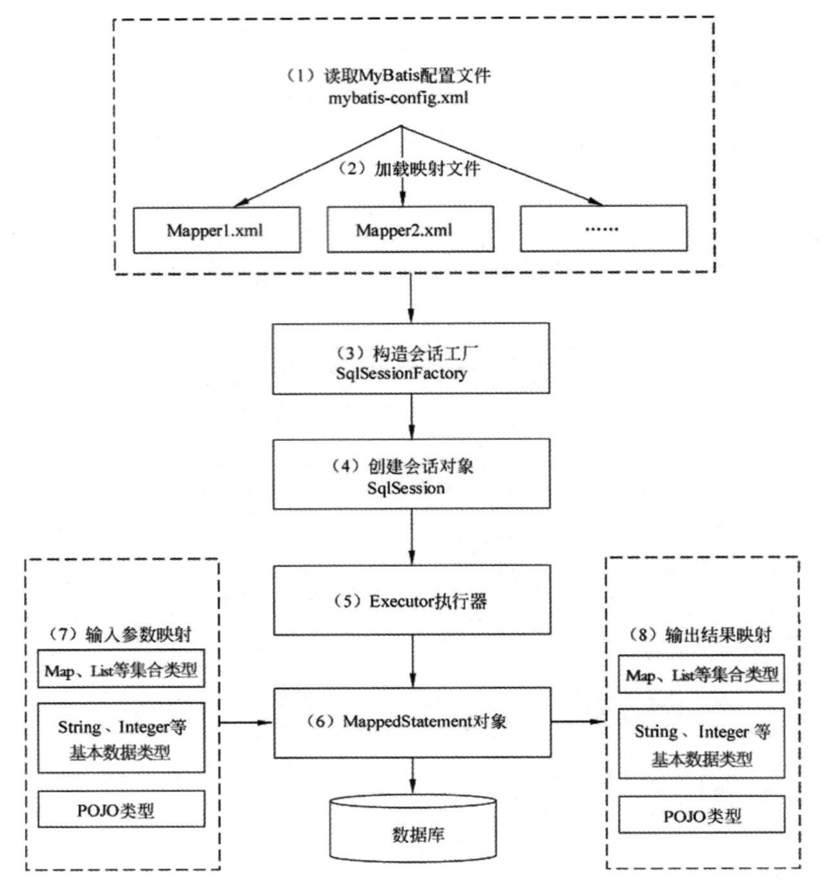


图 9-3　MyBatis 的工作流程

MyBatis 框架也是采用工厂模式进行对象的创建与管理的，核心对象为 SqlSessionFactory，工作流程的详细说明如下。

（1）读取 MyBatis 配置文件。mybatis-config.xml 为 MyBatis 的全局配置文件，用于配置数据库连接信息。

（2）加载映射文件。映射文件即 SQL 映射文件，该文件中配置了操作数据库的 SQL 语句，需要在 mybatis-config.xml 中加载。mybatis-config.xml 可以加载多个映射文件，每个文件对应数据库中的一张表。

（3）构造会话工厂。通过 MyBatis 的环境配置信息构造会话工厂 SqlSessionFactory。

（4）创建会话对象。由会话工厂创建 SqlSession 对象，该对象包含执行 SQL 语句的所有方法。

（5）Executor 执行器。MyBatis 底层定义了一个 Executor 接口来操作数据库，它将根据 SqlSession 传递的参数动态地生成需要执行的 SQL 语句，同时负责查询缓存的维护。

（6）MappedStatement 对象。在 Executor 接口的执行方法中有一个 MappedStatement 类型的参数，该参数是对映射信息的封装，用于存储要映射的 SQL 语句的 id、参数等信息。

（7）输入参数映射。输入参数类型可以是 Map、List 等集合类型，也可以是基本数据类型和 POJO 类型。输入参数映射过程类似于 JDBC 对 preparedStatement 对象设置参数的过程。

（8）输出结果映射。输出结果类型可以是 Map、List 等集合类型，也可以是基本数据类型和 POJO 类型。输出结果映射过程类似于 JDBC 对结果集的解析过程。

### 9.1.6　MyBatis 的下载与使用

由于 MyBatis 是由第三方机构负责升级维护的开源框架，没有在 IDE 工具中集成，因此需要开发者手动下载 jar 包。本书编写时 MyBatis 的最新官方版本为 3.5.13，后面章节的讲解都是结合该版本展开的。本节讲解 MyBatis 相关 jar 包的下载和使用，具体步骤如下。

（1）打开浏览器，访问 MyBatis 的中文官方网站，单击“MyBatis 下载”按钮，在新页面中单击“MyBatis 新版本下载”按钮，进入下载页面，如图 9-4 所示。

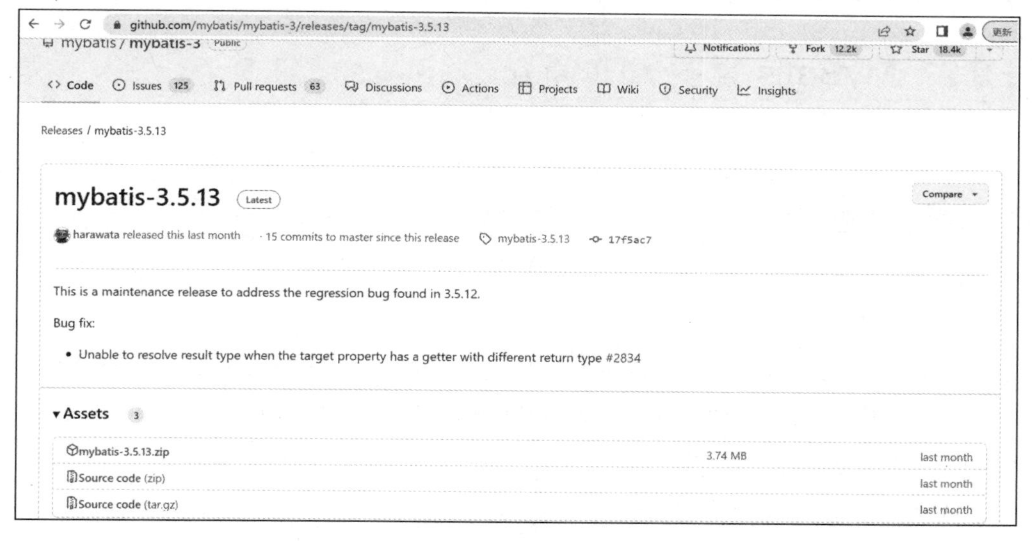


图 9-4　MyBatis 下载页面

（2）单击 mybatis-3.5.13.zip 链接，将文件下载到指定目录。

（3）解压下载完成的 mybatis-3.5.13.zip 文件，获得名称为 mybatis-3.5.13 的文件夹，打开该文件夹，可以看到 MyBatis 的目录结构，如图 9-5 所示。

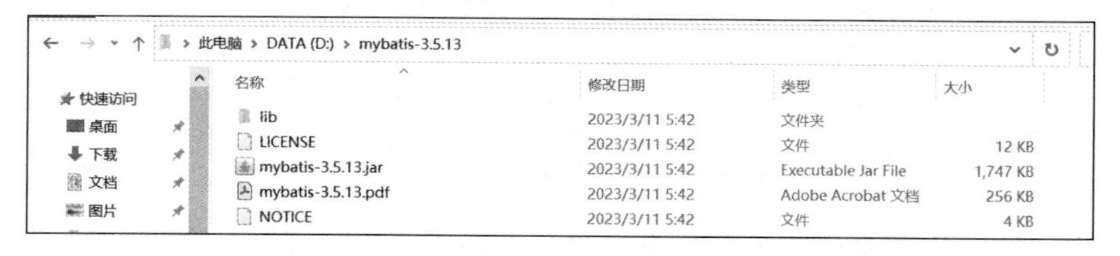


图 9-5　MyBatis 的目录结构

lib 文件夹存放 MyBatis 运行依赖的 jar 包，一共包括八个 jar 文件，每个 jar 文件的具体作用如表 9-2 所示。mybatis-3.5.13.jar 是 MyBatis 的核心类库，mybatis-3.5.13.pdf 是 MyBatis 的参考文档，介绍 MyBatis 的简单使用说明和案例。在项目开发中，导入 mybatis-3.5.13.jar 包和其依赖的另外八个 jar 文件即可。

视频 9-1

表 9-2 lib 文件夹依赖的 jar 文件的作用说明

| 名 称 | 说 明 |
| --- | --- |
| asm-7.1.jar | 操作 Java 字节码的类库 |
| cglib-3.3.0.jar | 动态继承 Java 类或实现接口 |
| commons-logging-1.2.jar | 通用日志处理 |
| javassist-3.27.0-GA.jar | 分析、编码和创建 Java 类库 |
| log4j-api-2.13.3.jar | log4j 到 log4j2 的桥接包 |
| ognl-3.3.4.jar | 支持 ognl 表达式的解析 |
| reload4j-1.2.24.jar | 一个更强大的日志管理器，作用是解决 log4j 中的漏洞 |
| slf4j-api-2.0.6.jar | 提供日志接口及获取具体日志对象的方法 |

## 9.2 MyBatis 重要 API 简介

上一节介绍了 MyBatis 的工作流程，知道了 MyBatis 大致的工作机制。但是 SqlSessionFactory 是如何建立的，以及 SqlSession 是如何通过工厂模式生成的？本节将对 MyBatis 的重要 API 进行重点讲解。

1. Resources

Resources 是 MyBatis 加载资源的工具类，位于 org.apache.ibatis.io.Resources 包中，其核心方法是 getResourceAsStream(String fileName)，用于通过类加载器返回指定资源的字节输入流，返回值类型为 InputStream。

2. SqlSessionFactory

SqlSessionFactory 对象是由 SqlSessionFactoryBuilder 对象创建的，SqlSessionFactory Builder 对象通过调用 build()方法创建 SqlSessionFactory 对象，SqlSessionFactoryBuilder 对象的 build()方法有两种形式。第一种形式：

```
SqlSessionFactory    build(InputStream inputStream[, String environment]
[,properties props])
```

这种形式较常用。参数 inputStream 封装了 xml 文件形式的配置信息。参数 environment 和参数 props 为可选参数，其中，参数 environment 决定将要加载的环境，包括数据源和事务管理器；参数 props 决定将要加载的 properties 文件。

第二种形式:

```
SqlSessionFactory    build(Configuration config)
```

参数 config 需要预定义，封装了绝大部分配置信息，包括数据库类型、数据源、连接池等具体配置信息。

通过调用 SqlSessionFactoryBuilder 对象的 build()方法能够生成 SqlSessionFactory 对象，每个 MyBatis 应用程序都以 SqlSessionFactory 为基础，进行会话管理，完成数据的持久化操作。SqlSessionFactory 存在于 MyBatis 应用的整个生命周期，重复创建 SqlSessionFactory 对象会造成数据库资源的过度消耗，因此在应用中一般采用单例模式。

**为什么 SqlSessionFactory 是单例？**

因为 SqlSessionFactory 是一个数据库连接池对象，所以它占据数据库的连接资源。如果创建多个 SqlSessionFactory，就存在多个数据库连接池，不利于对数据库资源的控制，也会导致数据库资源被消耗光，出现宕机等情况，应该尽量避免发生这样的情况。因此 SqlSessionFactory 是一个单例，让它在应用中被共享。

在创建 SqlSessionFactory 对象之后，就要进行会话的创建，即调用 SqlSessionFactory 对象的 openSession()方法创建 SqlSession 对象。根据不同应用环境的需求，SqlSessionFactory 对象提供了多种 openSession()方法，每个方法的返回值均为 SqlSession。此处省略方法的返回值 SqlSession，主要体现方法传入参数不同的区别，如表 9-3 所示。

表 9-3　SqlSessionFactory 对象的 openSession()方法

| 方法名称 | 功能描述 |
| --- | --- |
| openSession() | 开启一个事务，连接对象从由运行环境配置的数据源实例中得到，事务隔离级别使用驱动或数据源的默认设置，预处理语句不会被复用，也不会批量处理更新 |
| openSession(Boolean autoCommit) | 参数 autoCommit 可设置是否开启事务 |
| openSession(Connection connection) | 参数 connection 可提供自定义连接 |
| openSession(TransactionIsolationLevel level) | 参数 level 可设置事务的隔离级别 |
| openSession(ExecutorType execType) | 参数 execType 有三个可选值：ExecutorType.SIMPLE 表示为每条语句的执行创建一条新的预处理语句；ExecutorType.REUSE 表示复用预处理语句；ExecutorType.BATCH 表示批量执行所有更新语句 |
| openSession(ExecutorType execType, boolean autoCommit) | 参数 autoCommit 可设置是否开启事务，其他功能等同于不传入参数 autoCommit 时 |
| openSession(ExecutorType execType, Connection connection) | 参数 connection 可提供自定义连接，其他功能等同于不传入参数 connection 时 |

3. SqlSession

SqlSession 对象是 MyBatis 应用的核心对象，类似于 JDBC 编程中的 Connection 对象，首要作用是执行持久化操作，具有强大功能，在软件开发中最常见、使用频率最高。

SqlSession 对象的生命周期贯穿数据库处理事务的过程，一定时间内没有使用的 SqlSession 对象要及时关闭，以免影响系统性能。每个线程都应该有自己的 SqlSession 实例，SqlSession 实例不能共享，因为它也是线程不安全的，在应用中也不能将 SqlSession 实例的引用放在一个类的静态字段或实例字段中。在应用中一般采用原型模式使用 SqlSession 对象，使用完成之后关闭操作放到 finally 块中，以确保每次都能关闭，代码如下：

```
SqlSession session = sqlSessionFactory.openSession();
try {
    //do work
} finally {
    session.close();
}
```

视频 9-2

在 SqlSession 对象中提供了执行 SQL 语句、提交或回滚事务、清理 Session 级的缓存及使用映射器等功能的方法，具体如表 9-4 所示。

表 9-4　SqlSession 对象的主要方法

| 方法名称 | 功能描述 |
| --- | --- |
| <T> T selectOne(String statement) | 查询方法。参数 statement 是在配置文件中定义的<select.../>元素的 id。返回执行 SQL 语句查询结果的泛型对象，通常查询结果只有一条数据时才使用 |
| <T> T selectOne(String statement,Object parameter) | 查询方法。参数 statement 是在配置文件中定义的<select.../>元素的 id；parameter 是查询所需的参数，通常是对象或 Map。返回执行 SQL 语句查询结果的泛型对象，通常查询结果只有一条数据时才使用 |
| <E> List<E> selectList(String statement) | 查询方法。参数 statement 是在配置文件中定义的<select.../>元素的 id。返回执行 SQL 语句查询结果的泛型对象的集合 |
| <E> List<E> selectList(String statement,Object parameter) | 查询方法。参数 statement 是在配置文件中定义的<select.../>元素的 id；parameter 是查询所需的参数，通常是对象或 Map。返回执行 SQL 语句查询结果的泛型对象的集合 |
| <E> List<E> selectList(String statement, Object parameter,RowBounds rowBounds) | 查询方法。参数 statement 是在配置文件中定义的<select.../>元素的 id；parameter 是查询所需的参数，通常是对象或 Map。RowBounds 对象用于分页，它有两个属性，offset 指查询的当前页数，limit 指当前页显示多少条数据。返回执行 SQL 语句查询结果的泛型对象的集合 |
| <K,V> Map<K,V> selectMap(String statement,String mapKey) | 查询方法。参数 statement 是在配置文件中定义的<select.../>元素的 id，mapKey 是返回数据的一个列名。执行 SQL 语句查询结果将被封装成一个 Map 集合返回，key 是参数 mapKey 传入的列名，value 是封装的对象 |
| <K,V> Map<K,V> selectMap(String statement,Object parameter,String mapKey) | 查询方法。参数 statement 是在配置文件中定义的<select.../>元素的 id；parameter 是查询所需的参数，通常是对象或 Map；mapKey 是返回数据的一个列名。执行 SQL 语句查询结果将被封装成一个 Map 集合返回，key 是参数 mapKey 传入的列名，value 是封装的对象 |
| <K,V> Map<K,V>selectMap(String statement, Object parameter,String mapKey,RowBounds rowBounds) | 查询方法。参数 statement 是在配置文件中定义的<select.../>元素的 id；parameter 是查询所需的参数，通常是对象或 Map；mapKey 是返回数据的一个列名；RowBounds 对象用于分页。执行 SQL 语句查询结果将被封装成一个 Map 集合返回，key 是参数 mapKey 传入的列名，value 是封装的对象 |

续表

| 方法名称 | 功能描述 |
| --- | --- |
| void select(String statement,ResultHandler handler) | 查询方法。参数 statement 是在配置文件中定义的<select.../>元素的 id；ResultHandler 对象用来处理查询返回的复杂结果集，通常用于多表查询 |
| void select(String statement,Object parameter, ResultHandler handler) | 查询方法。参数 statement 是在配置文件中定义的<select.../>元素的 id；parameter 是查询所需的参数，通常是对象或 Map；ResultHandler 对象用来处理查询返回的复杂结果集，通常用于多表查询 |
| void select(String statement,Object parameter, RowBounds rowBounds,ResultHandler handler) | 查询方法。参数 statement 是在配置文件中定义的<select.../>元素的 id；parameter 是查询所需的参数，通常是对象或 Map；RowBounds 对象用于分页；ResultHandler 对象用来处理查询返回的复杂结果集，通常用于多表查询 |
| int insert(String statement) | 插入方法。参数 statement 是在配置文件中定义的<insert.../>元素的 id；返回执行 SQL 语句所影响的行数 |
| int insert(String statement,Object parameter) | 插入方法。参数 statement 是在配置文件中定义的<insert.../>元素的 id；parameter 是插入所需的参数，通常是对象或 Map。返回执行 SQL 语句所影响的行数 |
| int update(String statement) | 更新方法。参数 statement 是在配置文件中定义的<update.../>元素的 id。返回执行 SQL 语句所影响的行数 |
| int update(String statement,Object parameter) | 更新方法。参数 statement 是在配置文件中定义的<update.../>元素的 id；parameter 是插入所需的参数，通常是对象或 Map。返回执行 SQL 语句所影响的行数 |
| int delete(String statement) | 删除方法。参数 statement 是在配置文件中定义的<delete.../>元素的 id。返回执行 SQL 语句所影响的行数 |
| int delete(String statement,Object parameter) | 删除方法。参数 statement 是在配置文件中定义的<delete.../>元素的 id；parameter 是插入所需的参数，通常是对象或 Map。返回执行 SQL 语句所影响的行数 |
| <T> T getMapper(Class<T> type) | 返回 Mapper 接口的代理对象，该对象关联了 SqlSession 对象，开发人员可以通过该对象直接调用方法操作数据库，参数 type 是 Mapper 的接口类型。MyBatis 官方手册建议通过 Mapper 对象访问 MyBatis |
| Connection getConnection() | 获得 JDBC 的数据库连接对象 |
| void commit() | 提交事务 |
| void rollback() | 回滚事务 |
| void close() | 关闭 SqlSession 对象 |

## 9.3　MyBatis 的配置文件

配置文件对 MyBatis 的运行体系产生影响，包含很多控制 MyBatis 功能的重要信息，是 MyBatis 实现功能的重要保证。在开发过程中，当需要更改 MyBatis 的配置信息时，只更改配置文件中的相关元素及属性即可，具有良好的可扩展性。

MyBatis 配置文件的整体结构如下：

```
<?xml version="1.0" encoding="utf-8"?>
```

```
<!DOCTYPE configuration PUBLIC "-//mybatis.org//DTD Config 3.0//EN"
"http://mybatis.org/dtd/mybatis-3-config.dtd">
<configuration><!-- 配置根元素-->
    <properties /><!-- 属性 -->
    <settings /><!-- 设置 -->
    <typeAliases /><!-- 类型命名 -->
    <typeHandlers /><!-- 类型处理器 -->
    <objectFactory /><!-- 对象工厂 -->
    <plugins /><!-- 插件 -->
    <environments><!-- 配置环境 -->
        <environment><!-- 环境变量 -->
            <transactionManager /><!-- 事务管理器 -->
            <dataSource /><!-- 数据源 -->
        </environment>
    </environments>
    <databaseIdProvider /><!-- 数据库厂商标识 -->
    <mappers /><!-- 映射器 -->
</configuration>
```

上面列出了MyBatis配置文件的主要元素，这些元素分别实现支撑MyBatis运行的各项重要功能。在这里需要提醒大家，XML配置文件的编写需要遵守相应的DTD（Document Type Definition，文档类型定义）规范。因此在MyBatis配置文件中，各元素的先后顺序是固定的。在通常情况下，开发人员按照官方提供的模板文件进行相应配置即可。

### 9.3.1 properties元素

properties元素用于配置属性的元素，MyBatis支持properties元素的两种配置方式：properties文件和property子元素。

1. properties文件配置

properties元素可以通过resource属性指定外部properties文件，代码如下：

```
<properties resource="mybatisDemo/resources/database.properties"/>
```

这里要注意，database.properties是在其他地方定义好的一个资源文件，其中存储的是一系列键值对。例如：

```
jdbc.driver = com.mysql.jdbc.Driver
jdbc.username = root
jdbc.password = root
```

2. property子元素配置

properties元素通过子元素property完成属性传递，例如，通过子元素property配置username和password变量，代码如下：

```
<properties>
    <property name="username" value="root"/>
    <property name="password" value="root"/>
```

```
</properties>
```

完成上述变量配置之后，就可以在其他地方引用变量，例如，在 environments 节点中引用这些变量，代码如下：

```
<environments default="development">
    <environment id="development">
        <transactionManager type="JDBC"/>
        <dataSource type="POOLED">
            <property name="driver" value="${driver}"/>
            <property name="url" value="${url}"/>
            <property name="username" value="${username}"/>
            <property name="password" value="${password}"/>
        </dataSource>
    </environment>
</environments>
```

### 9.3.2 settings 元素

settings 元素用于配置 MyBatis 的运行时行为，它能深刻地影响 MyBatis 的底层运行，一般不需要大量配置，大部分情况下使用默认值即可。settings 元素的配置项有很多，但是在应用中需要关注的不多，常用的配置项如表 9-5 所示。

表 9-5 settings 元素的常用配置项

| 配置项 | 作 用 | 配置选项 | 默认值 |
| --- | --- | --- | --- |
| cacheEnabled | 该配置影响所有映射器中配置缓存的全局开关 | true\|false | true |
| lazyLoadingEnabled | 延迟加载的全局开关。当开启时，所有关联对象都会延迟加载。在特定关联关系中可以通过设置 fetchType 属性来覆盖该项的开关状态 | true\|false | false |
| aggressiveLazyLoading | 当启用时，对任意延迟属性的调用会使带有延迟加载属性的对象完整加载；反之，每种属性将按需加载 | true\|false | false |
| multipleResultSetsEnabled | 是否允许单一语句返回多结果集（需要兼容驱动） | true\|false | true |
| useColumnLabel | 使用列标签代替列名。不同的驱动有不同的表现，具体可参考相关驱动文档或通过测试这两种不同的模式来观察所用驱动的结果 | true\|false | true |
| useGeneratedKeys | 允许 JDBC 支持自动生成主键，需要驱动兼容。如果设置为 true，则这个设置强制使用自动生成主键，尽管一些驱动不能兼容，但是仍可正常工作（如 Derby） | true\|false | false |
| autoMappingBehavior | 指定 MyBatis 应如何自动映射列到字段或属性。NONE 表示取消自动映射；PARTIAL 表示只自动映射，没有定义嵌套结果集和映射结果集；FULL 表示自动映射任意复杂的结果集（无论是否嵌套） | NONE、PARTIAL、FULL | PARTIAL |
| defaultExecutorType | 配置默认的执行器。SIMPLE 是普通的执行器；REUSE 重用预处理语句（prepared statements）；BATCH 执行器将重用语句并执行批量更新 | SIMPLE、REUSE、BATCH | SIMPLE |

续表

| 配置项 | 作用 | 配置选项 | 默认值 |
|---|---|---|---|
| mapUnderscoreToCamelCase | 是否开启自动驼峰命名规则映射，即从经典数据库列名 A_COLUMN 到经典 Java 属性名 aColumn 的类似映射 | true\|false | false |

下面给出一个全量的配置样例：

```
<settings>
    <setting name="cacheEnabled" value="true"/>
    <setting name="lazyLoadingEnabled" value="true"/>
    <setting name="multipleResultSetsEnabled" value="true"/>
    <setting name="useColumnLabel" value="true"/>
    <setting name="useGeneratedKeys" value="false"/>
    <setting name="autoMappingBehavior" value="PARTIAL"/>
    <setting name="autoMappingUnknownColumnBehavior" value="WARNING"/>
    <setting name="defaultExecutorType" value="SIMPLE"/>
    <setting name="defaultStatementTimeout" value="25"/>
    <setting name="defaultFetchSize" value="100"/>
    <setting name="safeRowBoundsEnabled" value="false"/>
    <setting name="mapUnderscoreToCamelCase" value="false"/>
    <setting name="localCacheScope" value="SESSION"/>
    <setting name="jdbcTypeForNull" value="OTHER"/>
    <setting name="lazyLoadTriggerMethods" value="equals,clone,hashCode,toString"/>
</settings>
```

### 9.3.3 typeAliases 元素

类的完全限定名比较长，为了简化开发、降低代码的烦琐度，MyBatis 支持使用别名。别名是为类设置一个简短的名称，方便开发人员编写代码。别名的设置一般通过配置文件中的<typeAliases>元素进行，具体代码如下：

```
<typeAliases>
    <typeAlias alias = "Student"    type = "com.example.model.Student"/>
</typeAliases>
```

如果需要对同一个包下的多个类定义别名，则可以定义为：

```
<typeAliases>
    <package name=" com.example.model "/>
</typeAliases>
```

MyBatis 扫描 com.example.model 包中的类，将其第一个字母变为小写作为其别名，例如，Student 的别名为 student，User 的别名为 user。

### 9.3.4 typeHandlers 元素

在程序运行过程中，当 MyBatis 为 SQL 语句设置参数，或者从结果集中取值时，都需要进行数据类型转换，这些工作都由 typeHandlers 完成。typeHandlers 即类型转换器，它的核心功能是根据程序运行需要将 Java 语言中的各种基本数据类型转换成数据库语言支持的 JDBC 类型，或者由 JDBC 类型转换为 Java 数据类型。

MyBatis 内部定义了一系列 typeHandlers，满足软件开发的基本需要。例如，BoolTypeHandler 能够完成 Boolean 类型的双向转换；LongTypeHandler 能够完成 Long 类型的双向转换；ByteTypeHandler 能够完成 Byte 类型的双向转换，这些 typeHandlers 无须显式声明，MyBatis 会自动探测数据类型并完成转换。

当然，MyBatis 也支持开发者自定义数据类型转换器：先编写 typeHandlers 的转换器类，然后完成相应配置。自定义的 typeHandlers 转换器类要实现 org.apache.ibatis.type.TypeHandler 接口，或者继承 org.apache.ibatis.type.BaseTypeHandler 类。假如开发者编写了 StudentTypeHandler 转换器类，则配置代码如下：

```
<typeHandlers>
        <typeHandler javaType="String" jdbcType="VARCHAR"
handler="com.example.handler.StudentTypeHandler"/>
</typeHandlers>
```

handler 属性指定的就是自定义转换器类的完全限定名。

### 9.3.5 objectFactory 元素

MyBatis 通过 ObjectFactory（对象工厂）创建结果集对象，在默认情况下，MyBatis 通过其定义的 DefaultObjectFactory 类完成相关工作。但是，在实际开发中，当需要干预结果集对象的创建过程时，就需要自定义 ObjectFactory。

MyBatis 支持自定义 objectFactory：先编写 ObjectFactory 类，然后完成相应配置。自定义的 ObjectFactory 类通常要实现 ObjectFactory 接口，或者继承 DefaultObjectFactory 类。编写完 ObjectFactory 类之后，要将该类配置到 MyBatis 的配置文件中。MyBatis 通过 objectFactory 元素配置 ObjectFactory 类，代码如下：

```
<objectFactory type = "com.example.factory. MyObjectFactory"/>
```

objectFactory 元素用于指定 ObjectFactory 类，type 属性指定 ObjectFactory 类的完全限定名。

### 9.3.6 environments 元素

MyBatis 支持多种环境，通过不同的环境可以操作不同的数据库，并且 MyBatis 可以将相同的 SQL 映射应用到多种数据库中。通过修改运行环境，MyBatis 能够匹配数据库的常见需求，例如，开发环境、测试环境、运行环境随意切换，让多个数据库使用相同的 SQL 映射。

environment 是 environments 的子元素，用来配置 MyBatis 的一套运行环境，需要指定运行环境 id、事务管理、数据源配置等相关信息。我们可以通过配置多个 environments 标签来连接多个数据库，需要注意的是，必须指定其中一个为默认运行环境（通过 default 指定）。environment 元素提供了两个子元素，即 transactionManager 和 dataSource。

1. transactionManager 子元素

MyBatis 支持两种事务管理器类型，即 JDBC 类型和 MANAGED 类型。

如果使用 JDBC 类型的事务管理器，则应用程序服务器负责事务管理操作，如事务提交、事务回滚等。如果使用 MANAGED 类型的事务管理器，则应用程序服务器仅负责管理连接生命周期，事务的管理由 MyBatis 负责。

2. dataSource 子元素

dataSource 子元素用于配置数据库的连接属性，如要连接的数据库的驱动程序名称、URL 地址、用户名和密码等。dataSource 子元素中的 type 属性用于指定数据源类型，有以下三种类型。

1）UNPOOLED

UNPOOLED 没有数据库连接池，工作效率较低。MyBatis 需要打开和关闭每个数据库操作的连接，操作速度较慢，通常应用于简单的应用程序。

2）POOLED

对于 POOLED 数据源类型，MyBatis 将维护一个数据库连接池。对于每个数据库操作，MyBatis 都使用连接池中的连接，并且在操作完成后将它们返回连接池中。这样减少了创建新连接所需的初始连接和身份验证时间，工作效率较高。

3）JNDI

对于 JNDI（Java Naming and Directory Interface，Java 命名和目录接口）数据源类型，MyBatis 将从 JNDI 数据源中获取连接。该数据源类型能在如 EJB 或应用服务器之间的容器中使用，容器可以集中，或者在外部配置数据源，并放置一个 JNDI 上下文引用。

### 9.3.7 mappers 元素

在 MyBatis 的配置文件中，mappers 元素用于引入配置文件。mapper 是 mappers 的子元素，mapper 中的 resource 属性用于指定 SQL 映射文件的路径(类资源路径)，每个 mapper 元素用于引入一个映射文件，在一个应用中可以编写多个映射文件（映射文件的编写下一章将详细介绍)。代码如下：

```
<mappers>
    <mapper resource="com/example/mapper/Student.xml"/>
<mapper resource="com/example/mapper/Course.xml"/>
<mapper resource="com/example/mapper/Grade.xml"/>
</mappers>
```

视频 9-3

## 9.4 第一个 MyBatis 应用程序

通过本章前面三个小节的学习，相信读者对 MyBatis 框架已经有了初步了解，本节把学员信息管理系统中的“学员信息”管理作为入门案例，讲解 MyBatis 框架的基本使用。

### 9.4.1　搭建开发运行环境

1. 新建工程导入架包

在 IntelliJ IDEA 开发环境中，新建 DriverSchoolMIS 工程项目，并导入开发所需架包。为了方便程序的运行测试和错误排查，本项目引入单元测试 junit 架包和 log4j 架包。项目导入的完整架包如图 9-6 所示。

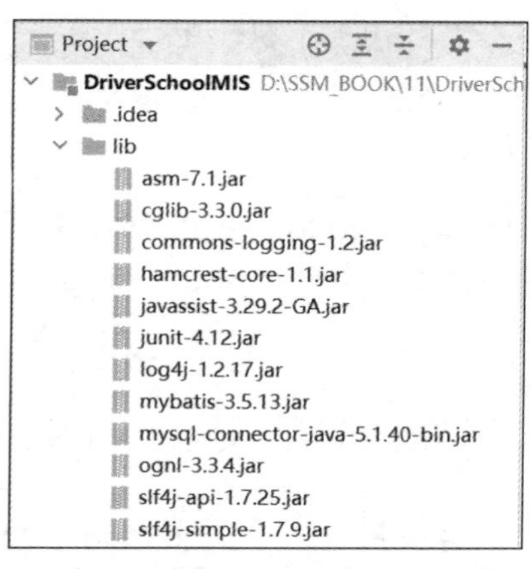


图 9-6　项目导入的完整架包

2. 数据准备

（1）在 MySQL 中新建 driverschooldb 数据库和数据表 t_student。SQL 语句如下：

```
DROP DATABASE IF EXISTS driverschooldb;
CREATE DATABASE driverschooldb;
USE driverschooldb;
DROP TABLE IF EXISTS t_student;
CREATE TABLE t_student (
  stu_id int NOT NULL AUTO_INCREMENT,     #ID
  stu_name varchar(20) DEFAULT NULL,     #学员姓名
  age int DEFAULT NULL,    #学员年龄
  sex char(6) DEFAULT NULL,    #学员性别
  email varchar(50) DEFAULT NULL,    #学员邮箱
  PRIMARY KEY (stu_id)
);
```

（2）向数据表 t_student 中插入五条数据。SQL 语句如下：

```
INSERT INTO t_student   VALUES ('100', 'Tom', '21', 'male', '123@qq.com');
INSERT INTO t_student   VALUES ('101', 'Jack', '22', 'male', '123@163.com');
INSERT INTO t_student   VALUES ('102', 'Lily', '22', 'female', '123@126.com');
INSERT INTO t_student   VALUES ('103', 'Candy', '20', 'female', '620@qq.com');
INSERT INTO t_student   VALUES ('104', 'James', '19', 'male', '719@qq.com');
```

（3）通过 SQL 语句测试数据是否添加成功，执行结果如图 9-7 所示。

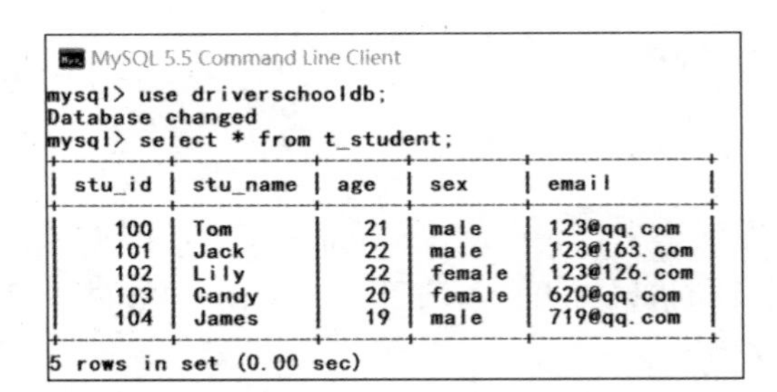


| stu_id | stu_name | age | sex | email |
|---|---|---|---|---|
| 100 | Tom | 21 | male | 123@qq.com |
| 101 | Jack | 22 | male | 123@163.com |
| 102 | Lily | 22 | female | 123@126.com |
| 103 | Candy | 20 | female | 620@qq.com |
| 104 | James | 19 | male | 719@qq.com |



图 9-7　执行结果

### 9.4.2　创建 XML 配置文件

在本工程项目中一共需要创建两个 XML 配置文件，分别是 MyBatis 的整体配置文件和对象关系的映射文件。本案例仅建立了一个对象与关系表的映射。

1. MyBatis 配置文件

在工程的 src 目录下新建 mybatis-config.xml，进行 MyBatis 运行环境的整体配置，代码如下：

```
<?xml version="1.0" encoding="UTF-8" ?>
<!DOCTYPE configuration PUBLIC "-//mybatis.org//DTD Config 3.0//EN"
    "http://mybatis.org/dtd/mybatis-3-config.dtd">
<configuration>
    <!--1.配置环境，默认的环境 id 为 mysql-->
    <environments default="mysql">
        <!--1.2.配置 id 为 mysql 的数据库环境 -->
        <environment id="mysql">
            <!--使用 JDBC 的事务管理-->
            <transactionManager type="JDBC" />
            <!--数据库连接池-->
            <dataSource type="POOLED">
            <property name="driver" value="com.mysql.jdbc.Driver" />
            <property name="url" value="jdbc:mysql://localhost:3306/mybatis" />
            <property name="username" value="root" />
            <property name="password" value="root" />
            </dataSource>
        </environment>
    </environments>
    <!--2.配置 Mapper 的位置-->
    <mappers>
      <mapper resource="com/example/ssm/mapper/StudentMapper.xml" />
    </mappers>
</configuration>
```

2. 配置映射文件

配置映射文件，主要是把面向对象程序设计语言中需要使用的关系数据库的增删改查操作进行集中统一管理，将它们从 Java 代码中分离出来，由 XML 配置文件进行设置和管理，能够降低代码的耦合性，便于升级和维护。在工程的 src 目录下新建包 com.example.ssm.mapper，并创建 StudentMapper.xml 文件，代码如下：

```
<?xml version="1.0" encoding="UTF-8"?>
<!DOCTYPE mapper PUBLIC "-//mybatis.org//DTD Mapper 3.0//EN"
            "http://mybatis.org/dtd/mybatis-3-mapper.dtd">
<!-- namespace 表示命名空间-->
<mapper namespace=" com.example.ssm.mapper.StudentMapper">
    <!--根据学员编号获取学员信息-->
    <select id="findStudentById" parameterType="Integer"
            resultType=" com.example.ssm.pojo.Student">
        select * from t_student where stu_id = #{id}
    </select>
</mapper>
```

需要注意的是，这些配置文件尽量不要手写，应该参考对应的使用手册从模板文件中复制，这样能够确保版本的一致性，避免产生不必要的错误。

### 9.4.3 创建类文件

1. 创建 POJO 类

在工程的 src 目录下新建 com.example.ssm.pojo 包，并新建 Java 类 Student，具体代码如下：

```
package com.example.ssm.pojo;
public class Student {
    private Integer stuId;
    private String stuName;
    private Integer age;
    private String sex;
private String email;
@Override
public String toString() {
        return "Student{" +
                "stuId=" + stuId +
                ", stuName='" + stuName + '\'' +
                ", age=" + age +
                ", sex='" + sex + '\'' +
                ", email='" + email + '\'' +
                '}';
    }
  //此处省略了属性的 setter 方法和 getter 方法
}
```

Student 类提供了成员变量的 setter 方法和 getter 方法，MyBatis 通过配置文件映射 Student 类和数据表 t_student 之间的关系。

2. 创建测试类并运行

在工程的 src 目录下新建 com.example.ssm.test 包，并新建 Java 类 MyBatisTest，具体代码如下：

```
package com.example.ssm.test;
import com.example.ssm.pojo.Student;
import org.apache.ibatis.io.Resources;
import org.apache.ibatis.session.SqlSession;
import org.apache.ibatis.session.SqlSessionFactory;
import org.apache.ibatis.session.SqlSessionFactoryBuilder;
import org.junit.Test;
import java.io.InputStream;
/**
 * 入门程序测试类
 */
public class MyBatisTest {
    /**
     * 根据学员 id 查询学员信息
     */
    @Test
    public void findStudentById() throws Exception {
        //读取配置文件
        String resource = "mybatis-config.xml";
        InputStream inputStream =Resources.getResourceAsStream(resource);
        //根据配置文件构建 SqlSessionFactory
        SqlSessionFactory sqlSessionFactory =
                new SqlSessionFactoryBuilder().build(inputStream);
        //通过 SqlSessionFactory 创建 SqlSession
        SqlSession sqlSession = sqlSessionFactory.openSession();
        //SqlSession 执行映射文件中定义的 SQL，并返回映射结果
    Student stu = sqlSession.selectOne("com.example.ssm.mapper.StudentMapper.findStudentById", new
Integer("100"));
        //打印输出结果
        System.out.println(stu.toString());
        //关闭 SqlSession
        sqlSession.close();
    }
}
```

在本测试类中，通过 findStudentById()方法能够查询单条数据，通过@Test 注解能够单独运行类的任一方法，传入查询参数“100”，查询结果如图 9-8 所示。

```
✔ Tests passed: 1 of 1 test – 523 ms
"C:\Program Files\Java\jdk1.8.0_281\bin\java.exe" ...
Student{stuId=null, stuName='null', age=21, sex='male', email='123@qq.com'}

Process finished with exit code 0
```

图 9-8　查询 id 为 100 的学员信息的结果

将此运行结果与图 9-7 对比可以发现，id 为 100 的学员的 age、sex、email 都是正确的，说明数据已经查询到了。但是 stuId、stuName 为 null，说明这两个属性没有被正确装配。原因是什么呢？用心的读者不难发现这两个属性（stuId、stuName）与数据表中的字段（stu_id、stu_name）并不完全一样。那么在这种情况下对象应该如何装配呢？带着这个问题进入下一章的学习。

视频 9-4

# 思考与练习

1. 请简述传统 JDBC 进行数据库操作的缺点。
2. 请简述 MyBatis 的工作流程。
3. 请简述 Spring 中的 IoC 机制在 MyBatis 框架中的应用。
4. 请简述 Spring 框架与 MyBatis 框架整合应用的基本操作过程。
5. 请简述在 MyBatis 框架中 SqlSessionFactory 对象的主要作用。
6. 请简述在 MyBatis 框架中 SqlSession 对象的主要作用。

# 第 10 章　单表的 CRUD 操作

在对象关系映射中，一个对象可能映射为一个数据表，也可能映射为多个数据表。本章主要介绍在面向对象程序设计中将一个对象映射为一个数据表的情况。CRUD 即通过 MyBatis 的映射完成对数据表的增加（Create）、查询（Retrieve）、更新（Update）、删除（Delete）四种操作。

## 10.1　数据查询操作

查询数据库中的数据，并交给面向对象程序设计语言进行处理是数据库操作中最常见的操作。在第 9 章“第一个 MyBatis 应用程序”中存在 Student 对象的两个属性没有封装成功的问题，在本章将进行详细讲解。

### 10.1.1　结果映射 resultMap

所谓结果映射，就是将数据表的字段名称与 Java 实体类的属性名称进行一一关联匹配的机制，以便 MyBatis 查询完数据表后能够将关系数据表的查询结果正确地封装为 Java 对象。如果数据表的字段名称和对应的实体类的属性名称不一致，MyBatis 运行后相应的查询结果就为空，如第 9 章“第一个 MyBatis 应用程序”中 Student 对象的属性 stuId 和 stuName。

resultMap 元素是对象关系映射文件<mapper>的子元素，主要完成对象属性与数据表字段之间的关系对应，方便数据查询使用。目前现有的 MyBatis 版本只支持 resultMap 查询，不支持更新或保存。resultMap 元素还可以包含许多子元素，完整形式如下：

```
<resultMap id=""    type="">
    <constructor>  <!--类在实例化时注入结果到构造方法中-->
        <idArg/>  <!--id 参数，结果为 id-->
        <arg/>  <!--注入构造方法的一个普通结果-->
    </constructor>
    <id/>  <!--表示哪个列是主键-->
    <result/>  <!--注入字段或 JavaBean 属性的普通结果-->
    <association property=""/>  <!--用于一对一关联-->
    <collection property=""/>  <!--用于一对多、多对多关联-->
    <discriminator javaType="">  <!--根据结果值决定使用哪个结果映射-->
        <case value=""/>  <!--基于某些值的结果映射-->
    </discriminator>
</resultMap>
```

其中：

（1）resultMap 元素的 type 属性表示需要的 POJO（类完全限定名），id 属性是 resultMap 的唯一标识。

（2）子元素 constructor 用于配置构造方法，当一个 POJO 没有无参数构造方法时使用。

（3）子元素 id 表示哪个列是主键，允许有多个主键，多个主键被称为联合主键。

（4）子元素 result 表示 POJO 和 SQL 列名的映射关系，也是需要配置的重点内容，各个属性的具体含义如表 10-1 所示。

（5）子元素 association、collection 和 discriminator 用在级联的情况下。关于级联的问题比较复杂，在第 11 章中详细讲解。

表 10-1　子元素 result 的属性及说明

| 属　性 | 说　明 |
| --- | --- |
| property | 映射到列结果的字段或属性。如果 POJO 的属性和 SQL 列名（column 元素）是相同的，那么 MyBatis 映射到 POJO 上 |
| column | 对应 SQL 列 |
| javaType | 配置 Java 类型。可以是特定的类完全限定名或 MyBatis 上下文的别名 |
| jdbcType | 配置数据库类型。这是 JDBC 类型，MyBatis 已经做了限定，基本支持所有常用数据库类型 |
| typeHandler | 类型处理器。允许特定的处理器覆盖 MyBatis 默认的处理器，需要指定 jdbcType 和 javaType 相互转化的规则 |

针对第 9 章“第一个 MyBatis 应用程序”中 Student 对象的属性 stuId 和 stuName 没有封装成功的问题，修改 StudentMapper.xml 文件，在其中加入以下代码：

```
<!--定义结果集映射，Student 类属性与数据表 t_student 字段-->
    <resultMap id="studentResultMap" type="com.example.ssm.pojo.Student">
        <id   property="stuId" column="stu_id"/>
        <result property="stuName" column="stu_name"/>
        <result property="age" column="age"/>
        <result property="sex" column="sex"/>
        <result property="email" column="email"/>
    </resultMap>
```

在上述代码中设置了类属性 stuId 与数据表字段 stu_id 之间的对应关系，以及 stuName 与 stu_name 之间的对应关系。修改该映射文件中 id 为 findStudentById 的查询语句，把原来的 resultType="com.example.ssm.pojo.Student"修改为 resultMap id ="studentResultMap"。再次运行方法 findStudentById()，运行结果如图 10-1 所示。

```
✔ Tests passed: 1 of 1 test – 571 ms
"C:\Program Files\Java\jdk1.8.0_281\bin\java.exe" ...
Student{stuId=100, stuName='Tom', age=21, sex='male', email='123@qq.com'}

Process finished with exit code 0
```

图 10-1　再次运行方法 findStudentById()的运行结果

从运行结果可以看到 Student 对象的属性 stuId 和 stuName 已经成功地被进行了数据

封装。

> **resultType 和 resultMap 的区别**
>
> MyBatis 每个查询映射的返回类型都是 resultMap，只是当我们提供的返回类型是 resultType 时，MyBatis 会自动把对应的值赋给 resultType 指定对象的属性；当我们提供的返回类型是 resultMap 时，MyBatis 会将数据表中的列数据复制到对象的相应属性上，可用于复制查询。

### 10.1.2 使用 selectList()方法查询

在第 9 章“第一个 MyBatis 应用程序”中，我们使用了 selectOne()查询方法，从数据表中获取一条数据并封装成一个 POJO。但是在实际项目开发中，很多时候通过查询语句返回的是一个结果集（二维表），针对这种情况，MyBatis 框架提供了 selectList()查询方法，其完整描述形式有以下三种：

```
<E> List<E> selectList(String statement)
<E> List<E> selectList(String statement, Object parameter)
<E> List<E> selectList(String statement, Object parameter, RowBounds rowBounds)
```

参数 statement 是在配置文件中定义的<select.../>元素的 id；parameter 是查询所需的参数，通常是对象或 Map；rowBounds 对象用于分页，它有两个属性，offset 指查询的当前页数，limit 指当前页显示多少条数据。返回执行 SQL 语句查询结果的泛型对象的集合。

下面以只包含一个参数的 selectList()方法为例，结合新的需求“查询姓名中含有字母‘a’的学员信息”，进一步完善“第一个 MyBatis 应用程序”。在 StudentMapper.xml 文件中添加以下代码：

```
<!-- 查询姓名中含有字母“a”的学员信息-->
<select id = "findStudentByNameIncludeA" resultType="com.example.ssm.pojo.Student">
select stu_id stuId,stu_name stuName,age,sex,email from t_student
where stu_name like '%a%'
    </select>
```

注意：<select>元素中使用的是 resultType 属性，不能使用 resultMap 类型，因此在 StudentMapper.xml 文件中定义的 studentResultMap 也不能使用。这样，结果集 Student 对象的属性 stuId 和 stuName 又不能成功地被进行数据封装，怎么办呢？解决的办法就是修改 SQL 查询语句，为数据表的字段取别名，使别名与 Student 对象的属性名一样。例如，stu_id 的别名为 stuId，stu_name 的别名为 stuName，这样就能保证数据表字段与对象的属性保持一致。

在测试类 MyBatisTest 中添加新的查询方法 findStudentByNamea()，完整代码如下：

```
    /**
     * 查询姓名中含有字母“a”的学员信息
     */
    @Test
    public void findStudentByNamea() throws Exception {
```

```
            //读取配置文件
            String resource = "mybatis-config.xml";
            InputStream inputStream =Resources.getResourceAsStream(resource);
            //根据配置文件构建 SqlSessionFactory
            SqlSessionFactory sqlSessionFactory =
                    new SqlSessionFactoryBuilder().build(inputStream);
            //通过 SqlSessionFactory 创建 SqlSession
            SqlSession sqlSession = sqlSessionFactory.openSession();
            //SqlSession 执行映射文件中定义的 SQL，并返回映射结果
            List<Student> list_stu = sqlSession.selectList("com.example.ssm.mapper.StudentMapper.
findStudentByNameIncludeA");
            //遍历打印输出结果
            for(Student stu : list_stu)
                System.out.println(stu.toString());
            //关闭 SqlSession
            sqlSession.close();
    }
```

在上述代码中使用了 sqlSession 的 selectList()方法，返回值为 List 类型，在 List 中装配的对象与 StudentMapper.xml 文件<select>元素中的属性 resultType 类型保持一致，都是 Student 类型。测试执行 findStudentByNamea()方法，运行结果如图 10-2 所示。

```
✔ Tests passed: 1 of 1 test – 501 ms
"C:\Program Files\Java\jdk1.8.0_281\bin\java.exe" ...
Student{stuId=101, stuName='Jack', age=22, sex='male', email='123@163.com'}
Student{stuId=103, stuName='Candy', age=20, sex='female', email='620@qq.com'}
Student{stuId=104, stuName='James', age=19, sex='male', email='719@qq.com'}

Process finished with exit code 0
```

图 10-2　使用 selectList()方法查询多条数据的运行结果

通过在数据库执行查询语句“select stu_id stuId, stu_name stuName, age, sex, email from t_student where stu_name like '%a%'”，可以验证程序运行结果是正确的。

### 10.1.3　多参数查询

在“第一个 MyBatis 应用程序”中，使用 selectOne()方法传入了一个整数型参数 100，在使用 selectList()方法时没有传入参数。那么在多条件查询中，若需要传入多个参数，应该如何处理呢？这就需要使用查询方法中的第二个参数 Object parameter，Object 可以使用 Map 类型，添加多个键值对，完成多参数的传递。

添加新需求“查询年龄大于 19 岁的男学员”，完成多参数查询的实例讲解。在 StudentMapper.xml 文件中添加以下代码：

```
    <!--多参数查询-->
        <select   id="findStudentByMultiParam" parameterType="Map" resultType="com.example.ssm.pojo.
Student">
            select stu_id stuId,stu_name stuName,age,sex,email from t_student
```

```
    where sex=#{sex} and age>#{age}
    </select>
```

这里定义的<select>查询语句传入参数为 Map 类型，在该 Map 中需要传入两个参数 sex 和 age，返回值还是 Student 类型的 List。

在测试类 MyBatisTest 中添加方法 findStudentByMultiParam()，完整代码如下：

```
    /**
        *多参数查询，查询年龄大于 19 岁的男学员
        */
       @Test
       public void findStudentByMultiParam() throws Exception {
           //读取配置文件
           String resource = "mybatis-config.xml";
           InputStream inputStream = Resources.getResourceAsStream(resource);
           //根据配置文件构建 SqlSessionFactory
           SqlSessionFactory sqlSessionFactory =
                   new SqlSessionFactoryBuilder().build(inputStream);
           //通过 SqlSessionFactory 创建 SqlSession
           SqlSession sqlSession = sqlSessionFactory.openSession();
           //SqlSession 执行映射文件中定义的 SQL，并返回映射结果
           Map multiPara = new HashMap<String,String>();
           multiPara.put("sex","male");
           multiPara.put("age","19");
           List<Student> list_stu = sqlSession.selectList("" +
                   "com.example.ssm.mapper.StudentMapper.findStudentByMultiParam",multiPara);
           //遍历打印输出结果
           for(Student stu : list_stu)
               System.out.println(stu.toString());
           //关闭 SqlSession
           sqlSession.close();
       }
```

在上述代码中定义了一个 Map 类型的对象 multiPara，存入查询语句需要的参数 sex 和 age，并进行了赋值。在调用 selectList()方法的时候，通过第二个参数 multiPara 把查询需要的 sex 和 age 赋值给<select>语句中的#{sex}和#{age}。测试执行 findStudentByMultiParam()方法，运行结果如图 10-3 所示。

```
✔ Tests passed: 1 of 1 test – 502 ms
"C:\Program Files\Java\jdk1.8.0_281\bin\java.exe" ...
Student{stuId=100, stuName='Tom', age=21, sex='male', email='123@qq.com'}
Student{stuId=101, stuName='Jack', age=22, sex='male', email='123@163.com'}

Process finished with exit code 0
```

图 10-3　多参数查询的运行结果

通过在数据库执行查询语句“select stu_id stuId,stu_name stuName,age,sex,email from t_student where sex='male' and age>'19'”，可以验证程序运行结果是正确的。

### 10.1.4　动态查询

查询条件的多变性在很多系统中都有体现，如购物网站中的商品筛选，筛选条件有很多，每个人选择的条件也不一样，最后拼接生成的 SQL 查询语句也不同。在传统的 JDBC 或其他类似的开发框架中，开发人员通常需要手动拼接 SQL 语句。在拼接时，要确保添加了必要的空格、关键字等，还要注意去掉列表最后一个列名的逗号等诸多需要考虑的细节问题。

MyBatis 提供了强大的动态 SQL 功能，能够根据传递参数的不同，灵活地生成 SQL 语句，完成不同条件组合的查询任务。动态 SQL 大大减少了编写代码的工作量，更体现了 MyBatis 的灵活性、高度可配置性和可维护性。MyBatis 的动态 SQL 提供的元素如表 10-2 所示。

表 10-2　动态 SQL 提供的元素

| 元　素 | 作　用 | 备　注 |
| --- | --- | --- |
| if | 判断语句 | 单条件分支判断 |
| choose（when、otherwise） | 相当于 Java 中的 switch case 语句 | 多条件分支判断 |
| trim、where | 辅助元素 | 用于处理 SQL 拼装问题 |
| foreach | 循环语句 | 常用在 in 语句等列举条件 |
| bind | 辅助元素 | 拼接参数 |

1. if 元素

MyBatis 框架中提供的 if 元素类似于 Java 语言中的 if 语句，是 MyBatis 动态 SQL 中最常用的判断语句。使用 if 元素可以减少许多拼接 SQL 的工作，把主要精力集中在 Java 代码的编写和 XML 配置文件的维护上。

if 元素的使用方法很简单，常常与 test 属性联合使用，test 属性的判断条件既可以是单条件语句，也可以是多条件语句（多条件语句需要使用逻辑连接符 and、or、! 等），语法如下：

```
<if test="判断条件">
    SQL 语句
</if>
```

当判断条件为 true 时，才执行包含的 SQL 语句。在多条件筛选的实际应用场景中，往往需要并列使用多个 if 元素。当然，if 元素也可以嵌套使用。

继续完善“第一个 MyBatis 应用程序”，添加新需求“如果输入学员编号，就按照学员编号进行查询；如果输入学员姓名，就按照学员姓名进行查询；如果没有输入，就查询所有学员信息”。在 StudentMapper.xml 文件中添加以下代码：

```
<!--动态 if 条件查询-->
<select id="findStudentIf" parameterType="Map" resultType="com.example.ssm.pojo.Student">
        select stu_id stuId,stu_name stuName,age,sex,email from t_student where 1=1
            <if test="stuId!=null and stuId!=''">
                and stu_id like concat('%', #{stuId},'%')
```

```
        </if>
        <if test="stuName!=null and stuName!=''">
            and stu_name like concat('%',#{stuName},'%')
        </if>
</select>
```

根据用户的条件筛选，进行 SQL 查询的动态拼接。如果用户输入 stuId 的查询条件，就在原 SQL 语句后面拼接“and stu_id like concat('%', #{stuId},'%')”；如果用户输入 stuName 的查询条件，就在 SQL 语句后面继续拼接“and stu_name like concat('%',#{stuName},'%')”。注意，如果两个查询条件都不成立（两个查询条件都没有数据传入），原 SQL 语句后面的“where 1=1”就显得至关重要了，否则 SQL 语句就会报错。

**concat()函数的用法**

在上述代码的模糊查询中，“and stu_id like concat('%', #{stuId},'%')”不能写成“and stu_id like '%#{stuId}%'”，这样存在语法错误，字符串不能成功拼接。此时应该使用 concat()函数，该函数用于完成多个查询字符串的拼接，参数个数没有限制。使用 concat()函数还可以有效防止 SQL 注入。

2. where 元素

通过 if 元素的例子不难发现，在 where 的后面需要手动加入“1=1”子句，就是为了避免当 if 查询条件都不成立时，出现 SQL 语句错误。其实，MyBatis 提供了 where 元素，就是为了避免在多条件判断的时候，出现关键字的冗余、缺失等情况。

where 元素主要用来简化 SQL 语句中的条件判断，可以自动处理 and/or 条件，语法如下：

```
<where>
    <if test="判断条件">
        and/or ...
    </if>
</where>
```

在 where 元素中，只有当 if 语句中的判断条件为 true 时，才会把 if 元素中的语句组装在 SQL 中，否则就不加入。where 会检索语句，将其后的第一个 SQL 条件语句的 and/or 关键词去掉。

针对添加的新需求，可以修改原来的 findStudentIf 查询语句，代码如下：

```
<!--动态查询 if 与 where 组合使用-->
    <select id="findStudentIfAndWhere" parameterType="Map" resultType=" com.example.ssm.pojo.
Student">
        select stu_id stuId,stu_name stuName,age,sex,email from t_student
        <where>
            <if test="stuId!=null and stuId!=''">
                and stu_id like concat('%', #{stuId},'%')
            </if>
            <if test="stuName!=null and stuName!=''">
```

```
            and stu_name like concat('%',#{stuName},'%')
        </if>
    </where>
</select>
```

添加 where 元素之后，MyBatis 就能够动态地根据传入的参数值灵活地进行拼接。在拼接过程中，根据需要添加 where 元素，并根据 if 元素 test 属性的取值动态添加 and/or 等关键字。

3. choose 元素

与 if 元素的功能类似，choose 元素同样用于条件判断，不同的是它适用于多个判断条件的场景，类似于 Java 语言中的 switch 语句。

choose 元素中包含 when 和 otherwise 两个子元素，一个 choose 元素中至少包含一个 when 子元素及 0 或 1 个 otherwise 子元素。与 Java 语言中的 switch-case-default 语句相同，它也进行“多选一”的条件判断。当应用程序中的业务关系比较复杂的时候，MyBatis 可以通过 choose 元素动态控制 SQL 语句的生成。

动态语句 choose-when-otherwise 的语法如下：

```
<choose>
    <when test="判断条件 1">
        SQL 语句 1
    </when >
    <when test="判断条件 2">
        SQL 语句 2
    </when >
……
    <otherwise>
        SQL 语句 n
    </otherwise>
</choose>
```

choose 元素按顺序判断 when 子元素中的判断条件是否成立，如果有一个条件成立，就直接拼接相应的 SQL 语句，choose 执行结束；如果条件都不成立，就拼接 otherwise 子元素中的 SQL 语句。这类似于 Java 语言中的 switch 语句，choose 对应 switch，when 对应 case，otherwise 对应 default。

针对添加的新需求，现采用 choose 元素进行 SQL 查询语句定义。在 StudentMapper.xml 文件中添加新的查询语句 findStudentChoose，代码如下：

```
<!--使用 choose 进行多条件判断查询-->
    <select id="findStudentChoose" parameterType="Map" resultType=" com.example.ssm.pojo.
Student">
        select stu_id stuId,stu_name stuName,age,sex,email from t_student where 1=1
        <choose>
            <when test="stuId!=null and stuId!=''">
                and stu_id like concat('%', #{stuId},'%')
```

```
            </when>
            <when test="stuName!=null and stuName!=''">
                and stu_name   like concat('%',#{stuName},'%')
            </when>
            <otherwise/>
        </choose>
    </select>
```

在上述代码中，如果没有 when 条件成立，就拼接 otherwise 中的语句，但是这里的 otherwise 语句为空，则查询所有学员信息。

4. trim 元素

trim 元素用于删除拼接 SQL 语句中多余的关键字，它可以直接实现 where 元素的功能，在前面的 SQL 查询语句中的“where 1=1”就是为了避免与后面语句中的“and”直接拼接。通过 trim 元素，在 SQL 语句拼接的过程中，能够根据参数的传递情况自动删除或增加某些关键字。trim 元素包含四个属性，具体含义如表 10-3 所示。

**表 10-3 trim 元素的属性**

| 属 性 | 描 述 |
|---|---|
| prefix | 在 SQL 语句拼接时添加的前缀 |
| suffix | 在 SQL 语句拼接时添加的后缀 |
| prefixOverrides | 在 SQL 语句拼接时删除的前缀 |
| suffixOverrides | 在 SQL 语句拼接时删除的后缀 |

修改需求为“在查询学员信息的时候，可以根据学员编号进行查询，也可以根据学员姓名进行查询”，在 StudentMapper.xml 文件中添加新的查询语句 findStudentTrim，代码如下：

```
<!--使用 trim 元素添加并删除多余的关键字-->
    <select id="findStudentTrim" parameterType="Map" resultType=" com.example.ssm.pojo.Student">
        select stu_id stuId,stu_name stuName,age,sex,email from t_student
        <trim prefix="where" prefixOverrides="and">
            <if test="stuId!=null and stuId!=''">
                and stu_id like concat('%', #{stuId},'%')
            </if>
            <if test="stuName!=null and stuName!=''">
                and stu_name   like concat('%',#{stuName},'%')
            </if>
        </trim>
    </select>
```

若第一个 if 条件判断成立，在拼接 SQL 语句时，就自动在 SQL 语句中添加“where”，并去掉“and stu_id like concat('%', #{stuId},'%')”子句中的“and”；若第二个 if 条件判断成立，则同理；若两个条件都不成立，执行的就是原 SQL 语句“select stu_id stuId,stu_name stuName,age,sex,email from t_student”，即查询所有学员信息。

5. foreach 元素

前面介绍了 MyBatis 框架提供的 if、where、trim、choose 元素，用来处理动态查询语句中的一些简单操作。对于 SQL 查询语句中含有 in 条件，需要迭代条件集合生成的情况时，可以使用 foreach 元素实现 SQL 条件的迭代。

foreach 元素用于循环语句，它很好地支持了集合操作，如 List、Set、Map 接口的数据集合 ArrayList、HashSet、LinkedHashMap 等，并对其提供遍历功能，语法格式如下：

```
<foreach   item="item" index="index" collection="list|array|map key"
open="("   separator=","   close=")">
    参数值
</foreach>
```

foreach 元素各个属性的具体含义如表 10-4 所示。

表 10-4　foreach 元素各个属性的具体含义

| 属　性 | 描　述 |
|---|---|
| item | 集合中的每个元素进行迭代时的别名 |
| index | 指定一个名字，表示在迭代过程中每次迭代到的位置（下标） |
| open | 该语句以什么开始（既然是 in 条件语句，必然以“(”开始） |
| separator | 迭代之间以什么符号作为分隔符 |
| close | 该语句以什么结束（既然是 in 条件语句，必然以“)”结束） |
| collection | 指定传递进来的参数名称，可以代表 List、Set、Map 等 |

使用 foreach 元素的时候，最容易出错的是 collection 属性。该属性是必选的，但在不同情况下该属性的值是不一样的，主要有以下三种情况：

（1）如果传入的是单参数且参数类型是 List，则 collection 属性值为 list。

（2）如果传入的是单参数且参数类型是 array 数组，则 collection 的属性值为 array。

（3）如果传入的是多个参数，则需要把它们封装成一个 map。当然，单参数也可以被封装成 map，实际上在传入参数的时候，MyBatis 框架也会把它封装成一个 map。map 的 key 就是参数名。

下面对 foreach 元素的使用进行实例讲解，添加需求“查询编号为 101、103、104 的学员信息”，在 StudentMapper.xml 文件中添加新的查询语句 findStudentForeach，代码如下：

```
<!--使用 foreach 进行集合遍历-->
<select id="findStudentForeach"   resultType=" com.example.ssm.pojo.Student">
    select stu_id stuId,stu_name stuName,age,sex,email from t_student where stu_id in
    <foreach item="stuid" index="index" collection="list" open="("
close=")"   separator=",">
        #{stuid}
    </foreach>
</select>
```

上述代码传入了集合对象 list，按照索引（下标）index 进行遍历，每次取到的数据被存入 stuid 中，并添加开始、结束和分隔符号。在本需求中，foreach 子句最终生成的 SQL

为(101,103,104)。

在 MyBatisTest 测试类中，添加新方法 findStudentForeach()，代码如下：

```
/**
    * 查询编号为 101、103、104 的学员信息
    */
   @Test
   public void findStudentForeach() throws Exception {
       //读取配置文件
       String resource = "mybatis-config.xml";
       InputStream inputStream = Resources.getResourceAsStream(resource);
       //根据配置文件构建 SqlSessionFactory
       SqlSessionFactory sqlSessionFactory =
                   new SqlSessionFactoryBuilder().build(inputStream);
       //通过 SqlSessionFactory 创建 SqlSession
       SqlSession sqlSession = sqlSessionFactory.openSession();
       //生成 list 集合并添加查询数据
       List<Integer> list = new ArrayList<Integer>();
       list.add(101);
       list.add(103);
       list.add(104);
       //SqlSession 执行映射文件中定义的 SQL，并返回映射结果
       List<Student>    list_stu = sqlSession.selectList("com.example.ssm.mapper.StudentMapper.
findStudentForeach",list);
       //遍历打印输出结果
       for(Student stu:list_stu)
           System.out.println(stu.toString());
       //关闭 SqlSession
       sqlSession.close();
   }
```

在该测试方法中，先手动添加了学员编号 101、103、104，然后调用了映射文件 StudentMapper.xml 中的 findStudentForeach()方法，并把查询结果输出打印。方法测试运行结果如图 10-4 所示。

```
✔ Tests passed: 1 of 1 test – 642 ms
"C:\Program Files\Java\jdk1.8.0_281\bin\java.exe" ...
Student{stuId=101, stuName='Jack', age=22, sex='male', email='123@163.com'}
Student{stuId=103, stuName='Candy', age=20, sex='female', email='620@qq.com'}
Student{stuId=104, stuName='James', age=19, sex='male', email='719@qq.com'}

Process finished with exit code 0
```

图 10-4　方法测试运行结果

6. bind 元素

在实际应用开发中，不同的数据库支持的 SQL 语法略有不同，例如，字符串连接在 MySQL 数据库中采用 concat()函数，在 Oracle 数据库中采用符号“||”等。如果需要更

换数据库，程序中的相应 SQL 语句就需要重写，这给项目维护带来了不便性，项目的可移植性也大打折扣。此时，可以通过 bind 元素解决此类数据库之间的兼容性问题。

bind 元素将 OGNL 表达式的值绑定到一个变量中，通过 bind 元素对变量进行赋值，屏蔽各种数据库之间的差异，让 SQL 语句的引用变得更加简单。bind 元素有以下两个属性：

name：为对应参数取的别名。

value：对应传入实体类的某个字段，可以进行字符串拼接等特殊处理。

在“学员信息管理系统”中添加新需求“按照学员姓名进行模糊查询”，要求该查询语句能够被应用于多种数据库。在 StudentMapper.xml 文件中添加查询语句 findStudentByBindName，代码如下：

```
<!--使用 bind 进行查询语句的数据绑定-->
    <select id="findStudentByBindName"  parameterType="String" resultType=" com.example.ssm.pojo.
Student">
        select stu_id stuId, stu_name stuName, age, sex, email from t_student where
         <bind name="stu_name_pattern" value="'%'+stuName+'%'"/>
             stu_name like #{stu_name_pattern}
    </select>
```

上述代码通过 bind 元素设置了变量 stu_name_pattern，其取值为“'%'+stuName+'%'”，stuName 为传入的参数值，表达式“'%'+stuName+'%'”用于进行字符串的拼接，但是由 MyBatis 框架根据各种数据库的不同来自动完成，这样可以增强代码的可移植性。

视频 10-1

## 10.2　使用 insert 元素添加数据

在上一节中介绍了 MyBatis 提供的各种数据查询操作，在本节中将介绍 insert 元素的使用方法。在 MyBatis 中，通过 insert 元素能够定义插入语句，执行数据插入操作，其返回值为成功插入数据库记录的行数。insert 元素的常见属性如表 10-5 所示。

表 10-5　insert 元素的常见属性

| 属性名称 | 描　述 | 备　注 |
| --- | --- | --- |
| id | 它和 Mapper 的命名空间组合使用，是唯一标识符，供 MyBatis 调用 | 如果命名空间中的 id 不唯一，那么 MyBatis 抛出异常 |
| parameterType | 传入 SQL 语句参数类型的全限定名或别名，是一个可选属性 | 支持基本数据类型和 JavaBean、Map 等复杂数据类型 |
| keyProperty | 将插入操作的返回值赋值给 POJO 类的某个属性，通常为主键对应的属性。如果是联合主键，那么可以将多个值用逗号隔开 | — |

续表

| 属性名称 | 描　述 | 备　注 |
| --- | --- | --- |
| useGeneratedKey | 设置是否使用 JDBC 提供的 getGeneratedKeys()方法，获取数据库内部产生的主键，并赋值到 keyProperty 属性设置的请求对象的属性中，如 MySQL、SQL Server 等自动递增的字段，默认值为 false | 将该属性值设置为 true 后，数据库生成的主键回填到请求对象中，以供其他业务使用 |
| flushCache | 执行该操作后是否清空二级缓存和本地缓存，默认值为 true | — |
| timeout | 执行该操作的最大时限，如果超时，那么抛出异常 | — |
| databaseId | 取值范围为 oracle、mysql 等，表示数据库厂家；元素内部可以通过<if test="_databaseId = 'oracle'">为特定数据库指定不同的 SQL 语句 | MyBatis 可以根据不同的数据库厂商执行不同的语句，这种多厂商的支持基于映射语句中的 databaseId 属性。MyBatis 会加载不带有 databaseId 属性和带有匹配当前数据库 databaseId 属性的所有语句。如果同时找到带有 databaseId 和不带有 databaseId 的相同语句，那么后者被舍弃 |
| keyColumn | 第几列是主键，当主键列不是表中的第 1 列时，需要设置该属性。如果是联合主键，那么可以将多个值用逗号隔开 | — |

注意：insert 元素中没有 resultType 属性，只有查询操作才需要对返回结果类型进行相应指定。

使用 insert 元素向数据表插入数据时，一般需要向数据表的多个字段同时插入数据，在这里就需要使用集合数据类型，如 Map、List、JavaBean 等。

在向数据表插入数据时，数据表的主键既可以自增长也可以非自增长，在使用 insert 元素的时候，需要进行相应设置，下面对这两种情况分别进行介绍。

### 10.2.1　主键自增长

在项目开发中，很多数据库都支持数据表主键自增长，如 MySQL、SQL Server 等数据表可以采用自动递增的字段作为其主键，当向这样的数据表插入数据时，即使不指定自增主键的值，数据库也会根据自增规则自动生成主键并插入表中。

在一些特殊情况下，在应用中可能需要将刚刚生成的主键回填到请求对象（原本不包含主键信息的请求对象）中，供其他业务使用。此时，可以通过在 insert 标签中添加 keyProperty 和 useGeneratedKeys 属性来实现该功能。

在“学员信息管理系统”中添加新需求“在数据库中添加一位学员，并打印该学员的完整信息（包括主键 stu_id）”，在 StudentMapper.xml 文件中添加插入数据的语句 insertOneStudent，代码如下：

```
<!-- 添加一条学员信息-->
    <insert id="insertOneStudent" parameterType=" com.example.ssm.pojo.Student"
                                        keyProperty="stu_id" useGeneratedKeys="true">
        insert into t_student(stu_name,age,sex,email) VALUES(#{stuName},#{age},#{sex},#{email})
    </insert>
```

在上述代码中，指定使用数据库的自增长进行数据表的主键生成，在数据表中该字段的名称为 stu_id，在插入 SQL 语句时就没有为该字段赋值。

在 MyBatisTest 测试类中，添加新方法 addOneStudent()，代码如下：

```
/**
     * 在数据库中添加一条学员信息
     */
    @Test
    public void addOneStudent() throws Exception {
        //读取配置文件
        String resource = "mybatis-config.xml";
        InputStream inputStream = Resources.getResourceAsStream(resource);
        //根据配置文件构建 SqlSessionFactory
        SqlSessionFactory sqlSessionFactory =
                new SqlSessionFactoryBuilder().build(inputStream);
        //通过 SqlSessionFactory 创建 SqlSession
        SqlSession sqlSession = sqlSessionFactory.openSession();
        //准备插入数据对象 student
        Student student = new Student();
        student.setStuName("MyBatis");
        student.setAge(20);
        student.setSex("male");
        student.setEmail("mybatis@apach.org");
        //SqlSession 执行映射文件中定义的 SQL，并返回映射结果
        int count = sqlSession.insert("com.example.ssm.mapper.StudentMapper.insertOneStudent",student);
        //使用 useGeneratedKeys 返回插入对象的 id 值
         System.out.println(student);
        //提交 SqlSession
        sqlSession.commit();
        //关闭 SqlSession
        sqlSession.close();
}
```

该测试方法调用 sqlSession 的 insert()方法，引用 StudentMapper.xml 文件中 id 为 insertOneStudent 的 SQL 语句。在数据表中插入了一条学员信息，插入成功之后，将在数据表中新生成记录的 stu_id 字段的值封装到 student 对象的属性 stuId 中，方便应用程序中业务逻辑的使用。该测试方法的运行结果如图 10-5 所示，通过打印 student 对象，发现其 stu_id 为新生成的 106，已经在 105 的基础上自增 1 了。

```
✔ Tests passed: 1 of 1 test – 508 ms
"C:\Program Files\Java\jdk1.8.0_281\bin\java.exe" ...
Student{stuId=106, stuName='MyBatis', age=20, sex='male', email='mybatis@apach.org'}

Process finished with exit code 0
```

图 10-5　运行结果

### 10.2.2 主键非自增长

在项目开发中，如果没有设置数据表主键自增长，或者数据表不支持主键自增长（如 Oracle），就需要使用 insert 元素的子元素 selectKey，手动进行主键的增长设置，selectKey 元素的语法如下：

```
<selectKey keyProperty="stuId" resultType="Integer" order=" BEFORE">
        SQL 查询语句
</selectKey>
```

keyProperty：指定主键值对应的 POJO 类的属性。

resultType：SQL 查询语句返回值的数据类型，这里使用的是 Java 语言中的数据库类型，如 Integer、String 等。

order：该属性取值可以为 BEFORE 或 AFTER。BEFORE 表示先执行 selectKey 元素内的语句，再执行插入语句；AFTER 表示先执行插入语句，再执行 selectKey 元素内的语句。

修改 mybatis 数据库中的数据表 t_student，先取消主键 stu_id 的自增长，再向数据表 t_student 中插入数据，对应的映射文件的代码如下：

```
<!--添加一条学员信息，取消主键自增长-->
    <insert id="insertOneStudent2" parameterType=" com.example.ssm.pojo.Student">
        <!--先使用 selectKey 元素定义主键，再定义 SQL 语句-->
        <selectKey keyProperty="stuId" resultType="Integer" order="BEFORE">
            select if(max(stu_id) is null,1,max(stu_id)+1) as stuId from t_student
        </selectKey>
        insert into t_student(stu_id,stu_name,age,sex,email)
        VALUES(#{stuId},#{stuName},#{age},#{sex},#{email})
    </insert>
```

在上述代码中，先通过 selectKey 元素从数据表 t_student 中查询 stu_id 的最大值并加 1，作为传入参数 student 中 stuId 的属性值，再生成 insert 语句，并插入主键值。再次执行测试类 MyBatisTest 中的 addOneStudent()方法，运行结果与图 10-5 一致。

视频 10-2

## 10.3 使用 delete 元素删除数据

MyBatis 框架使用 delete 元素定义 delete 语句，执行删除操作。当 MyBatis 执行完一条删除语句后，返回一个整数，表示受影响的数据表记录的行数。delete 元素的属性如表 10-6 所示。

表 10-6 delete 元素的属性

| 属性名称 | 描 述 | 备 注 |
| --- | --- | --- |
| id | 它和 Mapper 的命名空间组合使用，是唯一标识符，供 MyBatis 调用 | 如果命名空间的 id 不唯一，那么 MyBatis 抛出异常 |

续表

| 属性名称 | 描　述 | 备　注 |
| --- | --- | --- |
| parameterType | 传入 SQL 语句参数类型的全限定名或别名，是一个可选属性 | 支持基本数据类型和 JavaBean、Map 等复杂数据类型 |
| flushCache | 执行该操作后是否清空二级缓存和本地缓存，默认值为 true | — |
| timeout | 执行该操作的最大时限，如果超时，那么抛出异常 | — |
| statementType | 使用的 statement 类型，默认为 PREPARED，可选值为 STATEMENT、PREPARED 和 CALLABLE | — |

在使用 delete 元素定义删除语句的时候，使用属性 parameterType 传入所需参数，可以是基本数据类型，也可以是集合类型，如 List、Set、Map 等，也可以是 JavaBean。如果是单个参数，一般采用基本数据类型即可；如果是多个参数但不超过五个，一般采用 Map 集合类型即可；如果参数多于五个，使用 Map 集合类型进行参数传入就会导致程序的可读性差、代码难以理解等诸多问题，此时一般采用 JavaBean 集合类型进行参数传递。

这里以“删除学员信息管理系统中电子邮箱地址含有‘org’、年龄为 20 岁的男性学员”为例，采用 Map 集合类型传入查询参数来定义 SQL 语句。在 StudentMapper.xml 文件中添加删除数据的 delete 语句 deleteStudentByMap，代码如下：

```
<!--使用 Map 集合类型传入参数，定义 delete 语句-->
    <delete id="deleteStudentByMap" parameterType="Map">
        delete from t_student where age = #{age} and
                                sex = #{sex} and email like concat('%',#{email},'%')
    </delete>
```

上述映射文件定义了名为 deleteStudentByMap 的 delete 语句，通过 Map 集合类型传入了三个参数。在 MyBatisTest 测试类中，添加新方法 deleteStuByMap，通过 Map 集合类型传入三个参数，代码如下：

```
/**
     * 删除学员信息管理系统中电子邮箱地址含有“org”、年龄为 20 岁的男性学员
     */
    @Test
    public void deleteStuByMap() throws Exception {
        //读取配置文件
        String resource = "mybatis-config.xml";
        InputStream inputStream = Resources.getResourceAsStream(resource);
        //根据配置文件构建 SqlSessionFactory
        SqlSessionFactory sqlSessionFactory =
                new SqlSessionFactoryBuilder().build(inputStream);
        //通过 SqlSessionFactory 创建 SqlSession
        SqlSession sqlSession = sqlSessionFactory.openSession();
        //在删除之前先查询并显示所有学员信息
        List<Student> list_stu;
        list_stu = sqlSession.selectList("com.example.ssm.mapper.StudentMapper.findStudentTrim");
         for(Student stu : list_stu)
            System.out.println(stu.toString());
```

```
        //定义 Map 准备传入参数
        Map deletmap = new HashMap<String,String>();
        deletmap.put("sex","male");
        deletmap.put("age","20");
        deletmap.put("email","org");
        //执行 delete 语句，删除数据并返回删除的行数
        int count = sqlSession.delete("com.example.ssm.mapper.StudentMapper.deleteStudentByMap",deletmap);
        //打印 delete 语句删除数据的行数
        System.out.println("delete 语句共删除数据的行数为："+count);
        //提交事务
        sqlSession.commit();
        //再次查询删除之后的所有学员信息
        list_stu = sqlSession.selectList("com.example.ssm.mapper.StudentMapper.findStudentTrim");
        for(Student stu : list_stu)
            System.out.println(stu.toString());
        //关闭 SqlSession
        sqlSession.close();
    }
```

上述代码在执行 delete 语句的前后分别进行数据查询，通过对比判断删除语句是否成功。在查询语句中使用了 findStudentTrim 方法。由于在调用中没有传入查询参数，因此该方法的调用就是查询所有学员信息。执行 deleteStuByMap 方法，运行结果如图 10-6 所示。

```
✔ Tests passed: 1 of 1 test – 554 ms
"C:\Program Files\Java\jdk1.8.0_281\bin\java.exe" ...
Student{stuId=100, stuName='Tom', age=21, sex='male', email='123@qq.com'}
Student{stuId=101, stuName='Jack', age=22, sex='male', email='123@163.com'}
Student{stuId=102, stuName='Lily', age=22, sex='female', email='123@126.com'}
Student{stuId=103, stuName='Candy', age=20, sex='female', email='620@qq.com'}
Student{stuId=104, stuName='James', age=19, sex='male', email='719@qq.com'}
Student{stuId=107, stuName='MyBatis', age=20, sex='male', email='mybatis@apach.org'}
delete语句共删除数据的行数为：1
Student{stuId=100, stuName='Tom', age=21, sex='male', email='123@qq.com'}
Student{stuId=101, stuName='Jack', age=22, sex='male', email='123@163.com'}
Student{stuId=102, stuName='Lily', age=22, sex='female', email='123@126.com'}
Student{stuId=103, stuName='Candy', age=20, sex='female', email='620@qq.com'}
Student{stuId=104, stuName='James', age=19, sex='male', email='719@qq.com'}

Process finished with exit code 0
```

图 10-6　执行 delete 语句前后数据查询对比

视频 10-3

## 10.4　使用 update 元素修改数据

MyBatis 映射文件通过 update 元素定义更新语句，执行修改操作。当执行完 update 元素定义的更新语句之后，返回一个整数，表示修改数据库记录的行数。update 元素的属性与 delete 元素类似，传递的参数的使用方法也是一样的，这里不再赘述。

采用 JavaBean 方式进行参数传递，完成需求“修改学员信息管理系统中编号为 100 的学员信息，姓名修改为‘Bob’，年龄修改为‘25’，电子邮箱修改为‘bob@126.com’”。在 StudentMapper.xml 文件中添加修改数据的 update 语句 updateStudentByJavaBean，代码

如下：

```
<!--使用 JavaBean 传入参数，定义 update 语句-->
<update id="updateStudentByJavaBean" parameterType=" com.example.ssm.pojo.Student">
    update t_student set stu_name = #{stuName},age = #{age},email = #{email}
    where stu_id = #{stuId}
</update>
```

采用 JavaBean 方式进行数据传递具有较好的灵活性，JavaBean 的所有属性都可以作为参数传递到映射文件定义的 SQL 语句内，例如，updateStudentByJavaBean 语句就使用了 Student 对象中的四个参数（stuId 作为条件，stuName、age、email 作为修改参数）。

在 MyBatisTest 测试类中，添加新方法 updateStudentByJavaBean()，代码如下：

```
/**
    * 修改学员信息管理系统中编号为 100 的学员信息，姓名修改为“Bob”，
    * 年龄修改为“25”，电子邮箱修改为“bob@126.com”
    */
    @Test
    public void updateStudentByJavaBean() throws Exception {
        //读取配置文件
        String resource = "mybatis-config.xml";
        InputStream inputStream = Resources.getResourceAsStream(resource);
        //根据配置文件构建 SqlSessionFactory
        SqlSessionFactory sqlSessionFactory =
                new SqlSessionFactoryBuilder().build(inputStream);
        //通过 SqlSessionFactory 创建 SqlSession
        SqlSession sqlSession = sqlSessionFactory.openSession();
        //定义 Student 对象，并封装数据
        Student student = new Student();
        student.setStuId(100);
        student.setAge(25);
        student.setStuName("Bob");
        student.setEmail("bob@126.com");
        //执行 update 语句，修改数据并返回修改的行数
        int count = sqlSession.update("" + "com.example.ssm.mapper.StudentMapper.updateStudent
ByJavaBean", student);
        //打印 update 语句修改数据的行数
        System.out.println("update 语句共修改数据的行数为："+count);
        //提交事务
        sqlSession.commit();
        //再次查询修改之后编号为 100 的学员信息
       Student stu = sqlSession.selectOne("" +
             "com.example.ssm.mapper.StudentMapper.findStudentById",new Integer(100));
         System.out.println(stu.toString());
        //关闭 SqlSession
        sqlSession.close();
    }
```

上述代码先封装了 JavaBean 对象，然后传入 update 语句中，通过 findStudentById 查

询语句显示修改之后的数据，运行结果如图 10-7 所示。

```
✔ Tests passed: 1 of 1 test – 580 ms
"C:\Program Files\Java\jdk1.8.0_281\bin\java.exe" ...
update语句共修改数据的行数为：1
Student{stuId=100, stuName='Bob', age=25, sex='male', email='bob@126.com'}

Process finished with exit code 0
```

视频 10-4

图 10-7 使用 update 语句修改数据后的运行结果

## 10.5 使用 getMapper 接口和工具类简化代码编写

在 MyBatisTest 测试类中，读者不难发现 findStudentById()、findStudentByNamea()等方法中的很多代码是相同的，主要用来完成读取配置文件、构建 SqlSessionFactory、关闭 SqlSession 等操作。根据代码复用原则，可以把重复的代码提取到一个公共类中建立一个工具类（MyBatisUtil），由其来完成公共操作。工具类 MyBatisUtil 的代码如下：

```
public class MyBatisUtil {
    private MyBatisUtil(){}
    private static final String RESOURCE = "mybatis-config.xml";
    private static SqlSessionFactory sqlSessionFactory = null;
    private static ThreadLocal<SqlSession> threadLocal = new ThreadLocal<SqlSession>();
    static {
        Reader reader = null;
        try {
            reader = Resources.getResourceAsReader(RESOURCE);
            SqlSessionFactoryBuilder builder = new SqlSessionFactoryBuilder();
            sqlSessionFactory = builder.build(reader);
        }catch (Exception e){
            e.printStackTrace();
    throw new ExceptionInInitializerError("初始化 MyBatis 失败，请检查配置文件或数据库");
        }
    }
    public static SqlSessionFactory getSqlSessionFactory(){
        return sqlSessionFactory;
    }
    public static SqlSession getSession(){
        SqlSession session = threadLocal.get();
        //如果 session 为 null，则打开一个新的 session
        if (session == null){
            session = (sqlSessionFactory != null )?getSqlSessionFactory().openSession() : null;
            threadLocal.set(session);
        }
        return session;
    }
    public static void closeSession(){
```

```
            SqlSession session = (SqlSession) threadLocal.get();
            threadLocal.set(null);
            if (session != null){
                session.close();
            }
        }
    }
```

该工具类几乎可以应用于所有使用 MyBatis 框架的项目，具有较好的通用性，读者在项目开发中可以直接复用该类，简化项目代码的编写。

在项目开发中，一般都会添加 DAO 层（数据访问层），主要完成对象与数据表之间的转换，在 DAO 层会定义很多数据库操作的接口，并实现在每个接口中声明的方法。为什么这么做呢？根据第 1 章介绍的软件设计模式的基本原则，在项目开发中，要遵守依赖倒置原则，减少代码之间的依赖性，降低耦合，最直接的方法就是面向接口的编程。因此，在 DAO 层的代码编写中，为了提高底层的独立性和上层代码运行的稳定性，在它们之间增加一层接口进行过渡是非常必要的。通过接口可以降低上下层之间的依赖关系，实现低耦合。

MyBatis 框架也提供了在 DAO 层面向接口的编程，只需要定义接口及接口对应的映射文件，其实现类可以由 MyBatis 框架通过代理模式自动生成，进一步降低了项目开发的复杂度，减少了代码的编写。

在工程项目的 com.example.ssm.dao 包中新建接口 IStudentDao，声明查询方法 findStudentById()，代码如下：

```
package com.example.ssm.dao;
import com.example.ssm.pojo.Student;
public interface IStudentDao {
    public Student findStudentById(int id);
}
```

修改映射文件 StudentMapper.xml 中的 namespace 命名空间，与接口 IStudentDao 的完全限定名一致，均为 com.example.ssm.dao.IstudentDao，MyBatis 框架就能够通过 getMapper()方法自动生成接口与映射文件的实现类。在 MyBatisTest 测试类中添加新方法 findStudentByIdForMapper，代码如下：

```
/**
     * 使用 getMapper 接口和工具类简化项目代码开发，查询编号为 100 的学员信息
     */
    @Test
    public void findStudentByIdForMapper() {
        SqlSession session = MyBatisUtil.getSession();
        IStudentDao studentDao = session.getMapper(IStudentDao.class);
        Student student = studentDao.findStudentById(100);
        System.out.println(student);
}
```

通过使用工具类设计和 getMapper 接口映射，读者不难发现 findStudentByIdForMapper

的代码大大减少了，运行方法的结果如果 10-8 所示。

```
✔ Tests passed: 1 of 1 test – 573 ms
"C:\Program Files\Java\jdk1.8.0_281\bin\java.exe" ...
Student{stuId=100, stuName='Bob', age=25, sex='male', email='bob@126.com'}

Process finished with exit code 0
```

图 10-8　查询编号为 100 的学员信息的结果

视频 10-5

MyBatis 框架的主要作用是对象与关系之间的映射，处理的核心是数据转换。在这里数据是具体的，如对象的属性及数据表的记录。数据是一切信息技术的基础，已经升级为一种重要的生产要素，是一种重要的战略资源。2023 年，我国组建了国家数据局，负责协调推进数据基础制度建设，统筹数据资源整合共享和开发利用，统筹推进数字中国、数字经济、数字社会规划和建设等。

在大数据时代，每个人都要注意保护个人隐私，切勿随意泄露个人隐私。数据安全在国家安全领域范畴内不仅体现在军事安全上，它已经与政治安全、经济安全、文化安全共同成为国家安全的重要组成部分，直接影响国家安全。在日常生活中也要提高警惕，恪守国家秘密，共同维护国家安全。

## 思考与练习

1. 使用工具类 MyBatisUtil 对删除数据的方法 deleteStuByMap()进行简化。
2. 在 MyBatis 框架应用中如何实现动态查询？
3. 在 DAO 层使用 getMapper 接口映射应该注意的事项是什么？
4. 使用 delete 元素如何实现一次删除多条数据？
5. 在 MyBatis 框架应用中如何实现模糊查询？

# 第 11 章　多表关联映射

在实际项目开发中，根据业务应用需要，数据表之间往往存在某种关联关系，如一对一、一对多、多对多等。如果被操作的表与其他表关联，那么处理表中的数据时必须考虑它们之间的关联关系。因此，作为流行的 ORM 框架，MyBatis 提供了映射表间关联关系的功能，使用 MyBatis 能够便捷地操作多张数据表。本章将对 MyBatis 中的多表关联映射做详细讲解。

## 11.1　关联关系基础

在学习 MyBatis 的多表关联映射之前，首先要了解表与表的关系。表与表的关系主要包括一对一、一对多、多对多等，在数据库建表的时候，也会通过主键与外键约束建立表与表的关联关系。

在一对一关系中，一个数据表中的一条记录最多可以和另一个数据表中的一条记录关联。例如，在学员信息管理系统中，学员与练车卡属于一对一关系，一位学员只能有一张练车卡，一张练车卡只能对应一位学员。在一对一关系的数据表中，可以在任意一个数据表中引入另一个数据表的主键作为外键进行约束。

在一对多关系中，主键数据表中的一条记录可以和另一个数据表中的多条记录关联。例如，在学员信息管理系统中，教练与学员属于一对多关系，一位教练可以指导多位学员，一位学员只能关联一位教练。在一对多关系的数据表中，在“多”的一方添加“一”的一方的主键作为外键进行约束。

在多对多关系中，一个数据表中的每条记录都可以与另一个数据表中任意数量的记录关联。例如，在学员信息管理系统中，学员与教练车属于多对多关系，一辆教练车可以供多位学员使用，一位学员也可以使用多辆教练车。在多对多关系中，需要建立关系表，引入两个表的主键作为外键，让两个主键成为联合主键，或者使用新字段作为外键。在 MyBatis 中建议采用新字段作为外键。三种关联关系如图 11-1 所示。

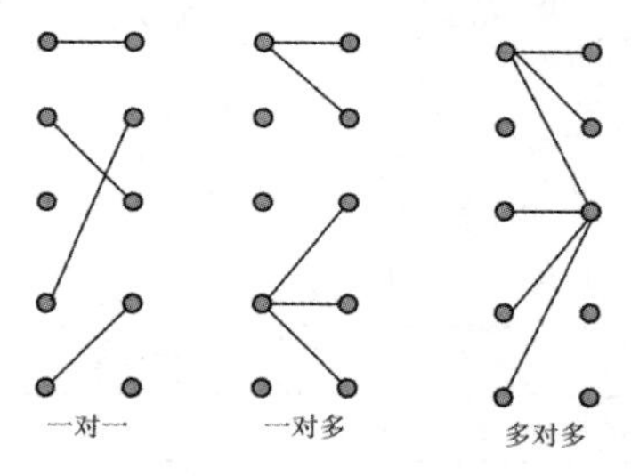


图 11-1　关系型数据库中多表之间的三种关联关系

在面向对象程序设计 Java 中，建立实体类（POJO 类）的时候也会在类的属性中添加额外属性，建立对象之间的关联，方便在代码中进行对象的级联操作，如图 11-2 所示。

```
class A{          class A{            class A{
 B b;               List<B> b;          List<B> b;
}                 }                   }

class B{          class B{            class B{
 A a                 A a                List<A> a
}                 }                   }

一对一            一对多              多对多
```

图 11-2 在 Java 代码中建立对象之间的关联

在 POJO 类中通过添加额外属性来建立对象之间的关联关系是一种常见的操作方法，既可以在某个对象中添加额外属性，也可以在关联的两个对象中都添加额外属性，这称为对象之间的导航性。例如，在多对多关系中，在类 A 中添加 B 的集合对象（List<B> b），就称为能够由 A 导航到 B；反之，在类 B 中添加 A 的集合对象（List<A> a），就称为能够由 B 导航到 A。如果在关联的两个对象中都添加额外属性，就称为能够双向导航。在实际应用中，双向导航能够极大地提高代码编写的灵活性和查询效率。但是由于要维护对象之间的双向导航性，因此运行占据的内存空间也会增加。如果双向导航中的对象频繁进行增、删、改操作，那么维护双向导航性的代价也会显著增加。

视频 11-1

## 11.2 一对一关联操作

在前面的章节中，为了解决 Student 对象中的 stuId 和 stuName 两个属性没有数据封装成功的问题，在映射文件 StudentMapper.xml 中加入了结果映射 resultMap 元素，使用了子元素 result 的 property 和 column 属性。

在一对一的多表关联操作中，需要在结果映射 resultMap 元素中添加 association 子元素，配置代码如下：

```
<resultMap type="" id="">
        <id property="" column=""/>
        <result property="" column=""/>
         <association property="" column="" javaType="" select=""
                    jdbcType="" fetchType="" autoMapping="" typeHandler="">
        </association>
</resultMap>
```

association 元素提供了一系列属性用于维护数据表关系，如表 11-1 所示。

表 11-1 association 元素的属性

| 属　性 | 说　明 |
| --- | --- |
| property | 用于指定映射类的属性 |
| column | 用于指定数据表中的字段名称，与 property 属性对应 |

续表

| 属　性 | 说　明 |
|---|---|
| javaType | 用于指定映射对象的类属性的 Java 数据类型 |
| jdbcType | 用于指定 column 对应的数据表字段的数据库数据类型 |
| fetchType | 有效值为 lazy 和 eager，用于指定关联查询时是否延迟加载 |
| select | 用于指定引入嵌套查询的子查询语句 |
| autoMapping | 取值为 true 或 false，用于指定是否自动映射 |
| typeHandler | 用于指定一个类型处理器，不指定即使用系统默认处理器 |

接下来以学员信息管理系统中学员与练车卡之间的一对一关联为例，进行相应操作的讲解。

### 1. 数据准备

首先，在数据库 driverschooldb 中添加数据表 t_stu_carcard，用于存储学员的练车卡信息，SQL 语句如下：

```
create table t_stu_carcard (
card_id int PRIMARY KEY auto_increment,    #IDENTIFIED
card_name VARCHAR(20),    #练车卡名称
card_number VARCHAR(20),    #练车卡编号
card_cosume DOUBLE ,    #练车时长
stu_id int UNIQUE,    #学员编号
card_state char(1),    #练车卡状态
FOREIGN KEY(stu_id) REFERENCES t_student(stu_id)    #外键
);
```

在数据表 t_stu_carcard 中，字段 stu_id 为数据表 t_student 的主键，在这里用作外键，能够关联学员 t_student 与练车卡 t_stu_carcard。

然后，在数据表 t_stu_carcard 中插入三条数据，SQL 语句如下：

```
INSERT into t_stu_carcard(card_name,card_number,card_cosume,stu_id,card_state)
       VALUES('2023 年第 28 批学员-周末班-学员 1','2023100280201001',36.0,100,'0'),
              ('2023 年第 28 批学员-周末班-学员 2','2023100280201002',32.0,101,'0'),
              ('2023 年第 28 批学员-周末班-学员 3','2023100280201003',24.0,102,'0')
```

通过插入语句在数据表 t_stu_carcard 中关联了数据表 t_student 中 stu_id 为 100、101、102 的三位学员信息。

### 2. 创建 POJO 类

在工程项目 ORMdemo1 的 com.hrbust.po 包中新建实体类 StuCarCard，用于学员信息管理，代码如下：

```
package com.example.ssm.pojo;
public class StuCarCard {
    private Integer card_id;   //练车卡 id
    private String card_name; //练车卡名称
    private String card_number;   //练车卡编号
    private double card_cosume;   //练车时长
```

```
        private String card_state;   //练车卡状态
        private Student student;   //练车卡关联的学员
        //此处省略 getter()和 setter()方法
        @Override
        public String toString() {
            return "StuCarCard{" +
                    "card_id=" + card_id +
                    ", card_name='" + card_name + '\'' +
                    ", card_number='" + card_number + '\'' +
                    ", card_cosume=" + card_cosume +
                    ", card_state='" + card_state + '\'' +
                    ", student=" + student +
                    '}';
        }
}
```

在 StuCarCard 中添加了 Student 类型的属性 student（类的成员变量为对象类型），这样在一对一关联关系中就能够从练车卡信息导航到学员信息，为单项导航；如果希望从学员信息导航到练车卡信息，就需要在学员信息的实体类 Student 中添加 StuCarCard 类的对象。这里仅演示在查询练车卡信息的同时查询学员信息。

### 3. 创建接口类

在工程项目的 com.example.ssm.dao 包中新建接口 IStuCarCardDao，声明查询练车卡信息的方法为 findStuCarCardById()，查询参数为 card_id，具体代码如下：

```
package com.example.ssm.dao;
import com.example.ssm.pojo.StuCarCard;
public interface IStuCarCardDao {
    public StuCarCard findStuCarCardById(int card_id);
}
```

### 4. 创建映射文件

在工程项目的 com.example.ssm.mapper 包中新建 StuCarCardMapper.xml 文件，主要定义练车卡信息相关操作的语句，具体代码如下：

```
<!-- namespace 表示命名空间，与接口类 IStuCarCardDao 的完全限定名一致-->
<mapper namespace=" com.example.ssm.dao.IStuCarCardDao">
    <!--定义查询结果集映射-->
    <resultMap id="stucarcard" type=" com.example.ssm.pojo.StuCarCard">
        <id property="card_id" column="card_id"/>
        <result property="card_name" column="card_name"/>
        <result property="card_number" column="card_number"/>
        <result property="card_cosume" column="card_cosume"/>
        <result property="card_state" column="card_state"/>
        <association property="student" javaType=" com.example.ssm.pojo.Student">
            <id column="stu_id" property="stuId"/>
            <result column="stu_name" property="stuName"/>
```

```
                <result column="age" property="age"/>
                <result column="sex" property="sex"/>
                <result column="email" property="email"/>
            </association>
        </resultMap>
        <!--根据练车卡 id 查询练车卡信息-->
        <select id = "findStuCarCardById" parameterType="Integer" resultMap="stucarcard">
            select card.*,stu.stu_name,stu.age,stu.sex,stu.email
            from t_student stu,t_stu_carcard card
            where stu.stu_id = card.stu_id and card.card_id = #{card_id}
        </select>
</mapper>
```

在该映射文件中定义查询结果集映射 stucarcard，通过 association 元素，把实体类 StuCarCard 中的属性与 Student 对象进行关联映射，在查询练车卡信息的同时把关联查询到的学员信息封装到 Student 对象的相应属性中，这就是关联的导航性（从练车卡信息导航到学员信息）。定义练车卡信息的查询语句 findStuCarCardById，采用的是嵌套结果的查询方法。

**嵌套结果与嵌套查询的区别**

MyBatis 在映射文件中加载关联关系对象主要通过两种方式：嵌套查询和嵌套结果。嵌套查询是指通过执行另一条 SQL 映射语句来返回预期的复杂类型；嵌套结果是指使用嵌套结果映射来处理重复的联合结果的子集。开发人员可以使用任意一种方式实现对关联关系的加载。

新建 StuCarCardMapper.xml 文件之后，在 MyBatis 的配置文件 mybatis-config.xml 中引入新增的映射文件，即在 mappers 元素中加入以下语句：

```
<mapper resource="com/example/ssm/mapper/StuCarCardMapper.xml" />
```

5. 创建测试方法并运行

在 MyBatisTest 测试类中，添加新方法 findStuCarCardByCardId()，在这里使用前面定义好的工具类 MyBatisUtil，并采用 getMapper 方式进行接口映射，代码如下：

```
/**
     * 根据 card_id 查询练车卡信息，并通过一对一关联关系查询学员信息
     */
    @Test
    public void findStuCarCardByCardId(){
        //通过工具类获得 SqlSession 对象
        SqlSession session = MyBatisUtil.getSession();
        //通过 getMapper 方法()进行接口映射
        IStuCarCardDao stuCarCardDao = session.getMapper(IStuCarCardDao.class);
        //调用接口中的方法，返回查询结果
        StuCarCard stuCarCard = stuCarCardDao.findStuCarCardById(2);
        //打印查询结果
```

```
            System.out.println(stuCarCard);
        }
```

利用 Junit 测试工具进行 findStuCarCardByCardId()方法的运行测试，运行结果如图 11-3 所示。

```
✔ Tests passed: 1 of 1 test – 527 ms
"C:\Program Files\Java\jdk1.8.0_281\bin\java.exe" ...
StuCarCard{card_id=2, card_name='2023年第28批学员-周末班-学员2', card_number='2023100280201002'
, card_cosume=32.0, card_state='0'
, student=Student{stuId=101, stuName='Jack', age=22, sex='male', email='123@163.com'}}

Process finished with exit code 0
```

图 11-3　执行 findStuCarCardByCardId()方法的运行结果

这里采用嵌套结果的方式，在查询练车卡信息的同时查询了学员信息，其实也可以采用嵌套查询的方式，在 StuCarCardMapper.xml 文件中添加以下代码：

```
<!--定义查询结果集，采用嵌套查询的方式-->
    <resultMap id="stucarcard2" type=" com.example.ssm.pojo.StuCarCard">
        <id property="card_id" column="card_id"/>
        <result property="card_name" column="card_name"/>
        <result property="card_number" column="card_number"/>
        <result property="card_cosume" column="card_cosume"/>
        <result property="card_state" column="card_state"/>
        <association property="student" column="stu_id" javaType=" com.example.ssm.pojo.Student"
                     select="com.example.ssm.dao.IStudentDao.findStudentById"/>
    </resultMap>
    <!--根据练车卡 id 查询练车卡信息，采用嵌套查询的方式-->
<select id = "findStuCarCardById2" parameterType="Integer" resultMap="stucarcard2">
        select *   from t_stu_carcard where card_id = #{card_id}
    </select>
```

在 IStuCarCardDao 接口中添加方法 findStuCarCardById2，在测试类中调用该方法，即可得到如图 11-3 所示的运行结果。注意，在嵌套查询中，在 association 元素中通过 select 属性指定了子查询语句，用于查询对应 stu_id 的学员信息。

视频 11-2

## 11.3　一对多关联操作

### 11.3.1　单向一对多操作

与一对一关联关系相比，在项目开发中使用更多的是一对多关联关系，而且在现实生活中很多实体之间的关联也是一对多的。通常情况下，使用 MyBatis 处理一对多关系的时候，需要在映射结果集 resultMap 元素中添加 collection 子元素。collection 子元素的属性大部分与 association 子元素相同，但是它还包含了一个特殊属性——ofType。ofType 属性与 javaType 属性对应，用于指定实体对象中集合类属性包含的元素类型。

collection 元素的使用方法也比较简单，可以采用嵌套查询和嵌套结果的方式进行，代码如下：

```
<!--方式一：嵌套查询-->
    <collection property="对象属性" ofType="完全限定类名" column="数据表字段"
                select="子查询语句引用">
    </collection>
 <!--方式二：嵌套结果-->
  <collection property="对象属性" ofType="完全限定类名" column="数据表字段">
          <id property="对象属性" column="数据表字段" />    <!--主键-->
          <result property="对象属性" column="数据表字段"/>
    </collection>
```

在了解了 MyBatis 处理一对多关联关系的元素和方式后，下面以学员信息管理系统中教练与学员之间的关系（一位教练可以指导多位学员，一位学员只能关联一位教练）为例，详细讲解 MyBatis 是如何处理一对多关联关系的。

1. 数据准备

首先，在数据库 MyBatis 中添加数据表 t_car_coach，用于存储教练的相关信息，SQL 语句如下：

```
create table t_car_coach(
coach_id int PRIMARY KEY auto_increment, #教练 id
coach_name VARCHAR(50) ,             #教练姓名
coach_phone VARCHAR(12),             #教练电话号码
coach_gander VARCHAR(10),            #教练性别
coach_experience VARCHAR(200)        #教练经验
);
```

然后，在教练信息数据表中插入三条数据，SQL 语句如下：

```
insert into t_car_coach(coach_name,coach_phone,coach_gander,coach_experience)
values('张教练','13833881234','male','15 年公交驾龄，从事驾校教练工作 12 年'),
    ('李教练','13833881122','female','A1 驾照 10 年，零事故，有耐心，教授学员 8 年'),
  ('王教练','13833883344','male','城市公交驾龄 25 年，持 A3 驾照，从事驾校教练工作 5 年')
```

在本案例中，由于教练与学员之间是一对多关联关系，教练是“一”端，学员是“多”端，因此在学员数据表中添加教练数据表的主键作为外键进行约束。为 t_student 数据表添加外键的 SQL 语句如下：

```
ALTER TABLE t_student ADD stu_coach_id int ;
ALTER TABLE t_student ADD CONSTRAINT fk_stu_coach
FOREIGN KEY(stu_coach_id) REFERENCES t_car_coach(coach_id);
```

为学员数据表添加教练信息，SQL 语句如下：

```
update t_student set stu_coach_id = 1 where stu_id =100;
update t_student set stu_coach_id = 1 where stu_id =101;
update t_student set stu_coach_id = 1 where stu_id =102;
```

```
update t_student set stu_coach_id = 2 where stu_id =103;
update t_student set stu_coach_id = 2 where stu_id =104;
```

通过上述 SQL 语句的执行，使 id 为 1 的教练指导三位学员（100、101、102），使 id 为 2 的教练指导两位学员（103、104）。

2. 创建 POJO 类

在包 com.example.ssm.pojo 中新建教练实体类 Coach，代码如下：

```
package com.example.ssm.pojo;
import java.util.List;
public class Coach {
    private Integer coach_id;             //教练 id
    private String coach_name;            //教练姓名
    private String coach_phone;           //教练电话号码
    private String coach_gander;          //教练性别
    private String coach_experience;      //教练经验
    private List<Student> stus;           //教练指导的学员
    //此处省略 getter()和 setter()方法
    @Override
    public String toString() {
        return "Coach{" +
                "coach_id=" + coach_id +
                ", coach_name='" + coach_name + '\'' +
                ", coach_phone='" + coach_phone + '\'' +
                ", coach_gander='" + coach_gander + '\'' +
                ", coach_experience='" + coach_experience + '\'' +
                ", stus=" + stus +
                '}';
    }
}
```

在教练实体类 Coach 中引入了学员 Student 的集合类型 List<Student> stus，用于关联教练指导的学员对象。这里采用单向导航，即可以根据教练信息查询学员信息。

3. 创建接口类

在工程项目 src 目录下的 com.example.ssm.dao 包中新建接口 ICoachDao，声明根据教练 coach_id 查询教练信息的方法 findCoachById()，查询参数 coach_id，具体代码如下：

```
package com.example.ssm.dao;
import com.example.ssm.pojo.Coach;
public interface ICoachDao {
    public Coach findCoachById(int coach_id);
}
```

4. 创建映射文件

在工程项目 src 目录下的 com.example.ssm.mapper 包中新建 CoachMapper.xml 文件，

用于映射教练信息的相关操作，代码如下：

```
<!-- namespace 表示命名空间，与接口类 ICoachDao 的完全限定名一致-->
<mapper namespace=" com.example.ssm.dao.ICoachDao">
        <!--嵌套结果-->
    <resultMap id="coachResult" type=" com.example.ssm.pojo.Coach">
        <id property="coach_id" column="coach_id"/>
        <result property="coach_name" column="coach_name"/>
        <result property="coach_phone" column="coach_phone"/>
        <result property="coach_gander" column="coach_gander"/>
        <result property="coach_experience" column="coach_experience"/>
        <!--映射教练关联的学员信息：List<Student> stus-->
        <collection property="stus" ofType=" com.example.ssm.pojo.Student">
            <id property="stuId" column="stu_id" />
            <result property="stuName" column="stu_name"/>
            <result property="age" column="age"/>
            <result property="sex" column="sex"/>
            <result property="email" column="email"/>
        </collection>
    </resultMap>
    <select id="findCoachById" resultMap="coachResult" parameterType="Integer">
        SELECT coach.*,stu.stu_id,stu.stu_name,stu.age,stu.sex,stu.email
        FROM t_car_coach coach,t_student stu
        WHERE coach.coach_id = stu.stu_coach_id
          and coach.coach_id = #{id}
    </select>
```

在该映射文件中采用了嵌套结果的方式，在查询教练信息的同时，把关联的学员信息也进行了相应的数据封装。

创建完映射文件之后，在 MyBatis 配置文件 mybatis-config.xml 的 mappers 元素中加入以下语句：

```
<mapper resource="com/example/ssm/mapper/CoachMapper.xml" />
```

5. 编写测试方法并运行

在 MyBatisTest 测试类中，添加新方法 findCoachByCoachId()，代码如下：

```
/**
     * 根据 coach_id 查询教练信息，通过一对多关联查询学员信息
     */
    @Test
    public void findCoachByCoachId(){
        SqlSession session = MyBatisUtil.getSession();
        ICoachDao iCoachDao = session.getMapper(ICoachDao.class);
        Coach coach = iCoachDao.findCoachById(1);
        System.out.println(coach);
    }
```

利用 Junit 测试工具运行该方法，结果如图 11-4 所示。

```
✔ Tests passed: 1 of 1 test – 546 ms
"C:\Program Files\Java\jdk1.8.0_281\bin\java.exe" ...
Coach{coach_id=1, coach_name='张教练', coach_phone='13833881234', coach_gander='male'
, coach_experience='15年公交驾龄，从事驾校教练工作12年'
, stus=[Student{stuId=100, stuName='Bob', age=25, sex='male', email='bob@126.com'}
, Student{stuId=101, stuName='Jack', age=22, sex='male', email='123@163.com'}
, Student{stuId=102, stuName='Lily', age=22, sex='female', email='123@126.com'}
]}

Process finished with exit code 0
```

图 11-4　执行 findCoachByCoachId()方法的运行结果

### 11.3.2　单向多对一操作

在学员信息管理系统中，学员与教练之间是多对一关联关系：多位学员可以关联一位教练，更严格地讲，一位学员只能关联一位教练。因此在一对多关联关系中，站在“一”端看是一对多关系；站在“多”端看，其实是一对一关系。

在本案例中，从学员端来看，就是一位学员只能关联一位教练。下面结合该案例深入讲解单向多对一关联操作的具体步骤。

首先，注销 POJO 类 Coach 中的属性 List<Student> stus，取消从教练到学员的导航性，在 POJO 类 Student 中添加属性 Coach coach，增加从学员到教练的导航性。

然后，在映射文件 CoachMapper.xml 中增加查询教练的方法 findCoachByCoachId1()，代码如下：

```
<!--根据教练的 coach_id 查询教练信息-->
<select id="findCoachByCoachId1" parameterType="Integer" resultType="com.example.ssm.pojo.Coach">
    select * from t_car_coach where coach_id=#{coach_id}
</select>
```

在映射文件StudentMapper.xml中增加查询学员信息的方法findStudentAndCoachByStuId()，代码如下：

```
<!--根据学员编号 stu_id 查询学员信息和教练信息，采用嵌套查询的方式-->
    <resultMap id="studentandcoach" type="com.example.ssm.pojo.Student">
        <id property="stuId" column="stu_id"/>
        <result property="stuName" column="stu_name"/>
        <result property="age" column="age"/>
        <result property="sex" column="sex"/>
        <result property="email" column="email"/>
        <association property="coach" javaType="com.example.ssm.pojo.Coach" column="stu_coach_id" select="com.example.ssm.dao.ICoachDao.findCoachByCoachId1" />
    </resultMap>
    <select id="findStudentAndCoachByStuId" parameterType="Integer" resultMap="studentandcoach">
        select * from t_student where stu_id=#{stu_id}
    </select>
```

在上述映射文件中，使用了嵌套查询的方式，在 association 元素中引入了 select 属性指向另一条查询语句 findCoachByCoachId1。因为这里采用的是接口映射，所以全路径是

“com.example.ssm.dao.ICoachDao”，而不是映射文件的路径“com.example.ssm.mapper.CoachMapper”。

接下来，在接口 IStudentDao 中增加新的查询方法 findStudentAndCoachByStuId()，查询参数为 stu_id，注意查询方法名称与映射文件 StudentMapper.xml 中的查询方法 findStudentAndCoachByStuId()要完全一致。

最后，在 MyBatisTest 测试类中增加测试方法 findStudentAndCoachByStuId()，代码如下：

```
/**
* 根据学员 stu_id 查询学员信息和教练信息，进行单向多对一关联查询
*/
@Test
public void findStudentAndCoachByStuId(){
        SqlSession session = MyBatisUtil.getSession();
        IStudentDao iStudentDao = session.getMapper(IStudentDao.class);
        Student student = iStudentDao.findStudentAndCoachByStuId(100);
        System.out.println(student);
}
```

运行 findStudentAndCoachByStuId()方法，得到如图 11-5 所示结果。

```
✔ Tests passed: 1 of 1 test – 536 ms
"C:\Program Files\Java\jdk1.8.0_281\bin\java.exe" ...
Student{stuId=100, stuName='Bob', age=25, sex='male', email='bob@126.com'
, coach=Coach{coach_id=1, coach_name='张教练', coach_phone='13833881234', coach_gander='male'
, coach_experience='15年公交驾龄，从事驾校教练工作12年'}}

Process finished with exit code 0
```

图 11-5　执行 findStudentAndCoachByStuId()方法的运行结果

如图 11-5 所示的运行结果表明，通过单向多对一关联的查询获取了学员和教练的信息。在实际项目开发中，根据项目业务要求，既可以实现单向一对多关联操作，也可以实现单向多对一关联操作。如果既需要根据学员信息查询教练信息，又需要根据教练信息查询学员信息，那么建立学员与教练之间的双向关联是最好的选择。要实现教练与学员之间的双向关联，只需要把原来一对多关联中注释（删除）的部分取消（恢复）即可。

视频 11-3

## 11.4　多对多关联操作

在实际项目开发中，多对多关联关系也是非常常见的，以学员信息管理系统为例，就存在学员与教练车之间的多对多关联关系。通常情况下，多对多关联关系都转化为一对多形式进行处理，这需要在数据库中建立关联表。以学员与教练车为例，可以这样理解，站在“学员”端看，一位学员可以使用多辆教练车，那么学员与教练车之间是一对多关联关系；站在“教练车”端看，一辆教练车可以供多位学员使用，那么教练车与学员之间也是

一对多关联关系。因此，在 MyBatis 框架的实现中，就是把多对多关联关系转化为两个一对多关联关系进行处理的。

在前面的章节中介绍过，在关联关系中具有导航性问题，如学员与教练车之间，如果需要根据学员信息关联查询教练车信息，那么称为从学员导航到教练车；反过来，如果需要根据教练车信息关联查询学员信息，那么称为从教练车导航到学员，这两种方式都称为单向导航。如果既能够根据学员信息关联查询教练车信息，又能够根据教练车信息关联查询学员信息，就称为双向导航。在实际项目开发中，要根据应用业务的要求确定具体的导航性问题。

下面就以学员与教练车的关联关系为例进行多对多关联关系的详细讲解。根据教练车信息关联查询学员信息，实现单向导航，具体操作步骤如下。

1. 数据准备

在项目数据库 MyBatis 中新建数据表 t_coachcar，用于存储教练车信息，SQL 语句如下：

```
CREATE TABLE t_coachcar(
car_id int PRIMARY KEY auto_increment, #教练车 id
car_brand VARCHAR(20),           #教练车品牌
car_number VARCHAR(10),          #教练车车牌号
car_type VARCHAR(10),            #教练车类型
car_desc VARCHAR(50)             #教练车描述
);
```

在教练车数据表中插入三条记录，以便程序测试使用，SQL 语句如下：

```
insert into t_coachcar(car_brand,car_number,car_type,car_desc)
    values('长城','黑 A54321','小型轿车','适用于 C1、C2 学员'),
          ('吉利','黑 A11223','小型轿车','适用于 C1、C2 学员'),
          ('长安','黑 A12345','小型轿车','适用于 C1、C2 学员');
```

建立学员与教练车之间多对多关联关系的数据表 t_coachcar_stu，用于存储学员与教练车的对应关系，SQL 语句如下：

```
create table t_coachcar_stu(
coachcar_stu_id int PRIMARY KEY auto_increment,        #关联表 id
car_id int,                                            #关联教练车 id
stu_id int ,                                           #管理学员 id
constraint fk_coachcar foreign key (car_id) references t_coachcar (car_id),
#参照 t_coachcar 的主键建立外键约束
constraint fk_stu foreign key (stu_id) references t_student (stu_id)
#参照 t_student 的主键建立外键约束
);
```

在关联关系数据表 t_coachcar_stu 中插入数据，建立学员与教练车之间的联系，共插入六条数据，SQL 语句如下：

```
insert into t_coachcar_stu(car_id,stu_id)
values(1,100),(1,101),(1,102),(2,102),(2,103),(3,102);
```

2. 创建 POJO 类

在工程项目 src 目录的 com.example.ssm.pojo 包中新建实体类 CoachCar，对应教练车的相关信息，代码如下：

```
public class CoachCar {
    private Integer car_id;                    //教练车 id
    private String car_brand;                  //教练车品牌
    private String car_number;                 //教练车车牌号
    private    String car_type;                //教练车类型
    private String car_desc;                   //教练车描述信息
    private List<Student> carStus;             //教练车关联的学员信息

   //此处省略属性的 getter()和 setter()方法

    @Override
    public String toString() {
        return "CoachCar{" +
                "car_id=" + car_id +
                ", car_brand='" + car_brand + '\'' +
                ", car_number='" + car_number + '\'' +
                ", car_type='" + car_type + '\'' +
                ", car_desc='" + car_desc + '\'' +"\n"+
                ", carStus=" + carStus +
                '}';
    }
}
```

上述代码为教练车实体类添加属性 List<Student> carStus，这是 Student 类的一个集合对象，用于存储一辆教练车关联的学员信息（其实就是一对多关联关系）。需要提醒大家注意，集合对象 carStus 的属性名要与后面映射文件 CoachCarMapper.xml 中的 collection 元素的 property 指定的属性名对应。

3. 创建接口类

在工程项目 src 目录的 com.example.ssm.dao 包中新建接口 ICoachCarDao，用于自动实现映射文件中定义的查询方法（SQL 查询语句），声明查询方法为 findCoachCarById()，查询参数为 car_id，代码如下：

```
package com.example.ssm.dao;
import com.example.ssm.pojo.CoachCar;
public interface ICoachCarDao {
    public CoachCar findCoachCarById(Integer car_id);
}
```

4. 创建映射文件

在 com.example.ssm.mapper 包中创建映射文件 CoachCarMapper.xml，用于定义对教

练车对象 CoachCar 的各种操作，根据 car_id 查询教练车信息的 SQL 语句，代码如下：

```
<!-- namespace 表示命名空间，与接口类 ICoachCarDao 的完全限定名一致-->
<mapper namespace="com.example.ssm.dao.ICoachCarDao">
    <!--自定义结果映射类型-->
        <resultMap id="coachCarResult" type="com.example.ssm.pojo.CoachCar">
            <id property="car_id" column="car_id"/>
            <result property="car_brand" column="car_brand"/>
            <result property="car_number" column="car_number"/>
            <result property="car_type" column="car_type"/>
            <result property="car_desc" column="car_desc"/>
            <!--映射教练车关联的学员信息：List<Student> carStus-->
            <collection property="carStus" ofType="com.example.ssm.pojo.Student">
                <id property="stuId" column="stu_id" />
                <result property="stuName" column="stu_name"/>
                <result property="age" column="age"/>
                <result property="sex" column="sex"/>
                <result property="email" column="email"/>
            </collection>
        </resultMap>

    <!--多对多嵌套结果的查询方式，根据 car_id 查询教练车和关联的学员信息-->
    <select id="findCoachCarById" resultMap="coachCarResult" parameterType="Integer">
            select car.*,stu.*
            from t_coachcar car,t_student stu,t_coachcar_stu carstu
            where car.car_id = carstu.car_id and carstu.stu_id = stu.stu_id
              and car.car_id = #{car_id}
        </select>
</mapper>
```

采用嵌套结果的查询方式，首先声明映射结果集 coachCarResult，实现 POJO 类 CoachCar 的属性与数据表 t_coachcar 字段之间的关联关系；然后使用 collection 元素实现属性 carStus 与 POJO 类 Student 之间的关联关系；最后采用多表关联查询的方式定义查询语句 findCoachCarById。

在编写完映射文件之后，需要在 MyBatis 的配置文件中引入它，在 mybatis-config.xml 文件的 mappers 元素中添加以下语句：

```
<mapper resource="com/example/ssm/mapper/CoachCarMapper.xml" />
```

5．编写测试方法并运行

在 MyBatisTest 测试类中，添加方法 findCoachCarByCarId()，用于根据 car_id 查询教练车信息和关联的学员信息，代码如下：

```
/**
     * 多对多关联查询，根据 car_id 查询教练车和关联的学员信息
     */
    @Test
    public    void findCoachCarByCarId(){
```

```
        SqlSession session = MyBatisUtil.getSession();
        ICoachCarDao iCoachCarDao = session.getMapper(ICoachCarDao.class);
        CoachCar coachCar = iCoachCarDao.findCoachCarById(1);
        System.out.println(coachCar);
    }
```

使用 Junit 测试工具，执行 findCoachCarByCarId()方法，运行结果如图 11-6 所示。

```
✔ Tests passed: 1 of 1 test – 580 ms
"C:\Program Files\Java\jdk1.8.0_281\bin\java.exe" ...
CoachCar{car_id=1, car_brand='长城', car_number='黑A54321', car_type='小型轿车', car_desc='适用于C1、C2学员'
, carStus=[Student{stuId=100, stuName='Bob', age=25, sex='male', email='bob@126.com'
, coach=null}, Student{stuId=101, stuName='Jack', age=22, sex='male', email='123@163.com'
, coach=null}, Student{stuId=102, stuName='Lily', age=22, sex='female', email='123@126.com'
, coach=null}]}

Process finished with exit code 0
```

图 11-6　执行 findCoachCarByCarId()方法的运行结果

从运行结果可以发现，在查询 car_id 为 1 的教练车信息的同时关联查询出了三位学员的信息，学员编号分别为 100、101、102。其实，针对 findCoachCarByCarId()方法执行的 SQL 语句“select car.*,stu.* from t_coachcar car,t_student stu,t_coachcar_stu carstu where car.car_id = carstu.car_id and carstu.stu_id = stu.stu_id　and car.car_id = 1; ”，在 MySQL 数据库上直接执行，可以得到如图 11-7 所示结果。

```
mysql> select car.*,stu.* from t_coachcar car,t_student stu,t_coachcar_stu carstu where car.car_id = carstu.car_id and carstu.stu_id = stu.stu_id and car.car_id = 1;
```

| car_id | car_brand | car_number | car_type | car_desc | stu_id | stu_name | age | sex | email | stu_coach_id |
|---|---|---|---|---|---|---|---|---|---|---|
| 1 | 长城 | 黑A54321 | 小型轿车 | 适用于C1、C2学员 | 100 | Bob | 25 | male | bob@126.com | 1 |
| 1 | 长城 | 黑A54321 | 小型轿车 | 适用于C1、C2学员 | 101 | Jack | 22 | male | 123@163.com | 1 |
| 1 | 长城 | 黑A54321 | 小型轿车 | 适用于C1、C2学员 | 102 | Lily | 22 | female | 123@126.com | 1 |

3 rows in set (0.00 sec)

图 11-7　直接在数据库中查询语句的运行结果

通过图 11-6 和图 11-7 的对比表明，findCoachCarByCarId()方法的执行结果是正确的。

在映射文件中也可以采用嵌套查询的方式，通过 car_id 查询教练车信息及关联的学员信息，在接口 IStudentDao 中增加方法 public Student findStudentByCoachCarId(int car_id)，在接口 ICoachCarDao 中增加方法 public CoachCar findCoachCarByCarId2(Integer car_id)。在映射文件 StudentMapper.xml 中添加以下代码：

```
    <!--根据教练车的 car_id，通过关联表 t_coachcar_stu 查询学员信息-->
    <select id = "findStudentByCoachCarId" resultType="com.example.ssm.pojo.Student" parameterType="
Integer">
        select stu_id stuId,stu_name stuName,age,sex,email from t_student where stu_id in
                (select stu_id from t_coachcar_stu where car_id = #{car_id})
    </select>
```

上述代码添加了 findStudentByCoachCarId 查询语句，主要为后面的嵌套查询做准备。这里使用 SQL 语句中的关键字“in”，即准备查询多位学员的信息。在映射文件 CoachCarMapper.xml 中添加以下代码：

```
    <!--采用嵌套查询的方式-->
```

```
<!--自定义根据教练车编号 car_id 查询教练车和学员信息的结果映射-->
<resultMap id="coachCarResult2" type="com.example.ssm.pojo.CoachCar">
    <id property="car_id" column="car_id"/>
    <result property="car_brand" column="car_brand"/>
    <result property="car_number" column="car_number"/>
    <result property="car_type" column="car_type"/>
    <result property="car_desc" column="car_desc"/>
    <!--映射教练车关联的学员信息: List<Student> carStus，采用子查询的方式-->
  <collection    property="carStus"    ofType="com.example.ssm.pojo.Student"    column="car_id"
select="com.example.ssm.dao.IStudentDao.findStudentByCoachCarId"/>
</resultMap>
<!--根据教练车编号 car_id 查询教练车和学员信息，采用嵌套查询的方式-->
<select id="findCoachCarByCarId2" parameterType="Integer" resultMap="coachCarResult2">
        select * from t_coachcar where car_id = #{car_id}
</select>
```

在映射结果集 coachCarResult2 中，collection 元素中各个属性的含义可以理解为通过传入查询参数 car_id，执行 com.example.ssm.dao.IStudentDao.findStudentByCoachCarId 查询方法，把返回结果集填充到类型为 com.example.ssm.pojo.Student 的 carStus 属性中。并且，定义了名为 findCoachCarByCarId2 的根据 car_id 的查询方法。

视频 11-4

在测试方法中调用 ICoachCarDao 接口的 findCoachCarByCarId2 方法，同样可以得到如图 11-6 所示的运行结果。

实体之间的多对多关联关系，在映射的时候，能不能不转化为两个一对多关联关系，直接进行映射呢？答案是能。在 ORM 框架 Hibernate 中，就可以采用<set>元素和<many-to-many>元素进行多对多关联关系的直接映射，但这是需要付出巨大代价的。

在 MyBatis 框架中可以采用化繁为简、曲线求解的方式，把多对多关联关系转化为两个一对多关联关系。这样问题就简化了，求解更方便。

因此，在生活、学习、工作中，要学会辩证地看待问题，不要一味地追求某一种性能，要综合考虑，学会用最小的代价解决问题。同时，在分析问题的时候，要遵守马克思列宁主义的基本原则，采用唯物辩证法，客观公正地看待问题、解决问题。

## 11.5　使用 MyBatis 注解

在 MyBatis 框架中，除了 XML 映射方式，还支持通过注解实现 POJO 和数据表之间的关联映射。使用注解的时候，一般将 SQL 语句直接写在接口上。与 Spring 框架一样，使用注解比 XML 映射更简洁，能够减少程序员的代码量。

MyBatis 提供了若干个注解，主要分为三类，常用注解如表 11-2 所示。

表 11-2　MyBatis 提供的常用注解

| 注解分类 | 注　解 | 描　述 |
|---|---|---|
| SQL 语句映射注解 | @Insert | 实现新增功能 |
| | @Select | 实现查询功能 |
| | @Update | 实现更新功能 |
| | @Delete | 实现删除功能 |
| | @Param | 映射多个参数 |
| 结果集映射注解 | @Result | 实现一个字段的映射 |
| | @Results | 实现一个结果集的映射，与@Result 配合使用，可以解决字段名称与属性名称不一致的问题 |
| | @ResultMap | 实现一个结果集的映射 |
| 关系映射注解 | @one | 用于一对一关联映射 |
| | @many | 用于一对多关联映射 |

### 11.5.1　SQL 语句映射注解

MyBatis 提供的 SQL 语句映射注解主要为了方便 SQL 语句的编写，等同于 XML 文件中的 insert、select、update 及 delete 元素，减少程序员编写 XML 文件的代码量。下面以学员信息管理系统中的学员信息管理为例，介绍 SQL 语句映射注解的使用。

1. @Insert 注解

使用@Insert 注解在数据表 t_student 中新增学员信息的代码如下：

```
@Insert("insert into t_student (stu_name,age,sex,email) values(#{stuName}, #{age}, #{sex}, #{email})")
public int insert(Student student);
```

2. @Select 注解

使用@Select 注解查询数据表 t_student 中所有学员信息的代码如下：

```
@Select("Select * from t_student")
public List<Student> queryAllStudent();
```

3. @Update 注解

使用@Update 注解更新数据表 t_student 中所有学员信息的代码如下：

```
@Update("update t_student set stu_name= #{stuName},age =#{age},sex = #{sex},email = #{email} where
stu_id = #{stuId}")
public int updateStudentById(Student student);
```

4. @Delete 注解

使用@Delete 注解删除数据表 t_student 中一位学员信息的代码如下：

```
@Delete("delete from t_student where stu_id =#{id}")
public int deleteStudentById(Integer id);
```

#### 5. @Param 注解

使用@Param 注解可以映射多个查询参数，例如，根据学员性别和年龄查询学员信息，代码如下：

```
@Select("Select * from t_student where sex=#{sex} and age = #{age}")
public List<Student> queryStudentBySexAndAge(@Param(value="sex") String sex, @Param("age") Integer age);
```

注意，在@Param 注解中，如果请求中的参数名称与方法中的形参名称一致，那么 value 可以省略，否则需要 value 属性指定传入参数的别名。

### 11.5.2 结果集映射注解

结果集映射使用的注解主要有@Result、@Results、@ResultMap，@Results 注解主要用来定义一个结果集映射，与@Result 注解配合使用；@ResultMap 注解主要用来引用一个定义好的结果集映射。

下面以查询所有学员信息为例进行讲解，代码如下：

```
@Select({"select stu_id, stu_name, age, sex, email from t_student"})
@Results(id="studentResults", value={
    @Result(column="stu_id", property="stuId", jdbcType=JdbcType.INTEGER, id=true),
    @Result(column="stu_name", property="stuName", jdbcType=JdbcType.VARCHAR),
    @Result(column="age", property="age", jdbcType=JdbcType.INTEGER),
@Result(column="sex", property="sex", jdbcType=JdbcType.VARCHAR),
@Result(column="email ", property="email ", jdbcType=JdbcType.VARCHAR),
})
public List<Student> selectAllStudents();
```

在上述代码中，@Results 注解各个属性的含义如下。

（1）id：当前结果集声明的唯一标识。

（2）value：结果集映射关系。

（3）@Result：一个字段的映射关系。其中，column 指定数据表字段的名称；property 指定实体类属性的名称；jdbcType 为数据库字段类型；id 为 true 表示主键，默认值为 false。

在项目开发中，定义的映射结果集可以被多次使用，例如，在学员信息管理系统中，根据学员编号查询学员信息的代码如下：

```
@Select({"select * from t_student where stu_id = #{id}"})
@ResultMap(value=" studentResults ")
public Student selectStudentByStuId(Integer id);
```

在@ResultMap 注解中引用了前面定义的映射结果集 studentResults，这样就不需要每次声明结果集映射时都复制冗余代码，简化了开发，提高了代码复用性。

### 11.5.3 关系映射注解

#### 1. @one 注解

@one 注解用于映射实体之间的一对一关联关系，如学员信息管理系统中的学员与练车卡之间，根据练车卡信息能够关联查询到学员信息，代码如下：

```
@Select("select * from t_stu_carcard where card_id=#{id}")
@Results({
    @Result(id=true, property="card_id", column="card_id"),
    @Result(property="card_name", column="card_name"),
    @Result(property="card_number", column="card_number"),
    @Result(property="card_cosume", column="card_cosume"),
    @Result(property="card_state", column="card_state"),
@Result(property="student",     column="stu_id",     one=@One(select="com.hrbust.dao.IStudentDao.
findStudentById"))
})
public List<StuCarCard> getStuCarCardByCardId (Integer id);
```

上述代码通过使用@One 注解调用另一条已定义的 SQL 语句 com.hrbust.dao.IStudentDao.findStudentById，这其实是嵌套查询的一种使用形式。

2. @many 注解

@many 注解用于映射一对多关联关系，在 MyBatis 中，多对多关联关系最终都转换为了一对多关联关系。

下面以学员信息管理系统中学员与教练车之间的单向一对多关联为例进行讲解，代码如下：

```
@Select("select * from t_coachcar where car_id=#{id}")
@Results({
    @Result(id=true,column="car_id",property="car_id"),
    @Result(column="car_brand",property="car_brand"),
    @Result(column="car_number",property="car_number"),
    @Result(column="car_type",property="car_type"),
    @Result(column="car_desc",property="car_desc"),
    @Result(property="carStus", column="stu_id", many=@Many(select="com.hrbust.dao.IStudentDao.
findStudentByCoachCarId"))
    })
public CoachCar getCoachCarByCarId(int car_id);
```

上述代码使用@Many 注解调用了根据教练车 car_id 查询学员信息的 SQL 语句 com.hrbust.dao.IStudentDao.findStudentByCoachCarId，这其实也是嵌套查询的一种使用形式。

### 11.5.4　注解应用实例

MyBatis 注解的使用与编写 XML 映射文件的方法一样，都是建立对象操作与 SQL 语句之间的映射，只不过使用注解能够进一步简化项目代码的编写。下面以使用@Select 注解“根据学员性别和年龄查询学员信息”为例，介绍 MyBatis 注解的具体使用。

1. 创建映射接口方法

在 com.example.ssm.dao 包的 IStudentDao 接口中添加根据学员性别和年龄查询学员

信息的查询方法 queryStudentBySexAndAge()，代码如下：

```
@Select("Select stu_id stuId,stu_name stuName,age,sex,email from t_student " +
                                                "where sex=#{sex} and age = #{age}")
public List<Student> queryStudentBySexAndAge(@Param(value="sex") String sex,
                                                        @Param("age")   Integer age);
```

2. 创建测试方法并运行

在 MyBatisTest 测试类中，添加方法 findCoachCarByCarId()，用于根据 car_id 查询教练车信息和关联的学员信息，代码如下：

```
/**
     * 使用@Select 和@Param 注解，根据学员性别和年龄查询学员信息
     */
    @Test
    public void getStudentBySexAndAgeUseAnnotation(){
        SqlSession session = MyBatisUtil.getSession();
        IStudentDao iStudentDao = session.getMapper(IStudentDao.class);
        List<Student> students = iStudentDao.queryStudentBySexAndAge("male",25);
        for (Student s:students)
            System.out.println(s.toString());
    }
```

使用 Junit 测试工具，运行方法 getStudentBySexAndAgeUseAnnotation()，结果如图 11-8 所示。

```
✔ Tests passed: 1 of 1 test – 537 ms
"C:\Program Files\Java\jdk1.8.0_281\bin\java.exe" ...
Student{stuId=100, stuName='Bob', age=25, sex='male', email='bob@126.com'
, coach=null}

Process finished with exit code 0
```

视频 11-5

图 11-8 执行 getStudentBySexAndAgeUseAnnotation()方法的运行结果

# 思考与练习

1. MyBatis 支持的多表关联关系映射一共有几种？
2. 对象之间关联关系的导航性的含义是什么？
3. 简述多对多关联关系映射与一对多关联关系映射之间的联系与区别。
4. MyBatis 提供的支持实体之间关联关系映射的注解有哪些？
5. 简述如何建立多对多关联关系中的双向导航性。

# 实 战 篇

# 第 12 章　学员信息管理系统

本书在框架篇介绍 Spring、SpringMVC 及 MyBatis 框架时都引用了学员信息管理系统的案例，本章继续通过该案例介绍 SSM 框架的整合。

## 12.1　项目需求概述

学员信息管理系统主要协助驾校管理人员对学员信息、教练信息、教练车信息、练车卡信息进行信息化管理，简化学员预约练车流程，方便教练授课，科学分配教练车，规范管理练车记录，提高驾校管理工作的效率，减少学员在练车过程中的等待时间，提高教练车的使用频率，为驾校提效增收。学员信息管理系统的主要功能模块如图 12-1 所示。

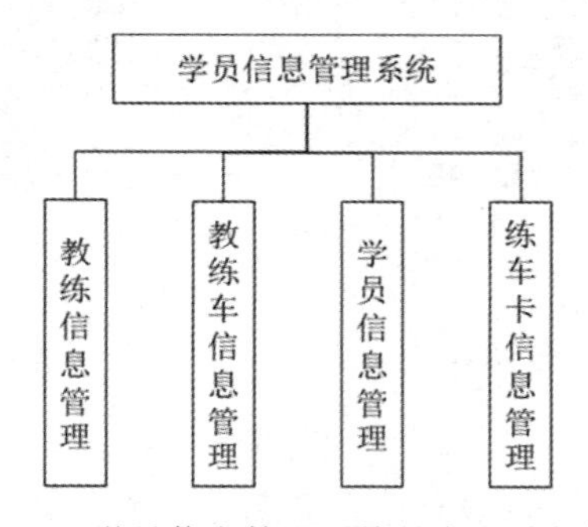


图 12-1　学员信息管理系统的主要功能模块

教练信息管理主要管理所有的教练信息，包括教练的姓名、联系电话、性别、驾驶经历和教学时间等；教练车信息管理主要管理所有的教练车信息，包括教练车的品牌、车牌号、类型及适用的驾驶证类型等；学员信息管理主要管理所有的学员信息，包括学员的姓名、年龄、性别、联系邮箱等；练车卡信息管理主要是为了方便学员练车，包括练车卡的名称、编号及时长等。

视频 12-1

本章主要演示 SSM 框架的整合，因此对学员信息管理系统的功能进行了简化，只保留最基本的功能需求。

## 12.2　项目数据库设计

学员信息管理系统主要包括五张数据表，分别为学员信息表、教练信息表、教练车信息表、练车卡信息表及学员与教练车之间的关联表，模拟设计图如图 12-2 所示。

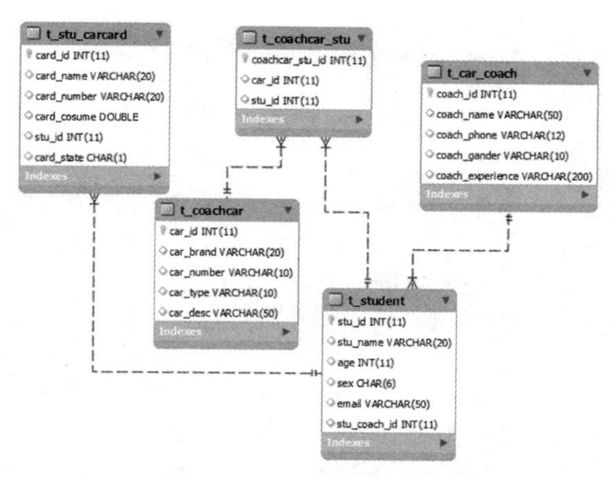

视频 12-2

图 12-2　学员信息管理系统模拟设计图

这五张数据表的表结构和数据在前面已经做了详细介绍，这里不再赘述。

## 12.3　SSM 框架整合

本节主要介绍 SSM 框架整合应用的前期准备工作。

### 12.3.1　开发架包的准备

在 IntelliJ IDEA 开发环境中新建 DriverSchoolMIS 工程，并导入开发所需架包。本案例引入 Spring 和 MyBatis 的依赖架包、MySQL 数据库的驱动 mysql-connector-java-5.1.44.jar、Spring 和 MyBatis 之间的桥梁 mybatis-spring-2.0.6.jar，该架包能够将 MyBatis 代码无缝地整合到 Spring 中，利用 Spring 的控制反转进行 MyBatis 对象管理，使用阿里巴巴的轻量级数据库连接池 druid-1.1.24.jar 架包。SSM 框架整合导入的完整 jar 如图 12-3 所示。

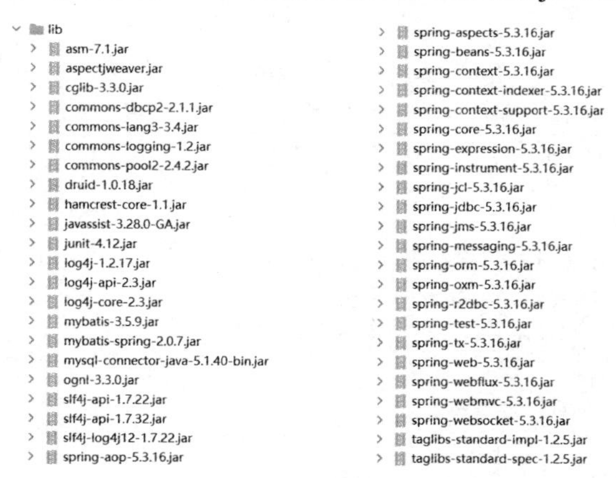


图 12-3　SSM 框架整合导入的完整 jar

在项目开发中也可以采用 Maven 工具进行开发架包的自动导入，只需要编写相应的配置文件 pom.xml 即可自动下载所需 jar，pom.xml 文件的核心代码如下，完整代码参见教材的案例代码。

```
<dependencies>
<!-- Spring 的主要依赖架包-->
        <dependency>
            <groupId>org.springframework</groupId>
            <artifactId>spring-context</artifactId>
            <version>${spring.version}</version>
        </dependency>
        <dependency>
            <groupId>org.springframework</groupId>
            <artifactId>spring-beans</artifactId>
            <version>${spring.version}</version>
        </dependency>
        <!--springmvc-->
        <dependency>
            <groupId>org.springframework</groupId>
            <artifactId>spring-web</artifactId>
            <version>${spring.version}</version>
        </dependency>
        <dependency>
            <groupId>org.springframework</groupId>
            <artifactId>spring-webmvc</artifactId>
            <version>${spring.version}</version>
        </dependency>
        <dependency>
            <groupId>org.springframework</groupId>
            <artifactId>spring-jdbc</artifactId>
            <version>${spring.version}</version>
        </dependency>
        <dependency>
            <groupId>org.springframework</groupId>
            <artifactId>spring-aspects</artifactId>
            <version>${spring.version}</version>
        </dependency>
        <dependency>
            <groupId>org.springframework</groupId>
            <artifactId>spring-test</artifactId>
            <version>${spring.version}</version>
        </dependency>
        <!-- MyBatis 的核心依赖架包 -->
        <dependency>
            <groupId>org.mybatis</groupId>
            <artifactId>mybatis</artifactId>
            <version>3.5.7</version>
        </dependency>
```

```
        <!--MyBatis 和 Spring 的整合包-->
        <dependency>
            <groupId>org.mybatis</groupId>
            <artifactId>mybatis-spring</artifactId>
            <version>2.0.6</version>
        </dependency>
    </dependencies>
```

### 12.3.2　创建项目资源文件

在工程的 src 目录下新建 jdbc.properties 资源文件，为阿里巴巴的数据库连接池提供基本属性值，把数据库的配置信息单独抽取出来形成资源文件的好处是进一步模块化，降低耦合性，便于代码的升级维护和系统功能扩展。代码如下：

```
jdbc.driver=com.mysql.cj.jdbc.Driver        #数据库驱动
jdbc.url=jdbc:mysql://localhost:3306/ssm      #数据库连接的 URL
jdbc.username=root    #数据库连接的用户名
jdbc.password=root    #数据库连接的密码
```

### 12.3.3　web.xml 文件配置

本项目需要将整个 Web 应用的控制权交给 Spring 进行管理，web.xml 文件中的主要配置信息如下：

```
<!--配置 Spring 的编码过滤器-->
  <filter>
      <filter-name>CharacterEncodingFilter</filter-name>
      <filter-class>org.springframework.web.filter.CharacterEncodingFilter</filter-class>
      <init-param>
          <param-name>encoding</param-name>
          <param-value>UTF-8</param-value>
      </init-param>
      <init-param>
          <param-name>forceEncoding</param-name>
          <param-value>true</param-value>
      </init-param>
  </filter>
  <filter-mapping>
      <filter-name>CharacterEncodingFilter</filter-name>
      <url-pattern>/*</url-pattern>
  </filter-mapping>

  <!--配置处理请求方式 PUT 和 DELETE 的过滤器-->
  <filter>
      <filter-name>HiddenHttpMethodFilter</filter-name>
      <filter-class>org.springframework.web.filter.HiddenHttpMethodFilter</filter-class>
  </filter>
```

```
    <filter-mapping>
        <filter-name>HiddenHttpMethodFilter</filter-name>
        <url-pattern>/*</url-pattern>
    </filter-mapping>

    <!--配置 SpringMVC 的前端控制器，对浏览器发送的请求统一进行处理-->
    <servlet>
        <servlet-name>DispatcherServlet</servlet-name>
        <servlet-class>org.springframework.web.servlet.DispatcherServlet</servlet-class>
        <!--设置 SpringMVC 配置文件的位置和名称-->
        <init-param>
            <param-name>contextConfigLocation</param-name>
<!--使用 classpath:表示从类路径查找配置文件-->
            <param-value>classpath:springmvc.xml</param-value>
        </init-param>
        <!--
     作为框架的核心组件，在启动过程中有大量的初始化操作要做，
     这些操作放在第一次请求时才执行会严重影响访问速度，
     通过此标签将启动控制 DispatcherServlet 的初始化时间提前到服务器启动时
     -->
        <load-on-startup>1</load-on-startup>
    </servlet>
    <servlet-mapping>
        <servlet-name>DispatcherServlet</servlet-name>
        <!--
          设置 SpringMVC 的核心控制器能处理的请求路径，
          匹配的请求可以是 login、.html、.js、.css 方式的请求路径，
          但是不能匹配.jsp 请求路径的请求
     -->
        <url-pattern>/</url-pattern>
    </servlet-mapping>

    <!--设置 Spring 配置文件的位置和名称-->
    <context-param>
        <param-name>contextConfigLocation</param-name>
        <param-value>classpath:spring.xml</param-value>
    </context-param>

    <!--配置 Spring 的监听器-->
    <listener> <listener-class>org.springframework.web.context.ContextLoaderListener< /listener-class>
</listener>
```

### 12.3.4 Spring 配置

Spring 配置文件主要进行 bean 的装配设置，本案例需要使用阿里巴巴的 Druid 进行对应数据源的设置，在工程的资源文件目录下新建 spring.xml，代码如下：

```
    <!--扫描组件-->
        <context:component-scan base-package="com.example.ssm">
            <context:exclude-filter type="annotation"
                                    expression="org.springframework.stereotype.Controller"/>
        </context:component-scan>

        <!--引入 jdbc.properties-->
        <context:property-placeholder location="classpath:jdbc.properties" />

        <!--配置 Druid 数据源-->
        <bean id="dataSource" class="com.alibaba.druid.pool.DruidDataSource">
            <property name="driverClassName" value="${jdbc.driver}"></property>
            <property name="url" value="${jdbc.url}"></property>
            <property name="username" value="${jdbc.username}"></property>
            <property name="password" value="${jdbc.password}"></property>
        </bean>

        <!--配置事务管理器-->
      <bean id="transactionManager" class="org.springframework.jdbc.datasource.DataSourceTransaction
Manager">
            <property name="dataSource" ref="dataSource"></property>
        </bean>

        <!--配置用于创建 SqlSessionFactory 的工厂 bean -->
        <bean class="org.mybatis.spring.SqlSessionFactoryBean">
            <!-- 设置 MyBatis 配置文件的路径（可以不设置） -->
            <property name="configLocation" value="classpath:mybatis-config.xml">
            </property>
            <!--设置数据源-->
            <property name="dataSource" ref="dataSource"></property>
            <!--设置类型别名对应的包-->
            <property name="typeAliasesPackage" value="com.example.ssm.pojo">
            </property>
          </bean>

        <!--
        开始事务注解驱动，
        对使用注解@Transactional 标识的方法或类中的所有方法进行事务管理
    -->
        <tx:annotation-driven transaction-manager="transactionManager"/>

        <!--
        配置 mapper 接口的扫描配置，由 mybatis-spring 提供，可以将指定包下的所有 mapper 接口创
建动态代理，将这些动态代理作为 IoC 容器的 bean 管理
        -->
        <bean class="org.mybatis.spring.mapper.MapperScannerConfigurer">
```

```
        <property name="basePackage" value="com.example.ssm.mapper"></property>
    </bean>
```

### 12.3.5 Spring MVC 配置

在工程的资源文件目录下新建 springmvc.xml，本案例采用注解的方式进行组件管理，因此配置文件的代码较简单：

```
<!--扫描组件-->
    <context:component-scan base-package="com.example.ssm.controller">
    </context:component-scan>

    <!--配置视图解析器-->
    <bean id="viewResolver"
            class="org.thymeleaf.spring5.view.ThymeleafViewResolver">
        <property name="order" value="1"/>
        <property name="characterEncoding" value="UTF-8"/>
        <property name="templateEngine">
            <bean class="org.thymeleaf.spring5.SpringTemplateEngine">
                <property name="templateResolver">
                    <bean
class="org.thymeleaf.spring5.templateresolver.SpringResourceTemplateResolver">
                        <!--视图前缀-->
                        <property name="prefix" value="/Web-INF/templates/"/>
                        <!--视图后缀-->
                        <property name="suffix" value=".html"/>
                        <property name="templateMode" value="HTML5"/>
                        <property name="characterEncoding" value="UTF-8"/>
                    </bean>
                </property>
            </bean>
        </property>
    </bean>

    <!--配置默认的 servlet 处理静态资源-->
    <mvc:default-servlet-handler/>
    <mvc:resources location="/static/" mapping="/static/**"/>
    <mvc:resources location="pages/" mapping="/pages/**"/>

    <!--开启 MVC 的注解驱动-->
    <mvc:annotation-driven/>

    <!--配置访问首页的视图控制-->
    <mvc:view-controller path="/pages/" view-name="index"></mvc:view-controller>

    <!--必须通过文件解析器的解析才能将文件转换为 MultipartFile 对象-->
    <bean id="multipartResolver" class="org.springframework.web.multipart.commons.
```

```
CommonsMultipartResolver">
        </bean>
```

### 12.3.6　MyBatis 配置

在工程的资源文件目录下新建 mybatis-config.xml，本案例采用阿里巴巴的 Druid 连接池管理工具，并且已经在 Spring 配置文件中进行了相应设置，因此在本配置文件中进行简单设置即可，代码如下：

```
<configuration>
    <settings>
        <!--将下画线映射为驼峰-->
        <setting name="mapUnderscoreToCamelCase" value="true"/>
        <!--开启延迟加载-->
        <setting name="lazyLoadingEnabled" value="true"/>
        <!--按需加载-->
        <setting name="aggressiveLazyLoading" value="false"/>
    </settings>

    <plugins>
        <!--设置分页插件-->
        <plugin interceptor="com.github.pagehelper.PageInterceptor">
        </plugin>
    </plugins>
</configuration>
```

视频 12-3

## 12.4　项目的主要功能实现

上一节介绍了 SSM 框架整合的前期准备工作，本节将介绍学员信息管理系统的主要功能实现。

### 12.4.1　学员信息管理的实现

在本案例中，学员与练车卡之间是一对一关联关系，学员与教练之间是多对一关联关系，学员与教练车之间是多对多关联关系。首先在项目的 POJO 包中建立实体类 Student，核心代码如下：

```
public class Student {
    private int stuId;
    private String stuName;
    private int age;
    private char sex;
    private String email;
    private StuCarCard stuCarCard;
    private Coach coach;
```

```
    private List<CoachCar> coachCars;

    //这里省略了相应的 setter()和 getter()方法
}
```

1. 学员信息的对象关系映射

在工程的资源文件目录下新建包 com.example.ssm.mapper，并创建 StudentMapper.xml 文件，在其中定义实体 Student 的各种增删改查操作，代码如下：

```
<mapper namespace="com.example.ssm.mapper.StudentMapper">
    <!--定义查询教练信息的结果映射-->
    <resultMap id="coachInfoResultMap" type="com.example.ssm.pojo.Coach">
        <id column="coach_id" property="coachId"/>
        <result column="coach_name" property="coachName"/>
        <result column="coach_phone" property="coachPhone"/>
        <result column="coach_gender" property="coachGender"/>
        <result column="coach_experience" property="coachExperience"/>
    </resultMap>

    <!--定义查询练车卡信息的结果映射-->
    <resultMap id="stuCarCardInfoResultMap" type="com.example.ssm.pojo.StuCarCard">
        <id column="card_id"/>
        <result column="card_name" property="cardName"/>
        <result column="card_number" property="cardNumber"/>
        <result column="card_cosume" property="cardCosume"/>
        <result column="stu_id" property="stuId"/>
        <result column="car_state" property="cardState"/>
    </resultMap>

    <!--定义查询教练车信息的结果映射-->
    <resultMap id="coachCarInfoResultMap" type="com.example.ssm.pojo.CoachCar">
        <id column="car_id" property="carId"/>
        <result column="car_brand" property="carBrand"/>
        <result column="car_type" property="carType"/>
        <result column="car_number" property="carNumber"/>
        <result column="car_desc" property="carDesc"/>
    </resultMap>

    <!--查询学员信息，同时查询关联的教练信息及练车卡信息-->
    <resultMap id="studentInfoResultMap" type="com.example.ssm.pojo.Student">
        <id column="stu_id" property="stuId"/>
        <result column="stu_name" property="stuName"/>
        <result column="sex" property="sex"/>
        <result column="email" property="email"/>
        <result column="age" property="age"/>
        <result column="sex" property="sex"/>
```

```
            <association property="coach" javaType="com.example.ssm.pojo.Coach" resultMap="
coachInfoResultMap"/>
            <association property="stuCarCard" resultMap="stuCarCardInfoResultMap"/>
        </resultMap>

          <!--仅查询学员的基本信息，单表查询-->
        <resultMap id="studentBaseInfoResultMap" type="com.example.ssm.pojo.Student">
            <id column="stu_id" property="stuId"/>
            <result column="stu_name" property="stuName"/>
            <result column="sex" property="sex"/>
            <result column="email" property="email"/>
            <result column="age" property="age"/>
            <result column="sex" property="sex"/>
        </resultMap>
         <!--新增学员信息-->
        <insert id="addStudentInfo" useGeneratedKeys="true" keyProperty="stuId">
            insert into t_student (stu_name, age, sex, email, stu_coach_id)
            values
(#{params.stuName},#{params.age},#{params.sex},#{params.email},#{params.coachId})
        </insert>

         <!--更新学员信息-->
        <update id="updateStudentInfo" parameterType="java.util.Map">
            update t_student
            <set>
                <if test="params.stuName != null and params.stuName != ''">
                    stu_name=#{params.stuName},
                </if>
                <if test="params.age!= null and params.age != ''">
                    age = #{params.age},
                </if>
                <if test="params.sex != null and params.sex != ''">
                    sex = #{params.sex},
                </if>
                <if test="params.email != null and params.email != ''">
                    email = #{params.email},
                </if>
                <if test="params.coachId != null">
                    stu_coach_id = #{params.coachId},
                </if>
            </set>
            where stu_id = #{params.stuId}
        </update>

    <!--根据学员 id 删除学员信息-->
        <delete id="deleteStudentInfo">
```

```
        delete from t_student where stu_id=#{id}
    </delete>

     <!--采用外连接查询学员信息-->
    <select id="getAllStudentInfo" resultMap="studentInfoResultMap">
        select * from t_student stu
            left join t_car_coach tcc on stu.stu_coach_id = tcc.coach_id
            left join t_stu_carcard tsc on stu.stu_id = tsc.stu_id
    </select>

    <!--根据学员 id，采用外连接查询学员信息-->
    <select id="getStudentInfoById" resultMap="studentInfoResultMap">
        select * from t_student
            left join t_car_coach tcc on t_student.stu_coach_id = tcc.coach_id
            left join t_stu_carcard tsc on t_student.stu_id = tsc.stu_id
        where t_student.stu_id=#{id}
    </select>

     <!--根据教练 id 关联查询学员信息-->
    <select id="getByCoachId" resultMap="studentBaseInfoResultMap">
        select * from t_student where stu_coach_id = #{coachId}
    </select>
```

2. 定义学员对象 DAO 层接口

在工程项目的源代码目录下新建包 com.example.ssm.mapper，并新建接口 StudentMapper.java 文件，建立学员信息映射文件中对应的方法，代码如下：

```
@Repository("studentMapperDao")
public interface StudentMapper {
    List<Student> getAllStudentInfo();
    Student getStudentInfoById(@Param("id") int id);
    int updateStudentInfo(@Param("params") Map<String,Object> params);
    int deleteStudentInfo(@Param("id") int id);
    int addStudentInfo(@Param("params") Map<String,Object> params);
    List<Student> getByCoachId(@Param("coachId") int coachId);
}
```

3. 定义学员信息的服务层接口

在工程项目的源代码目录下新建包 com.example.ssm.service，并新建接口 StudentService.java 文件，定义能够提供的方法，代码如下：

```
public interface StudentService {
    //获取所有学员信息
    ServerResponse<List<Student>> getAllStudentInfo();

    //根据学员 id 获取学员信息
    ServerResponse<Student> getStudentInfoById(Integer id);
```

```
    //添加学员
    int addStudent(Student student);

    //修改学员信息
    ServerResponse<String> updateStudentInfo(Map<String, Object> map);

    //删除学员信息
    ServerResponse<String> deleteStudentInfo(int id);

    //取消学员使用教练车的权限
    ServerResponse<String> cancelStudentUseCarAuth(Map<String,Object> map);

    //添加学员使用教练车的权限
    ServerResponse<String> addStudentUseCarAuth(Map<String,Object> map);

    //添加学员信息
    ServerResponse<String> addStudentInfo(Map<String,Object> map);
}
```

4. 学员信息管理服务层方法的实现

在项目的包 com.example.ssm.service 下新建包 impl，用于存放接口的实现类，新建类 StudentServiceImpl.java 文件，实现接口 StudentService 中定义的方法，代码如下：

```
@Service
@Transactional
public class StudentServiceImpl implements StudentService {
    @Autowired
    private StudentMapper studentMapper;
    @Autowired
    private CoachCarStuMapper coachCarStuMapper;
    @Autowired
    private CoachCarMapper coachCarMapper;
    @Autowired
    private StuCarCardMapper stuCarCardMapper;

//获取所有学员信息
    @Override
    public ServerResponse<List<Student>> getAllStudentInfo() {
        List<Student> allStudentInfo = studentMapper.getAllStudentInfo();
        if (allStudentInfo.size() > 0) {
            return ServerResponse.createBySuccess("查询成功", allStudentInfo);
        }
        return ServerResponse.createByError("查询记录为空");
    }
```

```
//根据 id 获取学员信息
    @Override
    public ServerResponse<Student> getStudentInfoById(Integer id) {
        Student res = studentMapper.getStudentInfoById(id);
        if (res != null) {
            List<CoachCar> coachCarsByStuId = coachCarMapper.getCoachCarsByStuId(id);
            res.setCoachCars(coachCarsByStuId);
            return ServerResponse.createBySuccess("查询成功", res);
        }
        return ServerResponse.createByError("该学员不存在");
    }

    @Override
    public int addStudent(Student student) {
        return 0;
    }

//修改学员信息
    @Override
    public ServerResponse<String> updateStudentInfo(Map<String, Object> map) {
        int res = studentMapper.updateStudentInfo(map);
        if (res > 0) {
            return ServerResponse.createBySuccess("修改成功", "null");
        }
        return ServerResponse.createByError("修改失败");
    }

//根据 id 删除学员信息
    @Override
    public ServerResponse<String> deleteStudentInfo(int id) {
        stuCarCardMapper.deleteCarCardByStuId(id);
        coachCarStuMapper.deleteCoachCarInfo(id);
        int num = studentMapper.deleteStudentInfo(id);
        if(num>0){
            return ServerResponse.createBySuccess("删除成功","ok");
        }else{
            return ServerResponse.createByError("删除失败");
        }
    }

//取消学员使用教练车的权限
    @Override
    public ServerResponse<String> cancelStudentUseCarAuth(Map<String, Object> map) {
        int i = coachCarStuMapper.deleteStudentCarMap(map);
        if(i>0){
            return ServerResponse.createBySuccess("删除成功","success");
```

```
            }else{
                return ServerResponse.createByError("对应关系不存在");
            }
        }

    //添加学员使用教练车的权限
        @Override
        public ServerResponse<String> addStudentUseCarAuth(Map<String, Object> map) {
            int i = coachCarStuMapper.addStudentCarMap(map);
            if(i>0){
                return ServerResponse.createBySuccess("添加成功","success");
            }else{
                return ServerResponse.createByError("添加失败");
            }
        }

    //添加学员信息
        @Override
        public ServerResponse<String> addStudentInfo(Map<String, Object> map) {
            int affectedRows = studentMapper.addStudentInfo(map);
            System.out.println("affectedRows");
            System.out.println(affectedRows);
            if (affectedRows > 0) {
                //添加学员卡信息
                int rows = stuCarCardMapper.addCarCard(map);
                if(rows > 0){
                    return ServerResponse.createBySuccess("创建成功","success");
                } else{
                    return ServerResponse.createByError("创建失败");
                }
            } else {
                return ServerResponse.createByError("创建失败");
            }
        }
    }
```

5. 学员信息管理的控制层实现

在项目的包 com.example.ssm.controller 下新建类 StudentController.java 文件，实现控制层对实体对象 Student 的访问操作，代码如下：

```
    @Controller
    @RequestMapping("/student")
    public class StudentController {
        @Autowired
        private StudentService studentService;    //调用服务层对象

    //获取全部学员信息接口
        @RequestMapping(value = "", method = RequestMethod.GET)
```

```
    @ResponseBody
    public ServerResponse<List<Student>> getAllStudentInfo(){
        return studentService.getAllStudentInfo();
    }

//根据 id 获取学员信息接口
    @RequestMapping(value = "/{id}", method = RequestMethod.GET)
    @ResponseBody
    public ServerResponse<Student> getStudentInfoById(@PathVariable("id") Integer id){
        return studentService.getStudentInfoById(id);
    }

//修改学员信息
    @RequestMapping(value="/update",method=RequestMethod.POST)
    @ResponseBody
    public ServerResponse<String> upDataStudentInfo(@RequestBody Map<String,Object> requestMap){
        return studentService.updateStudentInfo(requestMap);
    }

//删除学员信息
    @RequestMapping(value = "/delete",method = RequestMethod.POST)
    @ResponseBody
    public ServerResponse<String> deleteStudentInfo(@RequestBody Map<String,Object> requestMap){
        int id = (int) requestMap.get("stuId");
        return    studentService.deleteStudentInfo(id);
    }

//取消学员使用教练车的权限
    @RequestMapping(value = "/carAuth/delete",method = RequestMethod.POST)
    @ResponseBody
    public    ServerResponse<String>  cancelStudentUseCarAuth(@RequestBody  Map<String,Object>
requestMap){
        return studentService.cancelStudentUseCarAuth(requestMap);
    }

//添加学员使用教练车的权限
    @RequestMapping(value = "/carAuth/add",method = RequestMethod.POST)
    @ResponseBody
    public    ServerResponse<String>    addStudentUseCarAuth(@RequestBody    Map<String,Object>
requestMap){
        return studentService.addStudentUseCarAuth(requestMap);
    }

//添加学员信息
    @RequestMapping(value = "/add",method = RequestMethod.POST)
    @ResponseBody
    public ServerResponse<String> addStudentInfo(@RequestBody Map<String, Object> requestMap){
        return studentService.addStudentInfo(requestMap);
```

```
        }
    }
```

### 6. 学员信息管理的页面实现

先在项目的webapp目录下新建pages文件夹，再新建addStudentInfo.html、allStudentInfo.html、studentInfo.html等页面，用于展示学员信息、添加学员信息、删除学员信息及修改学员信息。它们都采用静态页面实现，代码较简单，这里不做介绍，读者可以参见案例源代码。单击“添加学员信息”按钮，实现效果如图 12-4 所示。

图 12-4　添加学员信息

添加学员信息之后会再次从数据库中查询所有学员信息，如图 12-5 所示，可以查看到新添加的学员信息。

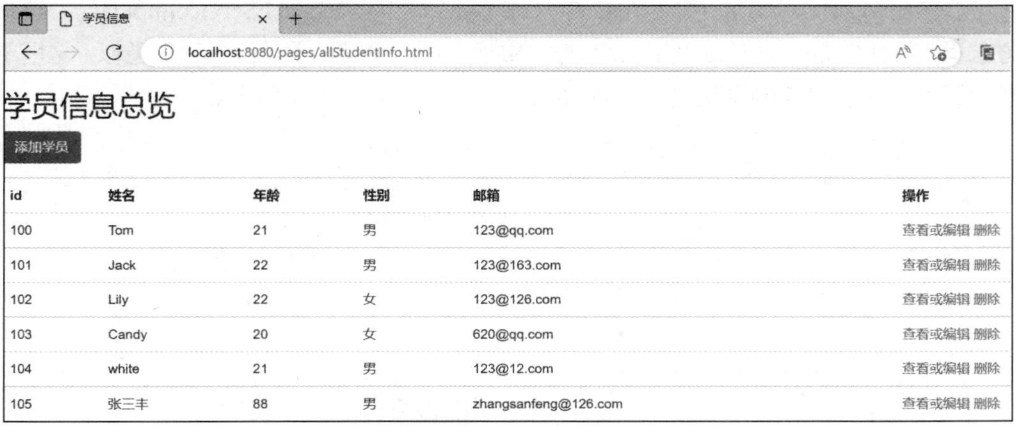

图 12-5　查询所有学员信息

单击“删除”按钮能够删除指定的学员信息，单击“查看或编辑”按钮能够更新学员信息，如图 12-6 所示。

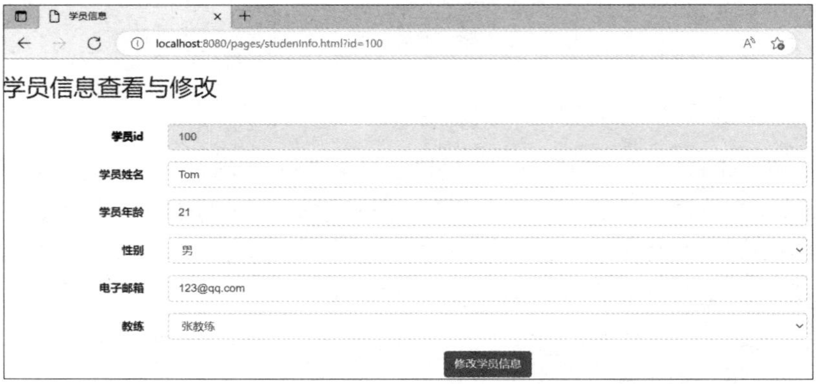

图 12-6　更新学员信息

## 12.4.2　教练信息管理的实现

在本案例中教练与学员是一对多关联关系。首先，在教练实体类中添加学员类的集合对象，在项目的 com.example.ssm.pojo 包中新建 Coach.java 实体类，代码如下：

```
public class Coach {
    private String coachName;            //教练姓名
    private int coachId;                 //教练 id
    private String coachPhone;           //教练联系电话
    private String coachGender;          //教练性别
    private String coachExperience;      //教练经验描述
    private List<Student> students;      //教练指导的学员
//这里省略所有 setter()和 getter()方法
}
```

然后，建立教练实体类与数据表之间的映射关系 CoachMapper.xml，定义 DAO 层的接口 CoachMapper.java、服务层的接口 CoachService.java 和实现类 CoachServiceImpl.java、控制层的方法类 CoachController.java 及 HTML 静态实现页面，代码与学员信息管理类似，这里不再赘述，读者可以参见案例源代码。新增教练信息的页面如图 12-7 所示。

图 12-7　新增教练信息的页面

新增教练信息成功之后会自动查询所有教练信息，并跳转到显示所有教练信息的页面，如图 12-8 所示。

教练信息总览

教练入职

| id | 姓名 | 电话 | 性别 | 介绍 | 操作 |
| --- | --- | --- | --- | --- | --- |
| 1 | 张教练 | 13833881234 | 男 | 15年公交驾龄，从事驾校教练工作12年 | 查看或编辑 删除 |
| 2 | 李教练 | 13833881122 | 女 | A1驾照10年，零事故，有耐心，教授学员8年 | 查看或编辑 删除 |
| 3 | 王教练 | 13833883344 | 男 | 城市公交驾龄25年，持A3驾照，从事驾校教练工作5年 | 查看或编辑 删除 |
| 4 | 唐教练 | 13888888888 | 男 | 拥有15年的驾校教学经验 | 查看或编辑 删除 |

图 12-8　查询所有教练信息

视频 12-4

Druid 是阿里巴巴开源平台上的一个数据库连接池实现，它结合了 C3P0、DBCP、Proxool 等数据库连接池的优点，同时加入了日志监控，可以很好地监控数据库连接池的连接情况和 SQL 语句的执行情况，可以说它是针对监控而生的数据库连接池。由于其具有优良的性能，因此在软件项目的开发中具有较高的市场占有率。

近年来，我国广大的软件从业人员也贡献了许多软件开源框架，在 Apache、GitHub 等开源平台能够看到不少中国人的身影。例如，百度提供的基于 Canvas 的纯 JavaScript 图表库，以及直观、生动、可交互、个性化定制的数据可视化图表框架 ECharts；阿里巴巴提供的在 Nginx 基础上针对高并发处理需求的 Tengine 框架；阿里巴巴提供的采用 Java 语言实现的 JSON 解析器和生成器框架 FastJSON；清华大学计算机科学与技术系图形实验室提供的即时编译深度学习框架 Jittor；Dromara 开源社区提供的功能强大的轻量级 Java 权限认证框架 Sa-Token 等。

开源软件框架是避免“重复造轮子”最有效的方法，可以提高代码复用率，减少软件项目开发工作量，降低软件开发成本，提高软件可靠性。开源软件框架需要软件从业人员具有崇高的理想信念、无私的奉献精神和精益求精的工匠风范。虽然我国在开源软件领域起步较晚，但是正在奋起直追，我国的软件从业人员正活跃在各大软件开源平台，贡献着中国智慧。

## 思考与练习

请读者继续完善学员信息管理系统中的练车卡信息管理、教练车信息管理、权限管理，使用 AOP 或拦截器完成登录验证、日志管理等功能，并对项目的展示页面进行优化，提供分页显示、确认提示、前端数据验证等功能，增强系统的交互性。

# 第 13 章　数字化社区信息管理系统

第 12 章通过学员信息管理系统为读者演示了 Spring、SpringMVC 及 MyBatis 框架的整合应用。其实，SSM 框架主要用于企业级的软件项目开发，在包含复杂业务流程的大型软件项目中能够发挥更大的优势。

## 13.1　项目需求概述

社区管理是政府公共管理的基础，是和谐社区建设的重要保障。我国现行社区管理体系主要由三级行政组织（市政府、区政府和街道办事处）构成，在此基础上，形成了包括市政府、区政府、街道办事处和居民委员会的四级公共服务体系，如图 13-1 所示。

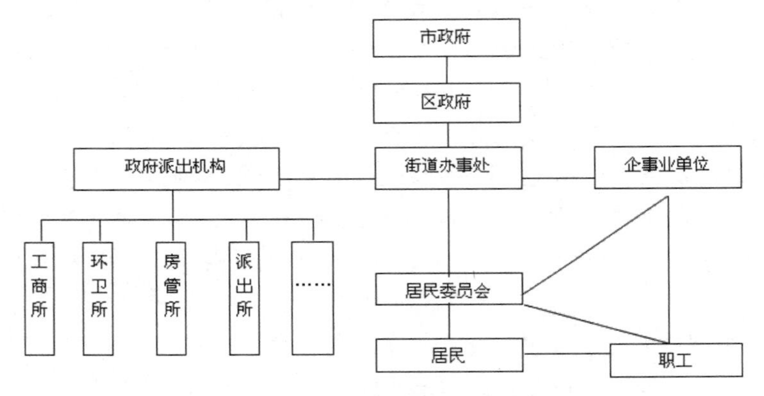


图 13-1　现行城市社区管理组织结构

街道办事处是市政府或区政府下辖的组织，负责卫生、户口登记、地方治安和社会调解等工作。居民委员会是最低一级的行政机构。根据 1982 年的《中华人民共和国宪法》和 1989 年的《中华人民共和国城市居民委员会组织法》，居民委员会是自我管理的基层群众性自治组织，但实际中的居民委员会基本都是区政府的附属机构。居民委员会负责宣传政府法律和政策，保护居民的合法权益，调解居民纠纷，维护社会秩序和安全，并将居民的意见和要求传达给政府，在政府与居民之间起到一个很好的沟通桥梁的作用。

居民委员会一般在小区中设立办事处，居民日常生活中的许多基本问题都由居民委员会代办理，如低保申请、困难补助申请、五保老人认定、重点人群看护等。居民委员会对辖区内的居民也是最了解的，因此街道办事处或区政府也会把很多基本申请的审核工作下放到居民委员会，由其进行审查。

数字化社区信息管理系统就是为方便市政府、区政府、街道办事处和居民委员会管理与居民息息相关的日常基本事务而设计的综合信息管理系统，功能模块结构如图 13-2 所示。

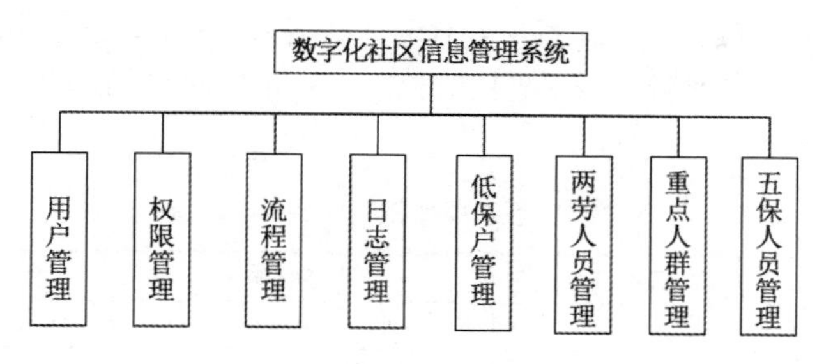


图 13-2　系统主要功能模块结构

居民在居民委员会的指导下申请低保，并由居民委员会进行初步审核。审核通过后交由街道办事处进行审核，若审核不通过，则返回审核不通过的原因；若审核通过，则交由区政府进行审核。同样地，如果区政府审核不通过，则需要给出审核不通过的原因。在本系统中，困难补助申请、五保人员认定、重点人群、两劳人员等诸多业务都需要按照某一流程进行逐级审核。但是在实际应用中，根据办理业务的不同，审核流程也或多或少地存在不同之处，并且随着社会发展和科技进步，流程也在不断被优化调整。因此，在本系统的设计中，要利用软件开发架构的优点，设计一个可扩展、可移植、具有一定通用价值的流程管理模块，用于不同业务的审核管理。

由于本系统涉及的参与者（市政府、区政府、街道办事处、居民委员会的各类管理人员）众多，为了便于给各类人员赋予不同的操作权限，并且在今后的使用中能够灵活地进行修改，本系统加入了权限管理模块：采用基于角色的权限管理（Role-Based Access Control，RBAC），在系统设计中定义每个操作需要的权限，通过自定义注解的方式验证每种方法调用需要的权限，从而更加精确地控制用户的操作。

视频 13-1

前后端分离是 B/S 结构软件开发的一种常见方式，本系统的前端采用 vue 方式，通过 AJAX 调用后端提供的 API，以 json 方式进行数据交互。采用前后端分离技术能够进一步降低系统之间的耦合性，提高系统的可移植性和可维护性，便于系统的单元测试和升级维护。

## 13.2　项目数据库设计

为了进一步降低系统之间的耦合性，提高系统架构的可扩展性，方便功能的扩展升级，本系统的业务需要数据库的设计主要分为三部分：权限管理部分、流程管理部分和具体业务管理部分。

### 13.2.1　权限管理数据表设计

首先，采用基于角色的权限管理，所有操作均需要进行权限判断，在数据库中设定权限表，用于管理系统中的所有权限。角色是根据系统应用的业务环境需要抽象出的参与者，代表某一类用户，如信息录入员、信息审核员等。然后，把权限赋予角色，让角色拥有某一操作的权限，角色和权限之间是多对多关联关系。最后，创建系统的真实用户，并赋予相应角色，这样用户就可以根据角色的权限进行相应操作。权限管理的主要数据表如表 13-1～表 13-4 所示。

表 13-1　系统操作权限表 permission

| 字段名称 | 字段类型 | 字段描述 | 备　注 |
|---|---|---|---|
| id | int | 记录的唯一标识 id | 自增长，主键 |
| permission | varchar | 权限的名称 | 使用完整名称，与代码的注解对应 |
| description | varchar | 权限的描述 | |

表 13-2　系统角色表 role

| 字段名称 | 字段类型 | 字段描述 | 备　注 |
|---|---|---|---|
| id | int | 记录的唯一标识 id | 自增长，主键 |
| name | varchar | 角色的名称 | 从应用系统的业务领域抽取 |
| description | varchar | 权限的描述 | |

表 13-3　权限角色关联表 role_permission

| 字段名称 | 字段类型 | 字段描述 | 备　注 |
|---|---|---|---|
| id | int | 记录的唯一标识 id | 自增长，主键 |
| role_id | varchar | 关联的角色 id | 外键约束 |
| permission_id | varchar | 关联的权限 id | 外键约束 |

表 13-4　用户信息表 adminor

| 字段名称 | 字段类型 | 字段描述 | 备　注 |
|---|---|---|---|
| id | int | 记录的唯一标识 id | 自增长，主键 |
| username | varchar | 用户名 | 英文+数字 |
| password | char | 用户密码 | 采用加密的方式保存 |
| realname | varchar | 用户的真实姓名 | 可以是中文 |
| contact_info | varchar | 用户的联系方式 | 可以是电话或其他 |
| role | int | 拥有的角色 | 多个角色之间用“,”分割 |
| street_id | int | 用户所属街道 | 外键约束 |

### 13.2.2　流程管理数据表设计

考虑到数字化社区信息管理系统中审批业务的多变性，本系统设计了一个通用的申请和审批管理流程，一个申请可能需要经过多级的审批操作后才能通过，即申请和审批是一对多关联关系。一种类型的申请需要经过多少级的审批也由中间表定义，可以实现更灵活的审批流程的修改。为了让流程管理模块更通用，将申请的内容存入通用的 payload 字段，payload 的数据格式可以根据具体业务做不同的实现。流程管理的主要数据表如表 13-5～表 13-7 所示。

表 13-5　申请表发起 application

| 字段名称 | 字段类型 | 字段描述 | 备　注 |
|---|---|---|---|
| id | int | 记录的唯一标识 id | 自增长，主键 |
| user_id | int | 申请发起人 id | 外键约束 |
| type | int | 申请类型 id | 采用枚举的方式表示 |
| reason | varchar | 申请理由 | |
| status | int | 申请状态 id | 采用枚举的方式表示 |
| application_date | datetime | 发起申请的时间 | 多个角色之间用“,”分割 |
| review_date | datetime | 申请处理完毕的时间 | |
| payload | varchar | 申请的内容 | 进行具体业务处理时可以从中获取需要的信息 |

表 13-6　申请审批流程表 approval_level

| 字段名称 | 字段类型 | 字段描述 | 备　注 |
|---|---|---|---|
| id | int | 记录的唯一标识 id | 自增长，主键 |
| type | varchar | 申请类型 | 和申请表的 type 对应 |
| permission_id | int | 处理审批需要的权限 id | 处理本级审批需要的权限，外键约束 |
| level | int | 审批级别 | 从 1 开始，级别越低越先被处理，低级别审批未被处理时不允许处理高级别审批 |

表 13-7　审批处理表 approver

| 字段名称 | 字段类型 | 字段描述 | 备　注 |
|---|---|---|---|
| id | int | 记录的唯一标识 id | 自增长，主键 |
| application_id | int | 申请 id | 外键约束 |
| level | int | 审批级别 | 与 application_id 共同构成唯一约束 |
| permission_id | int | 处理审批需要的权限 id | 处理本级审批需要的权限，外键约束 |
| user_id | int | 处理人 id | 外键约束 |
| status | int | 审批状态 id | 采用枚举的方式表示 |
| comment | varchar | 审批意见 | |
| date | date | 处理日期 | |

### 13.2.3　具体业务管理数据表设计

在社区日常管理中，经常涉及两劳人员、重点人群、五保人员的申请、审核、核销等工作，而且这些工作只能在本辖区发起。因此在数字化社区信息管理系统中，需要使用居民信息的数据表，这些特殊人群是由工作人员从居民表中选取出来，发起申请以后单独列出来的特殊居民，居民和这些表是一对一关联关系。申请的多级审批全部被同意以后，从 application 表的 payload 中取出重点人群、两劳人员、五保人员的信息，并将其添加到对应的数据表中。以重点人群的管理为例，主要数据表如表 13-8 和表 13-9 所示。

表 13-8　居民信息表 resident

| 字段名称 | 字段类型 | 字段描述 | 备　注 |
|---|---|---|---|
| id | int | 记录的唯一标识 id | 自增长，主键 |
| name | varchar | 真实姓名 | |
| id_number | char | 身份证号 | 固定长度 18 |
| address | varchar | 居住地址 | |
| street_id | int | 街道 id | 外键约束 |
| income | int | 年收入 | |
| contact_info | varchar | 联系方式 | |

表 13-9　重点人群表 target_group

| 字段名称 | 字段类型 | 字段描述 | 备　注 |
|---|---|---|---|
| id | int | 记录的唯一标识 id | 自增长，主键 |
| resident_id | int | 居民 id | 外键约束 |
| category_id | int | 类别 id | 采用枚举的方式表示 |
| street_id | int | 所属街道 id | 外键约束 |
| responsible_person | int | 负责人 id | 外键约束 |

## 13.3　项目整体架构设计

视频 13-2

### 13.3.1　代码整体结构设计

本项目开发还是采用 IntelliJ IDEA 集成化开发环境，服务器采用 Tomcat9.0.65，数据库采用 MySQL5.5，前端页面设计采用 vue 技术，开发工具为 WebStorm 集成化环境，前端服务器为 node.js。服务器端开发的代码整体结构如图 13-3 所示。

在 IntelliJ IDEA 开发环境中，src 是存放整个项目源代码的文件夹，包括 main 和 test 两个文件夹，main 主要是供开发使用的，test 主要是供测试使用的。main 文件夹中又包含 java、resources 和 webapp 文件夹，java 文件夹主要存放项目的 java 源代码；resources 文件夹主要存放资源文件，包含 Spring 配置文件、MyBatis 逆向工程配置文件及 mapper 映射文件；webapp 文件夹主要存放项目的运行界面文件，如 html 文件、jsp 文件等。由于本项目采用前后端分离技术，因此在服务端没有提供项目界面，仅提供了一系列接口，系统运行界面由前端完成。

在项目的 java 文件夹中存放了项目开发的主要 java 源代码文件，包含 aop、common、controller 等 13 个文件夹（包），aop 主要存放与面向切面编程相关的文件；common 主要存放系统开发中一些通用的基础类；config 主要存放与配置处理有关的文件；controller 主要存放与控制层相关的文件；dto 主要存放前端数据与对象相互转换有关的类，用于接收前端参数，或者将实体类转换成更符合前端需求的类进行数据传输；enums 主要存放系统中与枚举数据类型有关的类；filter 主要存放系统中的过滤器类；interceptor 主要存放系统中的拦截器类；mapper 主要存放系统中的映射接口类，由 MyBatis 框架自动生成，负责完成对象与数据库记录之间的转换，本系统的主要映射接口设计如图 13-4 所示；model 主要存放系统中的实体类，也是由 MyBatis 框架根据数据库的表结构通过逆向工程自动生成的；service 主要是系统提供的服务接口以服务实现；util 主要是系统的工具类。

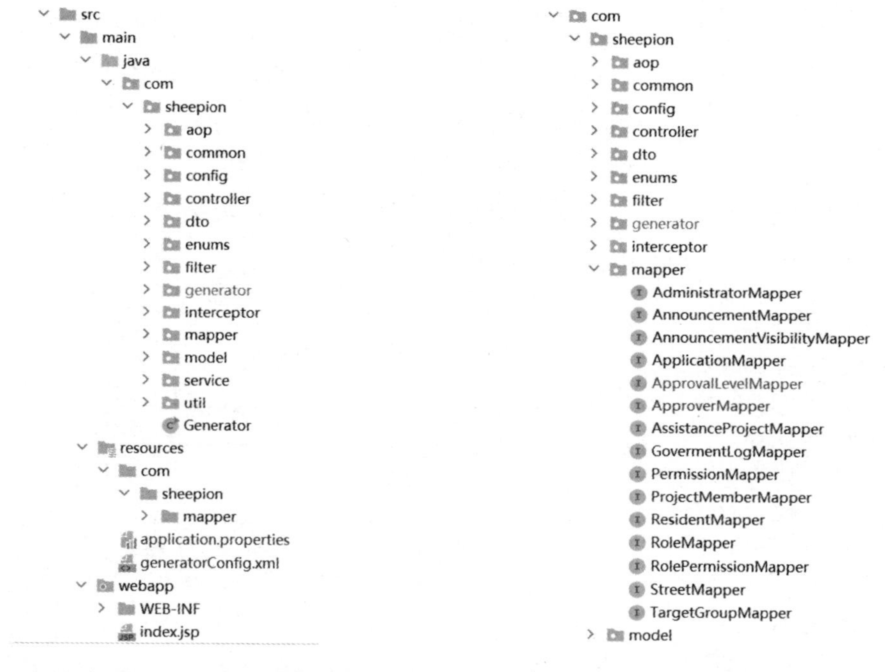


图 13-3　服务器端开发的代码整体结构　　　　图 13-4　主要映射接口设计

### 13.3.2　前后端分离设计

项目前端在 WebStorm 中的目录结构如图 13-5 所示。node_modules 是外部库，类似于 Maven 中导入的依赖。public 用于存放图片、html 等静态资源。src 是项目的源代码目录，assets 中存放的也是静态文件；components 存放的是封装好的 vue 组件，router 中是路由，router/index.js 中存放的路由就是我们在浏览器中看到的主页面左侧的菜单；views 中存放的是页面跳转时用到的 vue 页面。request 是一个封装的 axios，用于发送 HTTP 请求的工具库。向后端发送请求的时候，可以从 api.js 中调用相应方法。当后端地址变动的时候，也可以直接从这里修改后端接口地址，防止大幅改动代码。request 主要有 api.js 和 request.js 两个文件，api.js 用于设置整个前端项目连接服务端的 IP 地址、端口及 token 信息。代码如下：

```
export const GetAPI = (url) => request.get('http://127.0.0.1:8080' + url, {
    headers: {'Content-Type': "application/json; charset=utf-8", "Authorization": token}
});
request.js：
import axios from 'axios'
const instance = axios.create({
        baseURL: 'http://localhost:8081',
        timeout: 10000,
    })
//整体导出
export default instance;
```

GetAPI()是在 request 中封装的一个函数，用于向后端服务器发送 HTTP 请求，在里面封装了后端服务器地址，GetAPI 的参数就是接口路径。

以居民信息管理页面为例，如图 13-6 所示，单击“居民信息管理”菜单的时候，前端先从“/src/router/index.js”查找对应的 vue 页面的路径，然后从路径中加载居民信息管理页面。index.js 对应的代码片段如下：

```
{
    path: '/resident',
    component: Layout,
    redirect: '/resident/residentControll',
    meta: {
      title: "居民信息管理模块",
      icon: 'el-icon-user-solid',
      hidden: false,
    },
    children: [
      {
        path: 'residentControll',
        component: () => import('../views/resident/residentControll'),
        name: 'residentControll',
        meta: {
          title: "居民信息管理",
          icon: 'el-icon-user-solid',
          hidden: false,
          roles: ['admin', 'jerry']
        }
      },
 //此处省略菜单中的其他部分代码
      },
    ]
  },
```

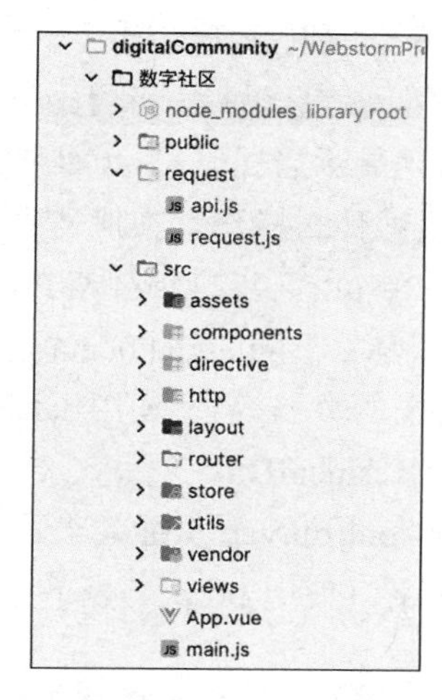

图 13-5　项目前端在 WebStorm 中的目录结构

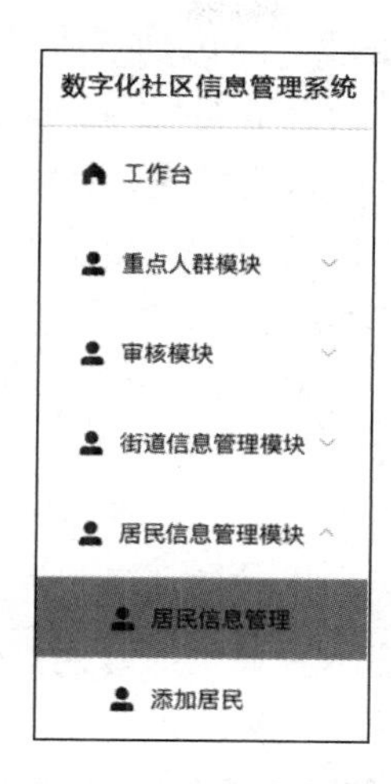


图 13-6　页面左侧的菜单

在上述代码中，通过 children 节点能够发现该单击事件发送的请求地址为 residentControll，打开的页面为“../views/resident/residentControll”，该页面的代码如下：

```
export default {
    methods: {
        handleCurrentChange(){
GetAPI(`/api/resident/list/?page=${this.currentPage}&size=10`).then((data)=>{
        this.tableData = data.data.data;
      })
        }
    },

    data() {
      return {
        tableData: [],
        total: 15,
        currentPage: 1,
        pageSize: 10,
        searchName: '',
        SelectName: 'nameOfThePersonResponsible',
        loading:true
      }
    },
    created() {
     GetAPI(`/api/resident/list/?page=1&size=10`).then((data)=>{
        this.tableData = data.data.data;
        this.loading=false
      })
    }
}
```

created()函数是 vue 生命周期的钩子函数，会在页面生成以后自动调用。在 created()函数中添加发送请求的代码从/api/resident/list 接口获取居民信息以后，将居民信息和页面表格中的信息做双向绑定，就可以实现打开页面以后自动显示居民信息。GetAPI()函数后面的 then()函数表示 GetAPI()函数执行完以后对返回值做什么操作。在服务器端，使用 Result 类包装所有接口的返回值，前端接收到的也是被 Result 包装的 json 格式的字符串。then()函数中的 data 实际上指的是 HTTP 请求接收到的响应；下面的 data.data 是从响应中获取响应体，即获取后端包装的 Result 对象。想要获取居民的数据，需要使用 data.data.data，即从响应中获取响应体，再从响应体中获取数据（List<ResidentDto>）。

将获取的数据赋值给 this.tableData，即可在 residentControll.vue 页面的表单（el-table）中显示居民信息。表单的每列由 el-table-column 标签定义，使用 prop 和表单数据中的各个字段进行关联，关键代码如下：

```
<el-table :data="tableData" border fit style="width: 100%" v-loading="loading">
  <el-table-column prop="name" label="姓名"> </el-table-column>
  <el-table-column prop="idNumber" label="身份证号"> </el-table-column>
  <el-table-column prop="contactInfo" label="联系方式"></el-table-column>
  <el-table-column prop="address" label="住址"></el-table-column>
  <el-table-column prop="street" label="所在街道"></el-table-column>
<el-table-column fixed="right" label="操作">
<template slot-scope="scope">
 <el-button @click="handleClick(scope.row)" type="text" size="small">修改</el-button>
<el-button @click="handleClickDelete(scope.row)" type="text" size="small"> 删除 </el-button>
</template>
</el-table-column>
</el-table>
```

服务器端收到前端发送的请求后会先被过滤器、拦截器处理，再进入 Spring MVC 的控制器层调用相应接口，并进行业务逻辑处理，最后把处理结果包装成 Result 对象返回给前端，被 vue 页面定义的 GetAPI()中的 then()函数处理，进行前端数据的显示。

### 13.3.3 实体关系映射设计

本项目在开发中首先根据数字化社区信息管理系统的业务需求，在 MySQL 数据库建立数据表，并确定数据表之间的关联关系。然后利用 MyBatis 框架的逆向工程生成 Java 实体类、映射接口、映射实现类和映射文件。下面以角色表为例，通过逆向工程生成的实体类 Role 的代码如下：

```
package com.sheepion.model;
public class Role {
    private Integer id;
    private String name;
    private String description;
/*****这里省略对应的 setter()和 getter()方法****/
    @Override
```

```
        public String toString() {
            StringBuilder sb = new StringBuilder();
            sb.append(getClass().getSimpleName());
            sb.append(" [");
            sb.append("Hash = ").append(hashCode());
            sb.append(", id=").append(id);
            sb.append(", name=").append(name);
            sb.append(", description=").append(description);
            sb.append("]");
            return sb.toString();
        }
    }
```

MyBatis 框架还会自动生成 RoleMapper.xml 映射文件，其中包括最基础的数据表的增加、删除、修改、查询操作的基本语句，代码如下：

```
<mapper namespace="com.sheepion.mapper.RoleMapper">
<--定义 resultMap-->
<resultMap id="BaseResultMap" type="com.sheepion.model.Role">
<id column="id" jdbcType="INTEGER" property="id" />
<result column="name" jdbcType="VARCHAR" property="name" />
<result column="description" jdbcType="VARCHAR" property="description" />
</resultMap>
<--定义 where 条件语句-->
<sql id="Example_Where_Clause">
<where>
    <foreach collection="oredCriteria" item="criteria" separator="or">
        <if test="criteria.valid">
            <trim prefix="(" prefixOverrides="and" suffix=")">
                <foreach collection="criteria.criteria" item="criterion">
                    <choose>
                        <when test="criterion.noValue">
                            and ${criterion.condition}
                        </when>
                        <when test="criterion.singleValue">
                            and ${criterion.condition} #{criterion.value}
                        </when>
                        <when test="criterion.betweenValue">
                            and ${criterion.condition} #{criterion.value} and #{criterion.secondValue}
                        </when>
                        <when test="criterion.listValue">
                            and ${criterion.condition}
    <foreach close=")" collection="criterion.value" item="listItem" open="(" separator=",">
                            #{listItem}
                        </foreach>
                    </when>
                </choose>
            </foreach>
        </trim>
```

```
            </if>
        </foreach>
    </where>
  </sql>
  <--定义更新语句的 where 条件-->
  <sql id="Update_By_Example_Where_Clause">
  <where>
    <foreach collection="example.oredCriteria" item="criteria" separator="or">
      <if test="criteria.valid">
        <trim prefix="(" prefixOverrides="and" suffix=")">
          <foreach collection="criteria.criteria" item="criterion">
            <choose>
              <when test="criterion.noValue">
                and ${criterion.condition}
              </when>
              <when test="criterion.singleValue">
                and ${criterion.condition} #{criterion.value}
             </when>
             <when test="criterion.betweenValue">
               and ${criterion.condition} #{criterion.value} and #{criterion.secondValue}
             </when>
             <when test="criterion.listValue">
               and ${criterion.condition}
      <foreach close=")" collection="criterion.value" item="listItem" open="(" separator=",">
               #{listItem}
            </foreach>
          </when>
        </choose>
      </foreach>
      </trim>
  </if>
  </foreach>
  </where>
  </sql>
   <--以下映射文件的代码省略，详见案例源代码-->
  </mapper>
```

MyBatis 框架也会自动生成 RoleExample.java 类，用户辅助创建动态的 SQL 语句，能够根据业务环境的应用需求动态添加查询条件，不用在 Java 代码中掺杂任何 SQL 代码。对于简单的业务需求，可以在业务实现的时候直接调用 RoleExample 的对象添加查询条件，代码如下：

```
public class RoleExample {
    protected String orderByClause;     //结果排序条件
    protected boolean distinct;   //是否排除重复项
protected List<Criteria> oredCriteria;   //动态查询条件

/*****这里省略对应的 setter()和 getter()方法****/
```

```
    public void or(Criteria criteria) {
        oredCriteria.add(criteria);     }

    public Criteria or() {
        Criteria criteria = createCriteriaInternal();
        oredCriteria.add(criteria);
        return criteria;     }

    public Criteria createCriteria() {
        Criteria criteria = createCriteriaInternal();
        if (oredCriteria.size() == 0) {
            oredCriteria.add(criteria);
        }
        return criteria;     }

    protected Criteria createCriteriaInternal() {
        Criteria criteria = new Criteria();
        return criteria;     }

    public void clear() {
        oredCriteria.clear();
        orderByClause = null;
        distinct = false;}
/***定义了一个抽象类，供继承使用****/
    protected abstract static class GeneratedCriteria {
        /***定义了多种动态条件的判断方法****/
}
/***继承抽象类 GeneratedCriteria，完成动态条件的添加****/
    public static class Criteria extends GeneratedCriteria {
        protected Criteria() {
            super();
        }
    }
  /***内部类 Criterion，供业务类动态添加查询条件使用*****/
    public static class Criterion {
        private String condition;
        private Object value;
        private Object secondValue;
        private boolean noValue;
        private boolean singleValue;
        private boolean betweenValue;
        private boolean listValue;
        private String typeHandler;
       /***以下代码省略，详见案例源代码*****/
    }
```

当需要添加复杂的业务逻辑时，通过 RoleExample 的对象添加查询条件会比较麻烦，可以直接在 RoleMapper.xml 映射文件中编写 SQL 语句，以达到更好的查询效果。例如，在 ApproverMapper.xml 映射文件中添加了 selectUnhandledByUserId 查询方法，目的是查询一个用户还没有处理的审批，代码如下：

```
<select id="selectUnhandledByUserId" resultMap="BaseResultMap" parameterType="map">
    SELECT   a.*
    FROM
      approver AS a
        INNER JOIN
        application AS app
        ON
          a.application_id = app.id
        INNER JOIN
      -- 获取具有权限的审批
        (SELECT   ap.application_id,   ap.level
         FROM
           approver AS ap
             INNER JOIN
           -- 获取用户权限
             (SELECT rp.permission_id
              FROM
                adminor AS ad
                  INNER JOIN
                role_permission AS rp
                ON
                  ad.role = rp.role_id
              WHERE
                ad.id = #{userId}) AS userPermission
           ON
             ap.permission_id = userPermission.permission_id) AS permissionApprover
      ON
           a.application_id = permissionApprover.application_id
         AND a.level = permissionApprover.level
    WHERE
      -- 审批未被处理
      a.status = 0
      AND
      -- 前一级的审批已经通过
      (a.level = 1
        OR
       EXISTS (SELECT 1
               FROM approver AS prevApp
               WHERE prevApp.application_id = a.application_id
                 AND prevApp.level = a.level - 1
                 AND prevApp.status = 1))
    AND app.type = #{type}
    LIMIT #{offset}, #{pageSize};
</select>
```

### 13.3.4　系统可扩展性设计

数字化社区信息管理系统会随着经济社会的发展及业务环境的变化，对低保申请、重点人群管理等业务进行升级或流程再造等。在软件系统的设计中，需要对这样的应用点进行可扩展性设计，以期在今后的项目应用中用最少的代价完成升级改造。本项目设计了流程管理模块，主要就是为了更好地适应用户的申请流程变更。

1. 流程管理的设计

在流程管理中主要涉及的实体类有申请 Application.java、申请的审批层级 ApprovalLevel.java 及逐级的审批过程 Approver.java。以 ApprovalLevel.java 为例，其关键代码如下：

```
public class ApprovalLevel {
    private Integer id;                    //申请类别的 id
    private Integer type;                  //申请类别的类型，采用枚举类型
    private Integer permissionId;          //该层级申请审批需要的权限 id
    private Integer level;                 //申请审批的层级，数字越小越优先审批
/*****这里省略对应的 setter()和 getter()方法****/
    @Override
    public String toString() {
        StringBuilder sb = new StringBuilder();
        sb.append(getClass().getSimpleName());
        sb.append(" [");
        sb.append("Hash = ").append(hashCode());
        sb.append(", id=").append(id);
        sb.append(", type=").append(type);
        sb.append(", permissionId=").append(permissionId);
        sb.append(", level=").append(level);
        sb.append("]");
        return sb.toString();
    }
}
```

在系统的服务层定义进行申请审批的通用方法，用于处理各级审批活动，服务接口为 ApplicationService.java，代码如下：

```
/**
 * 使用通用的 Application，方便在编码新的业务模块时快速地创建一个流程审批
 */
public interface ApplicationService {
    /**
     * 发送一个审批申请
     *
     * @param type          审批类型
     * @param userId        申请人 id
     * @param reason        申请理由
     * @param payload       申请内容，对外部不可见，建议使用 json 格式，以便通过请求的时候插
```

```
入数据库中使用
         * @return 结果消息
         */
        Result<String> add(ApplicationType type, Integer userId, String reason, String payload);

        /**
         * 通过 id 查询申请信息
         * @param id 申请 id
         * @return 申请信息
         */
        Result<ApplicationInfoDto> getInfoById(Integer id);

        /**
         * 获取用户未处理的申请列表。已经处理的、前一级未通过的申请不会列出
         * 同时满足以下要求才会被列出：<br/>
         * 1. 审批未被处理<br/>
         * 2. 前一级的审批已经通过<br/>
         * 3. 用户具有对应的审批权限<br/>
         * @param userId     用户 id
         * @param type       申请类型
         * @param page       页码
         * @param pageSize 每页数量
         * @return 申请列表
         */
        Result<List<ApplicationInfoDto>> getUnhandedInfoByUserId(Integer userId,
                                     ApplicationType type,   Integer page,   Integer pageSize);

        /**
         * 统计用户收到的所有申请的数量
         * @param userId 用户 id
         * @param type 申请类型
         * @return 申请数量
         */
        Result<Integer> countReceivedApplications(Integer userId,ApplicationType type);

        /**
         * 获取用户收到的所有申请列表，包含已经处理的
         * 同时满足以下要求才会被列出：<br/>
         * 1. 前一级的审批已经通过<br/>
         * 2. 用户具有对应的审批权限<br/>
         * @param userId        用户 id
         * @param type          申请类型
         * @param page          页码
         * @param pageSize      每页数量
         * @return 申请列表
         */
```

```
Result<List<ApplicationInfoDto>> getReceivedApplications(Integer userId,
                                    ApplicationType type, Integer page, Integer pageSize);

/**
 * 获取用户提交的申请列表
 * @param userId 用户 id
 * @param type 申请类型
 * @param page 页码
 * @param pageSize 每页数量
 * @return 申请列表
 */
Result<List<ApplicationInfoDto>> getSubmitted(Integer userId,
                                    ApplicationType type, Integer page, Integer pageSize);
/**
 * 处理一个申请
 * 根据申请 id 找到下一个需要处理的审批，并判断进行处理。<br/>
 * 如果用户不具有审批权限，则不会处理，并返回错误信息
 * @param id          申请 id
 * @param userId    处理人 id
 * @param status    处理结果
 * @param comment 处理意见
 * @return 结果消息
 */
Result<String> handle(Integer id, Integer userId, Integer status, String comment);

/**
 * 统计一个申请未处理的审批数量
 * @param applicationId 申请 id
 * @return 未处理的审批数量
 */
Result<Long> getUnhandedCountByApplicationId(Integer applicationId);

/**
 * 判断一个申请是否已经被审批通过。<br/>
 * 所有的审批都通过才返回 true
 * @param applicationId 申请 id
 * @return 是否已经审批通过
 */
Result<Boolean> isApproved(Integer applicationId);

/**
 * 判断一个申请是否已经被拒绝。<br/>
 * 只要有一个审批被拒绝，就返回 true
 * @param applicationId 申请 id
 * @return 是否已经被拒绝
 */
```

```
    Result<Boolean> isRejected(Integer applicationId);
}
```

接口 ApplicationService.java 的实现类为 ApplicationServiceImpl.java，实现了该接口中声明的所有方法，以及通用的流程审批功能。下面以“获取用户收到的申请列表”的方法 getReceivedApplications()为例，实现代码如下：

```
@Override
    public Result<List<ApplicationInfoDto>> getReceivedApplications(Integer userId, ApplicationType
type, Integer page, Integer pageSize) {
        log.debug("获取用户收到的申请列表 userId={} type={} page={} pageSize={}", userId, type,
page, pageSize);
        //验证参数
        if(page == null || page < 1){
            page = 1;
        }
        if(pageSize == null || pageSize < 1){
            pageSize = 10;
        }
        int offset=(page-1)*pageSize;
        //获取用户的审批
        List<Approver> approvers = approverMapper.selectReceivedApprovers(userId,type.getCode(),
offset,pageSize);
        log.debug("用户的审批列表 approvers={}", approvers);
        //根据审批获取申请信息
        List<Integer> applicationIds = approvers.stream().map(Approver::getApplicationId).collect
(Collectors.toList());
        ApplicationExample applicationExample = new ApplicationExample();
        applicationExample.createCriteria().andIdIn(applicationIds);
        List<Application> applications = applicationMapper.selectByExample(applicationExample);
        log.debug("申请信息列表 applications={}", applications);
        //生成 dto
        List<ApplicationInfoDto>
dtos=applications.stream().map(this::convertToDto).collect(Collectors.toList());
        log.debug("申请信息 dto 列表 dtos={}", dtos);
        return Result.success(dtos);
}
```

在重点人群管理中就可以调用接口 ApplicationService 中的方法 getReceivedApplications()，以完成重点人群的申请审批工作。在重点人群管理的服务实现类 TargetGroupServiceImpl 中，以“获取用户有权处理的申请列表”功能为例，关键实现代码如下：

```
@Override
    public Result<List<ApplicationInfoDto>> listApplication(Integer userId, Integer page, Integer
pageSize) {
      log.debug("获取用户有权处理的申请列表，包含申请的所有信息 userId:{}", userId);
      //验证参数
        if (page == null || page < 1) {
            page = 1;      }
```

```
        if (pageSize == null || pageSize < 1) {
            pageSize = 10;      }
        return    applicationService.getReceivedApplications(userId,    ApplicationType.TARGET_GROUP,
page, pageSize);
    }
```

当系统需要实现其他申请流程管理时，如低保申请，完全可以参照重点人群管理的代码进行程序设计。当系统的申请流程发生变化的时候，如低保申请原来需要两级审批，后来更改为三级审批，只需要在数据表 approval_level 中增加一行该类型申请审批流程的记录即可，这样能够很好地满足系统流程管理的升级和维护。

2. 权限控制的设计

在系统应用中需要精确地控制用户的每步操作，避免越权，在方法调用之前判断用户是否具备相应权限，本系统采用注解的方式进行灵活配置。首先，定义接口 HasPermission，用来判断用户是否具有权限，代码如下：

```
/**
 * 放在需要权限的接口上，用于判断是否有权限
 */
@Target(ElementType.METHOD)
@Retention(RetentionPolicy.RUNTIME)
public @interface HasPermission {
    String[] value();
}
```

然后，通过 Spring MVC 定义一个拦截器并实现接口 HasPermission，用来判断用户是否有权限调用相应方法，关键代码如下：

```
@Slf4j
@Component
public class PermissionInterceptor implements HandlerInterceptor {
    @Override
    public boolean preHandle(HttpServletRequest request, HttpServletResponse response, Object handler)
throws Exception {
        log.debug("权限拦截器执行  {} {} {}", request.getMethod(), request.getRequestURI(),
handler);
        if (handler instanceof HandlerMethod){
            HandlerMethod handlerMethod= (HandlerMethod) handler;
        HasPermission
hasPermission=handlerMethod.getMethod().getAnnotation(HasPermission.class);
            if (hasPermission==null) {
                log.debug("不需要权限");
                return true;
            }
            //判断用户拥有的权限是否包含接口上的权限，有任意一个就返回 true
            List<String> userPermissions = UserHolder.getCurrentPermissions();
            String[] permissions=hasPermission.value();
            for(String permission:permissions){
```

```
                if (userPermissions.contains(permission)){
                    log.debug("权限通过 {}",permission);
                    return true;
                }
            }
            log.debug("权限不足");
            response.setContentType("application/json;charset=utf-8");
            PrintWriter writer = response.getWriter();
            writer.write(Result.failed(ResultCode.FORBIDDEN,"权限不足").toString());
            return false;
        }
        log.debug("不需要权限");
        return true;
    }
}
```

最后，为控制层的方法添加权限控制注解，用来判断用户是否具有调用该方法的权限。下面以“给角色分配权限”为例，只需要在该方法中添加@HasPermission("permission.assign")注解即可，代码如下：

```
    @ApiOperation("给角色分配权限")
        @PostMapping("/assign")
        @HasPermission("permission.assign")
        public Result<String> assign(@RequestBody PermissionAssignDto permissionAssignDto) {
            return permissionService.assign(permissionAssignDto);
    }
```

视频 13-3

## 13.4 项目主要功能的实现

### 13.4.1 居民信息管理的实现

数字化社区信息管理系统的基础是居民信息管理，这也是重点人群管理、低保管理、两劳人员管理等的信息基础，是系统最基础的功能。居民信息实体类 Resident.java 的代码如下：

```
public class Resident {
    private Integer id;              //居民 id
    private String name;             //居民真实姓名
    private String idNumber;         //身份证号码
    private String address;          //居住地址
    private Integer streetId;        //关联的街道 id
    private Integer income;          //年收入
private String contactInfo;          //联系方式
```

```
    /*****这里省略对应的 setter()和 getter()方法****/
}
```

下面以居民信息管理的分页查询为例介绍主要功能实现。为了实现居民信息管理模块，需要编写控制器层、服务层的代码和数据库的映射文件，本项目使用 MyBatis 逆向工程生成映射文件，此处不再赘述。为了适应前端页面的需求，在返回数据的时候使用 Dto 返回，而不直接返回实体类。

控制器层使用 Spring MVC 的@RestController 注解表示这是一个 RESTful 风格的控制器，让 ResidentController 类中的方法都以字符串的形式返回，而不返回一个页面路径。@RequestMapping 注解表示控制器的访问路径，结合在分页查询方法上的@GetMapping 注解，可以知道分页查询接口的路径为“/api/resident/list”。@RequestParam 表示接口可以从前端接收的参数，在默认情况下，变量名是参数名，令 required 为 false 则表示被注解的参数是可选参数。关键代码如下：

```
@Api(value = "ResidentController", tags = "居民管理模块")
@RestController()
@RequestMapping("/api/resident")
public class ResidentController {
    @Autowired
    private ResidentService residentService;

    @ApiOperation("分页模糊查询居民信息")
    @GetMapping("/list")
    public Result<List<ResidentDto>> list(@RequestParam(required = false)String name,@RequestParam
Integer page, @RequestParam Integer size) {
        return residentService.list(name,page, size);
    }
}
```

在服务层先编写服务接口 ResidentService，再编写接口实现类 ResidentServiceImpl。服务层接口的关键代码如下：

```
public interface ResidentService {
    /**
     * 分页查询居民信息
     * @param page 页码
     * @param pageSize 每页大小
     * @return 居民信息列表
     */
    Result<List<ResidentDto>> list(String name,Integer page, Integer pageSize);
}
```

接下来编写接口实现类，需要实现 ResidentService 接口中的所有方法，下面仅列举 list()方法的实现，关键代码如下：

```
@Service
@Slf4j
public class ResidentServiceImpl implements ResidentService {
```

```
        @Autowired
        private ResidentMapper residentMapper;
        @Override
        public Result<List<ResidentDto>> list(String name,Integer page, Integer pageSize) {
            //检验参数合法
            if (page == null || page < 1) {
                page = 1;            }
            if (pageSize == null || pageSize < 1) {
                pageSize = 10;            }
            int offset = (page - 1) * pageSize;
            if (name != null) {
                name = "%" + name + "%";            }
            List<Resident> residents = residentMapper.list(name,offset, pageSize);
            List<ResidentDto> dtos = convertToDto(residents);
            return Result.success(dtos);

        private List<ResidentDto> convertToDto(List<Resident> residents) {
            return residents.stream().map(this::convertToDto).collect(Collectors.toList());
        }
    }
}
```

在前端页面单击“居民信息管理”菜单，发送 resident/list?page=1&size=10 请求，服务端先调用控制层 ResidentController 控制器的 list()方法进行解析并响应，然后向前端页面返回居民信息列表，运行结果如图 13-7 所示。

首页 / 居民信息管理模块 / 居民信息管理　　admin

重点帮扶审核 ×　● 居民信息管理 ×

| | | | | | |
|---|---|---|---|---|---|
| 钱七 | 110101199509151234 | 13555555555 | 哈尔滨市道外区康安街5号 | 康安街 | 修改 删除 |
| 孙八 | 110101198512311234 | 13111111116 | 哈尔滨市南岗区西大直街6号 | 西大直街 | 修改 删除 |
| 周九 | 110101197611051234 | 13222222227 | 哈尔滨市道里区通达街7号 | 通达街 | 修改 删除 |
| 吴十 | 110101199309041234 | 13333333338 | 哈尔滨市道外区香坊大街8号 | 香坊大街 | 修改 删除 |
| 刘一 | 110101198710121234 | 13444444449 | 哈尔滨市南岗区合作街9号 | 合作街 | 修改 删除 |
| 陈二 | 110101199212201234 | 13000000010 | 哈尔滨市香坊区南直街10号 | 南直街 | 修改 删除 |

共 15 条　10条/页　< 1 2 >　前往 1 页

图 13-7　居民信息管理分页显示的运行结果

### 13.4.2　重点人群管理的实现

重点人群管理是数字化社区信息管理的一项基本工作，旨在管理突出重点，如革命英烈、军人家属等，对重点人群更好地体现出人文关怀，维护社会的和谐稳定。下面以重点人群的申请为例介绍代码的具体实现，重点人群的申请参数包括居民 id、分类 id、负责人 id、所在街道 id、申请理由等。在前后端进行数据传递的时候，使用 Dto 进行参数的接收，不使用非实体类。因为项目不需要对重点人群的申请参数进行保存，只需要对申请进行保存，使用 Dto 可以更好地解耦前端和后端的数据模型。代码中使用工具类 lombok 中的@Data 进行简化开发，从而避免了 getter()、setter()、toString()方法的编写。重点人群管理的 TargetGroupCreateDto 类代码如下：

```
@Data
@ApiModel(value = "重点人群创建参数")
public class TargetGroupCreateDto {
    @ApiModelProperty(value = "居民 id", required = true)
    private Integer residentId;
    @ApiModelProperty(value = "分类 id", required = true)
    private Integer categoryId;
    @ApiModelProperty(value = "负责人 id", required = true)
    private Integer responsiblePersonId;
    @ApiModelProperty(value = "所在街道 id", required = true)
    private Integer streetId;
    @ApiModelProperty(value = "申请理由", required = true)
    private String reason;
}
```

要实现重点人群的申请同样需要编写控制器层、服务层的代码和数据库的映射文件，控制器层的部分和居民信息管理部分类似，略有不同的是，重点人群申请的接口使用的是@PostMapping 注解，表示接口只接受 POST 类型的 HTTP 请求；将@RequestParam 注解替换成了@RequestBody 注解，这意味着不再通过路径进行参数传递，而通过 HTTP 请求的请求体进行传输。使用请求体传输参数可以支持更复杂的数据结构，并且传输更大的数据量。重点人群管理控制器 TargetGroupController 的关键代码如下：

```
@RestController()
@RequestMapping("/api/target-group")
@Api(value = "TargetGroupController", tags = "重点人群管理模块")
public class TargetGroupController {
    @Autowired
    private TargetGroupService targetGroupService;
    @ApiOperation("发起添加重点人群申请")
    @PostMapping("/add")
    public Result<String> add(@RequestBody TargetGroupCreateDto targetGroupCreateDto) {
        return targetGroupService.add(targetGroupCreateDto);
    }
}
```

服务层接口 TargetGroupService 的代码和居民信息管理接口的结构一致，关键代码如下：

```
public interface TargetGroupService {
    /**
```

```
     * 添加重点人群
     * @param targetGroupCreateDto 重点人群参数
     * @return 结果信息
     */
    Result<String> add(TargetGroupCreateDto targetGroupCreateDto);
}
```

添加重点人群会创建一个新的申请和对应的审批信息，这会调用系统通用的流程管理模块来实现。为了能够将重点人群的创建参数保存到申请中，需要使用 Jackson 工具库中的 ObjectMapper 把创建参数 Dto 转换成 JSON 格式的字符串，并把转换后的字符串保存到申请的 payload 字段中。申请通过之后同样可以使用 ObjectMapper 把 JSON 格式的字符串转换回重点人群的创建参数，并添加到数据库中。重点人群管理服务实现类 TargetGroupServiceImpl 的关键代码如下：

```
@Slf4j
@Service
public class TargetGroupServiceImpl implements TargetGroupService {
    @Autowired
    private TargetGroupMapper targetGroupMapper;
    @Autowired
    private ObjectMapper objectMapper;
    @Autowired
    private ApplicationService applicationService;
    @Override
    public Result<String> add(TargetGroupCreateDto targetGroupCreateDto) {
        log.debug("申请添加重点人群, {}", targetGroupCreateDto);
        try {
            Result<String> addResult = applicationService.add(ApplicationType.TARGET_GROUP,
                    UserHolder.getCurrentUser(),
                    targetGroupCreateDto.getReason(),
                    objectMapper.writeValueAsString(targetGroupCreateDto)
            );
            log.debug("发起申请结果 {}", addResult);
            if (addResult.getCode() != ResultCode.SUCCESS.getCode()) {
                log.debug("发起申请失败");
                return Result.failed("发起申请失败 " + addResult.getMessage());
            }
            return Result.success("发起申请成功");
        } catch (JsonProcessingException e) {
            log.debug("重点人群申请信息转换失败");
            e.printStackTrace();
            throw new RuntimeException("重点人群申请信息转换失败", e);
        }
    }
}
```

在前端打开重点人群申请页面，填写完整信息，如图 13-8 所示，单击“添加”按钮就会发出 api/target-group/add 请求，调用服务端控制器 TargetGroupController 的 add()方法和服务层方法，实现重点人群申请信息的保存。

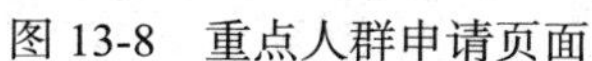

图 13-8　重点人群申请页面

视频 13-4

## 13.5　本案例的启发

以 SSM 框架为代表的软件开发架构在大型软件项目中具有广泛应用，几乎成为企业级 J2EE 开发的标配。在本项目中，针对申请流程的管理，并没有深究具体业务流程的细节，例如，低保申请应该如何处理、重点人群管理又应该如何走流程等，而是抓住问题的本质，即需要按照某一既定规则进行逐级审批。因此，在本项目中设计了一个通用的流程审批模块，不管是更改既有的业务逻辑，例如，变更低保申请的审批步骤，还是增加新的业务功能，例如，增加五保老人的申请管理等，都可以基于既有的通用流程审批模块进行功能升级和改进。

本项目也针对系统的权限管理问题进行了深入设计，确保能够很好地进行代码复用和功能升级。首先系统采用了基于角色的权限管理，把系统的权限、角色和用户解耦合，让角色在用户和权限之间起到桥梁的作用。通过为角色赋权限、为用户赋角色的方式，让用户灵活地拥有不同的权限。在系统请求中，用户调用任何方法都需要进行权限判断，采用权限注解的方式能够灵活地进行方法级别的权限控制，既提高了系统的安全性，也增强了权限维护升级的灵活性。

本项目仅针对两个功能点进行了可扩展性设计，并进行了代码演示和分析，希望读者能够认真阅读项目案例的源代码，体会软件架构设计为软件项目开发带来的好处。

视频 13-5

现在多数大型复杂软件系统都是国外的软件企业开发的，如大家较熟悉的浏览器

Chrome 和 IE、图形图像处理软件 Photoshop 和 3D Max、数学建模软件 MATLAB、企业级 ERP 软件等。这些大型复杂软件在开发中首先要考虑的是软件产品的迭代，设计一个可扩展、易维护的软件架构是至关重要的。这也是很多先进的软件设计理念、软件设计模式、软件体系结构等都源自西方国家的原因。

近年来，国际关系风云变幻，我国一直在推进软件产业的自主可控，在诸多领域实现了重大突破，极大地促进了我国软件产业的发展。

在操作系统方面，涌现出了一大批优秀的国产操作系统，如中标麒麟、银河麒麟、deepin、华为鸿蒙、红旗 Linux、华为欧拉等；在数据库系统方面，有蚂蚁集团完全自主研发的国产原生分布式数据库 OceanBase、中国人民大学开发的针对中小型企业的金仓数据库、中国电子科技集团有限公司研发的神通数据库、武汉达梦数据库股份有限公司研发的 DM8 等；在企业级 ERP 软件方面，有华为全栈自主可控的 metaERP 软件、用友 ERP、金蝶 ERP、智邦国际 ERP 等；在 EDA 软件辅助设计方面，有华大九天 EDA、立创 EDA、概伦电子 EDA、广立微 EDA 等。

大型复杂软件系统原来是我们的短板，在中国共产党的正确领导下，以及广大软件从业人员的共同努力下，大型复杂软件系统的研发一定会成为我们的长项。中华民族有悠久的历史、灿烂的文化和勤劳智慧的人民，同时国家出台了一系列促进科技创新和软件产业发展的政策和措施，相信我国软件产业的发展一定会更快、更好。

## 思考与练习

在本项目的设计中，一个用户只能被赋予一个角色，不能很好地满足系统的业务需求，对系统的功能扩展也不利。请根据项目的源代码进行功能升级，让一个用户可以拥有多个角色。

# 参考文献

[1] 周冠亚，黄文毅．Spring 5 企业级开发实战[M]．北京：清华大学出版社，2019．

[2] 陈雄华，林开雄，文建国．精通 Spring 4.x：企业应用开发实战[M]．北京：电子工业出版社，2017．

[3] Craig Walls. Spring 实战[M]．4 版．北京：人民邮电出版社，2016．

[4] 黄文毅. Spring + MyBatis 快速开发与项目实战[M]. 北京：清华大学出版社，2019．

[5] 黑马程序员．Java EE 企业级应用开发教程（Spring+Spring MVC+MyBatis）[M]．2 版．北京：人民邮电出版社，2021．

[6] 张家浩．软件架构设计实践教程[M]．北京：清华大学出版社，2014．

# 反侵权盗版声明